普通高等教育应用技术型院校艺术设计类专业规划教材　总主编/许开强　胡雨霞　章　翔

# CorelDRAW X6

主　编　王　赟　吴　聪

副主编　万　煦　石晚霞　向　颖

参　编　熊　伟

合肥工业大学出版社

# 普通高等教育应用技术型院校艺术设计类专业规划教材
# 教材编写委员会

**总主编：**

许开强　原湖北工业大学艺术设计学院　院长

　　　　现任武汉工商学院艺术与设计学院　院长

胡雨霞　湖北工业大学艺术设计学院　副院长

章　翔　武昌工学院艺术设计学院　院长

**副总主编：**

杜沛然　武昌首义学院艺术与设计学院　院长

蔡丛烈　武汉学院艺术系　主任

伊德元　武汉工程大学邮电与信息工程学院建筑与艺术学部　主任

徐永成　湖北工业大学工程技术学院艺术设计系　主任

朴　军　武汉设计工程学院环境设计学院　院长

**编委会成员：**（以姓氏首字母顺序排名）

陈启祥　汉口学院艺术设计学院　院长

陈海燕　华中师范大学武汉传媒学院艺术设计学院　院长助理

何彦彦　武汉工商学院艺术与设计学院　副院长

何克峰　湖北工业大学艺术设计学院

况　敏　武汉设计工程学院艺术设计学院　院长

李　娇　武汉理工大学华夏学院人文与艺术系　常务副主任

刘　津　湖北大学知行学院艺术设计教研室　主任

祁焱华　武汉工程科技学院珠宝与设计学院　常务副院长

钱　宇　武汉科技大学城市学院艺术学部　副主任

石元伍　武汉东湖学院传媒与艺术设计学院　院长

宋　华　武昌首义学院艺术与设计学院　副院长

唐　茜　华中师范大学武汉传媒学院艺术设计学院　院长助理

王海文　武汉工商学院艺术与设计学院　副院长

吴　聪　江汉大学文理学院体美学部与艺术设计系　副主任

阮正仪　文华学院艺术设计系　主任

张之明　武昌理工学院艺术设计学院　副院长

赵　文　湖北商贸学院艺术设计学院　副院长

赵　侠　湖北工业大学工程技术学院艺术设计系　副主任

蔡宣传　汉口学院艺术设计学院　副院长

序

劳动创造是人类进化的最主要因素。从蒙昧的石器时期到营养的农耕社会，从延展机体的蒸汽革命到能源主导的电气时代，再扩展到今天智能驱动的互联网时代，人类靠不断地创造使自己成为世界的主人。吴冠中先生曾经说过：科学探索物质世界的奥秘，艺术探索精神情感世界的奥秘。艺术与设计恰恰是为人类更美好的物化与精神情感生活提供全方位服务的交叉应用学科。

当前，在产业结构深度调整，服务型经济迅速壮大的背景下，社会对设计人才素质和结构的需求发生了一系列的新变化……并对设计人才的培养模式提出了新的挑战。现在一方面是大量设计类毕业生缺乏实践经验和专业操作技能，其就业形势严峻；另一方面是大量企业难以找到高素质的设计人才，供求矛盾突出。随着高校连续十多年扩招，一直被设计人才供不应求所掩盖的教学与实践脱节的问题更加凸显出来，并促使我们对设计教学与实践进行反思。目前主要问题不在于设计人才的培养数量，而是设计人才供给、就业与企业需求在人才培养方式、规格上产生了错位。要解决这一问题，设计教育的转型发展是必然趋势，也是一项重要任务。向应用型、职业型教育转型，是顺应经济发展方式转变的趋势之一。李克强总理明确提出要加快构建以就业为导向的现代职业教育体系，推动一批普通本科高校向应用技术型高校转型，并把转型作为即将印发的《现代职业教育体系建设规划》和《国务院关于加快发展现代职业教育的决定》中强调的优先任务。

教材是课堂教学之本，是展开教学活动的基础，也是保障和提高教学质量的必要条件。不少高校囿于种种原因，形成了一个较陈旧的、轻视应用的课程机制及由此产生的脱离社会生活和企业实践的教材体系，或以老化、程式化的教材结构维护以课堂为中心的教学方法。为此，组建各类院校设计专业骨干构成的作者团队，打造具有实践特色的教材，将促进师生的交流互动和社会实践，解决设计教学与实践脱节等问题，这也是设计教育改革的一次有益尝试。

　　该系列教材基于名师定制知识重点、剖析项目实例、企业引导技能应用的方式，实现教材"用心、动手、造物"的实战改革思路，充分实现"学用结合"的应用人才培养模块。坚持实效性、实用性、实时性和实情性特点，有意简化烦琐的理论知识，采用实践课题的形式将专业知识融入一个个实践课题中。该系列教材课题安排由浅入深，从简单到综合；训练内容尽力契合我国设计类学生的实际情况，注重实际运用，避免空洞的理论介绍；书中安排了大量的案例分析，利于学生吸收并转化成设计能力；从课题设置、案例分析、参考案例到知识链接，做到分类整合、交互相促；既注重原创性，也注重系统性；整套教材强调学生在实践中学，教师在实践中教，师生在实践与交互中教学相长，高校与企业在市场中协同发展。该系列教材更强调教师的责任感，使学生增强学习的兴趣与就业、创业的能动性，激发学生不断进取的欲望，为设计教学提供了一个开放与发展的教学载体。笔者仅以上述文字与本系列教材的作者、读者商榷与共勉。

原湖北工业大学艺术设计学院院长
现任武汉工商学院艺术与设计学院院长
湖北工业大学学术委员会副主任

　　CorelDRAW 是平面设计领域的常用软件，本书系统的介绍了最新中文版 CorelDRAW X6 的基础知识，将功能命令学习与实际操作紧密结合，注重软件在具体设计领域中的应用，实用性强。教材中设计了若干小贴士与提示，便于读者在较短时间内掌握 CorelDRAW X6 的命令与应用。

　　本教材以课堂案例为主线，通过理论与各类商业案例的实际操作相互贯穿，使学生可以快速掌握该软件。该书内容新颖丰富、安排合理、概念清晰、逻辑性强；实例丰富且具有启发性，文字讲解清晰并配以制作精美的图例，通俗易懂，易于操作和掌握，能够让学生学以致用。通过案例演示和章节思考练习，拓展学生的实际应用能力和软件应用技巧。通过结合平面设计的项目，具体讲解软件应用思路和方法，充分全面的阐述该软件的功能，使读者可以轻松有效的掌握软件技术。全书由 21 章组成，分为两大部分。第 1 章至第 14 章讲解了软件的基础知识，包括 CorelDRAW X6 的简介、基本操作与工作环境、对象的操作与管理、线形工具、几何形工具、填充和编辑图形、位图的编辑与处理、文本处理、特殊效果的编辑、滤镜的应用、管理文件与打印等相关内容。第 15 章至第 21 章对 CorelDRAW X6 在设计领域的具体应用案例分别进行了讲解，包括商业插画设计、产品包装设计、招贴海报设计、艺术文字设计、商业型录设计、产品造型设计、品牌标志设计等商业实例。综合运用了前半部分的知识，通过典型的案例练习可以帮助学生快速地掌握平面设计，顺利达到实战水平。

　　本书的编写立足于实用，强调了每一章节的学习要点及目标、核心概念，引导学生在实际练习中掌握软件的应用。注重基本理论和现代设计相结合，编者结合了自己多年的软件教学和设计实践经验，通过精心挑选的典型设计案例讲解，增强学生的实际操作能力，挖掘学生的学习潜力。

　　该书第1章、第2章、第3章、第12章、第13章、第15章至第21章由武昌工学院王赟负责编写。第4章至第6章由汉口学院万煦负责编写、第7章至第9章由中国地质大学（武汉）石晚霞负责编写。第10章、第11章、第14章由江汉大学文理学院向颖负责编写。

　　本书可以供教师、学生等相关人员应用与参考。由于水平有限，难免有不足和疏漏之处，恳请广大读者与专家批评指正，并予以宝贵意见，以便修订。

编　者

2016.1

# 第 1 章　CorelDRAW X6 简介

**学习要点及目标**

1. 了解 CorelDRAW Graphics Suite X6。
2. 了解 CorelDRAW Graphics Suite X6 的应用领域。
3. 了解 CorelDRAW Graphics Suite X6 的新增功能。

**核心概念**

1. 了解 CorelDRAW Graphics Suite X6 的应用领域。
2. 了解 CorelDRAW Graphics Suite X6 的新增功能。

## 1.1　CorelDRAW X6 简介

CorelDRAW 是加拿大著名软件公司 Corel 研发的图形图像设计软件,自第一版发布(1989 年发布)以来历时 23 年。Corel 发布 CorelDRAW 8.0 简体中文版正式进入中国市场并产生深远的影响。越来越多的设计师开始认识并使用 CorelDRAW,与 Photoshop 一同成为大部分平面设计师必备软件。CorelDRAW Graphics Suite X6 是 Corel 公司出品的矢量图形制作工具软件,这个图形工具给设计师提供了矢量动画、页面设计、网站制作、位图编辑和网页动画等多种功能。

CorelDRAW Graphics Suite X6 作为图形、图像编辑软件,它包含两个绘图应用程序:一个用于矢量图及页面设计,一个用于图像编辑。

### 1.1.1　矢量图

矢量图是根据几何特性来绘制图形,矢量可以是一个点或一条线,矢量图只能靠软件生成,文件占用内在空间较小,因为这种类型的图像文件包含独立的分离图像,可以自由无限制的重新组合。它的特点是放大后图像不会失真,和分辨率无关,文件占用空间较小,适用于图形设计、文字设计和一些标志设计、VI 设计、版式设计等。

其优点是:(1)图像中保存的是线条和图块的信息,所以矢量图形文件与分辨率和图像大小无关,只与图像的复杂程度有关,图像文件所占的存储空间较小。(2)图像可以无级缩放,对图形进行缩放,旋转或变形操作时,图形不会产生锯齿效果。(3)可采取高分辨率印刷,矢量图形文件可以在任何输出设备打印机上以打印或印刷的最高分辨率进行打印输出。矢量图缩放前后的对比效果,矢量图放大后边缘清晰(如图 1-1 所示)。

### 1.1.2　位图

位图图像(bitmap),亦称为点阵图像或绘制图像,是由称作像素(图片元素)的单个点组成的。这些点可以进行不同的排列和染色以构成图样。当放大位图时,可以看见构成整个图像的无数单个方块。扩大位图尺寸的效果是增大单个像素,从而使线条和形状显得参差不齐。位图的质量是根据分辨率的大小来判定的,分辨率越大,图像的画面质量就越清晰。位图放大之后会越来越不清晰,也就是会出现一个个点,就像马赛克一样,就是图片已经出现失真的效果。位图放大后的对比效果,位图放大后出现马赛克效果画面模糊(如图 1-2 所示)。

图 1-1

图 1-2

### 1.1.3 矢量图与位图

| 图像类型 | 组成 | 优点 | 缺点 | 常用制作软件 | 常用格式 |
|---|---|---|---|---|---|
| 矢量图像 | 数学向量 | 文件容量小,在进行放大、缩小、旋转等操作时,图像不会失真。 | 不容易制作色彩丰富的图像,绘制的图像不真实,并且在不同的软件之间交换数据也不太方便。另外,矢量图像无法通过扫描获得,它们主要是依靠设计软件生成。 | Illustrator、CorelDraw、AutoCAD、Flash 等 | CDR、AI、WMF、EPS 等 |
| 位图图像 | 像素 | 只要有足够大的不同色彩的像素就可以制作出色彩丰富的图像,表现力强、细腻、层次多、细节多,可以十分容易的模拟出像照片一样的真实效果。 | 旋转和缩放容易失真,文件容量较大。 | Photoshop | JPG、JPEG、BMP、GIF、PSD、TIFF 等 |

## 1.2　CorelDRAW X6 应用领域

　　CorelDRAW 是用于创建高质量矢量插图、徽标设计和页面布局等方面直观的多功能图形应用程序。平时我们看到的封面设计、杂志排版、商业海报、包装设计、标志设计、VI 手册、商业插画、字体设计、吉祥物绘制等通常都是设计师们使用 CorelDRAW 设计而来。如今 CorelDRAW 已经成为每个设计师必装的软件，尤其是最新的版本 CorelDRAW Graphics Suite X6，支持多核处理和 64 位系统，使得软件拥有更多的功能和稳定高效的性能。根据 CorelDRAW Graphics Suite X6 的主要功能可以归纳为矢量绘画、版面编排、位图处理、色彩处理四大领域。

### 1.2.1　绘制矢量图形

　　CorelDRAW Graphics Suite X6 绘画矢量图形主要应用于企业 VI 设计、UI 界面设计、网页设计、插画设计、室内户型图设计、吉祥物设计等领域。该软件提供的智慧型绘图工具以及新的动态向导可以充分降低用户的操控难度，允许用户更加容易精确地创建物体的尺寸和位置，减少点击步骤，节省设计时间。CorelDRAW Graphics Suite X6 界面简洁，操作简单，通过运用形状工具、手绘工具以及填充工具可以方便快捷创建丰富的矢量图形（如图 1-3—图 1-8 所示）。

图 1-3

图 1-4

图 1-5

图 1-6

"彩虹6+1"主题班组建设活动吉祥物形象标识设计

方案一

设计说明：本吉祥物是一个以彩虹与客服人员形象为设计元素 创作的卡通形象。耳机是客服人员的工作状态的典型象征，将彩虹与耳机造型相结合营造出客服人员积极愉快的工作气氛。

图 1-7　　　　　　　　　　　　　　　　　图 1-8

### 1.2.2　页面排版

CorelDRAW Graphics Suite X6 在国内的应用最为广泛的功能之一就是应用于出版物的印刷排版的前期工作,俗称印前作业。CorelDRAW 在页面编排方面的功能非常强大,熟练掌握排版时的技巧将会大大提高编排画册和报纸等大量文字排版工作的效率。该软件的文字处理与图像的输出输入构成了排版功能;其文字处理是迄今所有软件最为优秀的;其支持了大部分图象格式的输入与输出;几乎与其他软件可畅行无阻地交换共享文件。所以大部分与用 PC 机作美术设计的都直接在 CorelDRAW 中排版,然后分色输出。主要应用的领域有:广告设计、海报设计、书籍装帧设计、折页设计、年历设计、型录设计、展板设计、包装设计等的排版和拼版(如图 1-9~图 1-15 所示)。

图 1-9　　　　　　　　　　　　　　　　　图 1-10

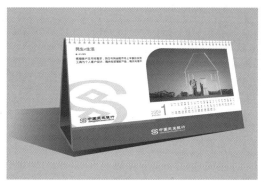

图 1-11　　　　　　　　　　　　　　　　　图 1-12

图 1-13

IntePDM是天喻软件研发的企业级产品数据管理系统，采用面向对象技术和B/S体系结构，以零部件及产品结构为核心组织产品数据，通过与应用系统的紧密集成，达到将产品数据、设计开发活动、人员组织及应用工具统一组织管理的功能目标。

图 1-14

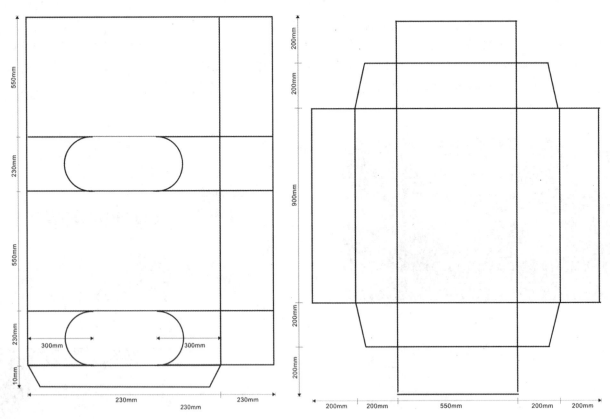

图 1-15

### 1.2.3　位图处理

　　CorelDRAW Graphics Suite X6 提供的诸多工具，不但可以创建矢量图形，还可以将位图导入处理、矢量图形与位图相互转换、并且添加各种位图的滤镜效果使得设计作品画面效果丰富且富有层次感，实现技术与艺术的完美结合（如图1-16、图1-17所示）。

图 1－16

图 1－17

### 1.2.4　色彩处理

色彩是美术设计的视觉传达重点；CorelDRAW Graphics Suite X6 的实色填充提供了各种模式的调色方案以及专色的应用、渐变、位图、底纹填充，颜色变化与操作方式更是其他的软件都不能及的；通过"颜色样式"泊坞窗访问的新增"颜色和谐"工具将各种颜色样式融合为一个"和谐"组合，能够集中修改颜色。而该软件的颜色匹管理方案让显示、打印和印刷达到颜色的一致。

## 1.3　CorelDRAW X6 的兼容性

CorelDRAW Graphics Suite X6 在软件和硬件方面的兼容性有了进一步增强，除了支持 64 位操作系统外，还支持最新的多核处理器，为设计师提供了更快速的图形处理运算。同时，保持一贯的多格式打开和导入，直接完成与其他主流图像编辑软件的协同工作。CorelDRAW Graphics Suite X6 支持 60 余种文件格式，包括导入和导入 Adobe PhotoshopCS5、IllustratorCS5、Acrabat X、AuotoCAD、Microsoft Office 2010 Publisher 文件。

## 1.4　CorelDRAW X6 的安装与卸载

### 1.4.1　CorelDRAW X6 的安装

通过安装向导可以引导安装 CorelDRAW Graphics Suite X6 应用程序和组件，按照默认设置安装应用程序或选择不同选项来自定义安装。将安装光盘插入 DVD 驱动器时，安装向导会自动启动，按照屏幕上的操作说明即可以完成安装。

### 1.4.2　CorelDRAW X6 的卸载

　　当 CorelDRAW Graphics Suite X6 出现问题或者不再使用该软件时,可以将软件卸载。通过软件自带的卸载向导可以引导卸载,或通过"控制面板"窗口进行快速卸载软件。具体操作步骤如下:

　　通过软件自带卸载程序卸载:在"开始"菜单中选择"所有程序"命令,在打开的菜单中展开该软件文件夹,即可以看见卸载程序文件,双击该程序图标,即可以打开卸载提示对话框。单击"是(Y)"按钮即可以制动卸载该软件。

　　通过"控制面板"窗口卸载:在"开始"菜单中选择"控制面板"命令,打开"所有控制面板项"窗口,在其中单击"程序和功能"超级链接,打开"程序与功能"窗口,在其中选择 CorelDRAW Graphics Suite X6,单击"卸载/更改"按钮。在打开的对话框中选中"删除"单选按钮和"删除用户文件"复选框,在单击"移除(R)"按钮进行卸载。完成卸载后,打开的对话框中单击"完成(F)"按钮完成该软件的卸载。

## 1.5　CorelDRAW X6 的新增功能

　　CorelDRAW 立足于自己的理念,同时保持着易于使用的风格。新的 CorelDRAW Graphics Suite X6 非常适合于编辑数码照片。Corel PHOTO-PAINT 引入了一种新的功能,称为 Smart Carcer 工具。可以快速轻松地删除照片中不想保留的区域和对象。同时,CorelDRAW Graphics Suite X6 引入了"主图层"、"对齐辅助线"、高级 OpenType 支持等新增的改进功能,新的"对象样式泊坞窗"、"颜色样式"实施和"颜色和谐"功能,并且 CorelDRAW Graphics Suite X6 彻底重建了"文本和样式引擎"。让设计师得以加快速度、提高效率以及排除干扰关注重点。这些新增功能让设计师在工作中体现自己独特的审美理念与创意灵感,还有内容准备就绪的相框、动态页面编码方式和 4 个新的造型工具,此外,"提示泊坞窗"现在配有"提示"视频帮助指导新用户使用 CorelDRAW 和 PHOTO-PAINT 中的一些基本工具。下面就 CorelDRAW Graphics Suite X6 的新增功能进行讲解(界面中红色部分为突出显示新增功能,如图 1-18 所示)。

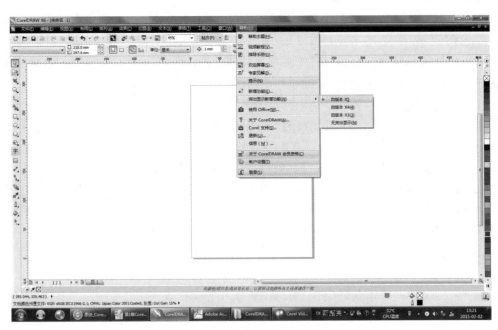

图 1-18

### 1.5.1　高级 OpenType 支持

　　借助诸如上下文和样式替代、连字、装饰、小型大写字母、花体变体之类的高级 OpenType 版式功能,创建精美文本。OpenType 尤其适合跨平台设计工作,它提供了全面的语言支持,能够自定义适合工作语言的字符。可从一个集中菜单控制所有 OpenType 选项,并通过交互式 OpenType 功能进行上下文更改。

### 1.5.2　创建自定义辅助调色板

轻松为设计创建辅助调色板。可以通过"颜色样式"泊坞窗访问新增的"颜色和谐"工具,将各种颜色样式融合为一个"和谐"组合,从而能够集中修改颜色。该工具还可以分析颜色和色调,提供辅助颜色方案——这是以多样性满足客户需求的绝佳方式。

### 1.5.3　共享更强大的 Corel CONNECT

能够在本地网络上即时地找到图像并搜索 iStockphoto®、Fotolia 和 Flickr® 网站。可通过 Corel CONNECT 内的多个托盘,轻松访问内容。在由 CorelDRAW®、Corel® PHOTO-PAINT™ 和 Corel CONNECT 共享的托盘中,按类型或按项目组织内容,最大限度地提高效率。

### 1.5.4　新增手绘选择工具

"手绘选择工具"可以围绕对象绘制出形状奇特的选取框,以便选择位于其他对象之间的对象,不再局限于提供的矩形选取框(如图 1-19～图 1-21 所示)。

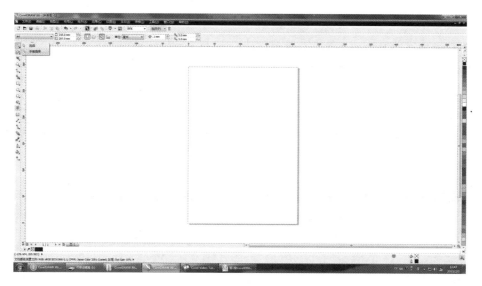

图 1-19

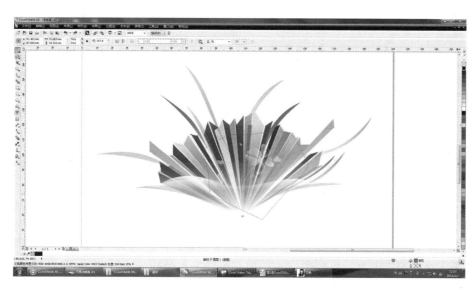

图 1-20

图 1 - 21

### 1.5.5 新增的四个形状编辑工具

(1)"形状编辑"展开工具栏中提供了新的形状工具(如图 1 - 22 所示),第一个工具是"涂抹工具"，可以通过其控制对象轮廓来更改对象的形状,向对象内部或外部移动可更改其形状。将文本转变为曲状,可以产生有趣的视觉效果如图 1 - 23 所示。有两种笔尖类型可共选择"平滑涂抹"和"尖状涂抹"。使用手写板时,所应用的压力决定了效果的大小,如需创建新的笔画,可通过更改笔尖,减小尺寸并扩展该形状,轻松创建外观纯正的装饰性涂抹。

图 1 - 22

(2)"转动工具"的应用可将文本转变为弯曲状,以产生有趣的视觉效果如图 1 - 24 所示。使用笔尖覆盖完整对象以转动整个对象,缩小笔尖并提高转动速度，不同的对象区域将产生不同的效果。笔尖在对象上的覆盖范围决定了转动后的结果。在转动时移动笔尖,其效果类似卷曲而成的图画(如图 1 - 25 所示)。对文本边缘应用卷曲线,可以更改旋转,使用标准的编辑方法很难产生这种效果。

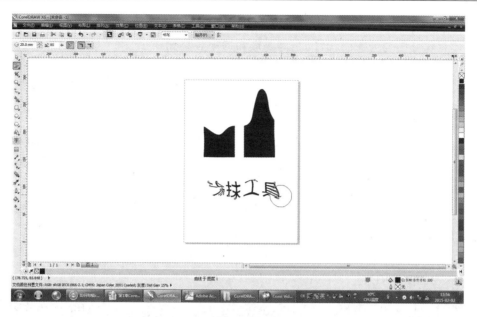

图 1-23

图 1-24

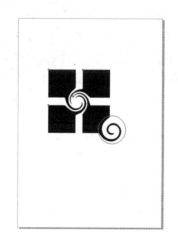

图 1-25

（3）"吸引工具"  可向笔尖中心吸引笔尖内部的节点,应用于文本以获得变形和透视效果如图 1-26、图 1-27 所示。

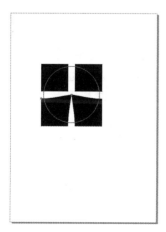

图 1-26

图 1-27

（4）"排斥工具" 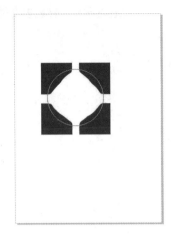 会向笔尖形状外侧排斥笔尖内部所有节点。应用于文本可将其转变为弯曲状,以获得变形和透视效果如图1-28所示。

### 1.5.6　新增轮廓图类型

现在轮廓图有三种拐角类型:"斜接角"、"圆角"、"斜切角"。使用"交互式轮廓线工具"向外画轮廓线,然后放大查看"属性栏"中的三种拐角类型。选择"斜接角"或"圆角"(适合于拼版剪切)或者选择"斜切角"。

### 1.5.7　新增透明矢量图样填充

透明矢量图样填充,选择一个已经包含图样填充的对象,然后选择"交互式填充工具",再从"属性栏"中选择"透明矢量填充"选择"棘铁丝",减小拼贴尺寸背景颜色透过该"透明矢量填充"显示出来(如图1-29所示)。

图1-28

图1-29

### 1.5.8　新增"布局工具栏"

CorelDRAW Graphics Suite X6具备新增和经过改进的主图层功能、新增临时对齐辅助线、新增高级OpenType支持以及增强的复杂脚本支持以处理外文文本,让设计项目布局比以往更简单。

### 1.5.9　新增插入页码功能

使用CorelDRAW X6的新增插入页码命令,可以从特定页或特定数字开始,立即在文档的所有页上添加页码。在处理最终构成一个刊物的多个CorelDRAW文件时,这种灵活功能非常适用。可以选择字母、数字或罗马字体格式,而且可以使用小写字母或大写字母显示页码。此外,当您在文档中添加或删除页时,页码将自动更新。此外,也可以在现有的美术字或段落文本中插入页码。

### 1.5.10　增强的对齐辅助线功能

新增的对齐辅助线可帮助快速放置对象(传单上显示提供建议与页面上现有对象对齐的辅助线)。创建对象、调整对象大小或相对于其他周围的对象移动对象时会出现临时辅助线。对齐辅助线交互式连接对象的中心与边缘,而且可以选择显示连接一个对象的边与另一个对象的中心对齐辅助线。可以修改对齐辅助线的默认设置,以满足设计师的需求。例如,如果在处理一组对象,可以显示针对组中各个对象的对齐辅助线,或者针对整个组的装订框。此外,可以指定对齐辅助线的边距,帮助您在距另一对象边缘特定距离的位置对齐对象。也可以指定对齐辅助线选择是仅顺着对象的边距还是要顺着对象的实边。

### 1.5.11　新增"对象属性"泊坞窗

在CorelDRAW X6中,现在重新设计的对象属性泊坞窗仅显示依赖对象的格式选项和属性。本泊坞窗将所有对象设置集中放置在一个位置,比以往更快捷地精确调整设计。例如,如果创建矩形,那么对象属性泊坞窗将自动显示轮廓、填充与拐角格式化选项以及矩形的属性。如果创建文本框,泊坞窗将立即显示字符、段落与文本框格式化选项以及文本框的属性(如图1-30所示)。

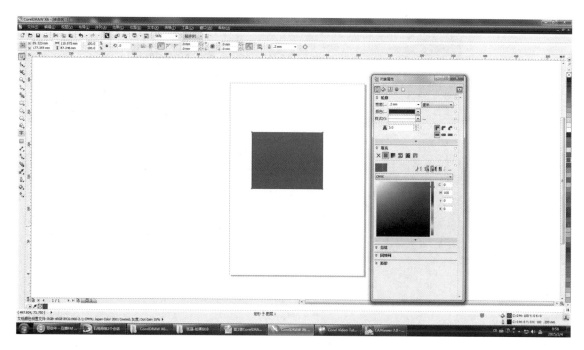

图 1-30

### 1.5.12　新增 Smart Carver

在 Corel PHOTO-PAINT X6 中,新增的 Smart Carver 工具可轻松删除照片中不需要的区域,同时调整照片的纵横比。例如,可能需要定义照片中想要保留或删除的区域,例如照片中的人物。使用多用途对象删除笔刷,可以选择绘制照片中想要保留或删除的区域。还可以使用 Smart Carver 更改照片的纵横比,而不会导致照片中的其他对象变形。例如,如果您想要调整照片大小以固定大小打印照片,可绘制照片中的主要对象,然后使用 Smart Carver 预设沿水平和垂直方向收缩或展开照片的背景(如图1-31～图1-33 所示)。

图 1-31

图 1 - 32

图 1 - 33

### 1.5.13  新增的交互式图文框

　　CorelDRAW X6 具有交互式图文框,可快速制作设计创意的实体模型。新增的空白 PowerClip 和文本框功能可使用占位符 PowerClip 和文本框填充设计,在最终确定各个内容项前预览布局更容易。现在可以将内容拖至 PowerClip 图文框上方,然后选择将内容添加至图文框还是取代图文框中任何现有的内容。PowerClip 图文框还提供了一些选项,在图文框中居中放置内容或缩放内容以便恰当地放置在图文框中。此外,可以轻松使用任何闭合的曲线对象创建文本框,然后编辑文本框,使其具有任何可能的形状。此外,预设计相框集也采用了交互式图文框功能,能够轻松自定义时尚、内容就绪的设计。

### 1.5.14　增强的兼容性支持

增强的 Adobe Illustrator CS5 和 Adobe Photoshop CS5 导入与导出支持,以及 Adobe Acrobat X 和 Microsoft Publisher2010 导入支持,可确保能够与同事和客户交换文件。

**小贴士:**

1. CorelDRAW X6 可直接打开 AI 文件,CorelDRAW 版本越高,打开的可能性越大。

2. Illustrator 无法直接另存 CorelDRAW,但是两款软件之间还有 EPS、PDF 比较通用,可以通过在 Illustrator 中存 EPS 或者 PDF,然后在 CorelDRAW 中导入 EPS 或者 PDF,这两个格式应该是 Illustrator 和 CorelDRAW 文件互转常用到的。

**本章思考与练习**

1. 在电脑中安装 CorelDRAW X6。

2. 了解 CorelDRAW X6 的应用领域。

# 第 2 章　基本操作与工作环境

1. 认识 CorelDRAW X6 的工作界面。
2. 掌握新建文件和设置页面的方法。
3. 掌握视图显示控制的方法。
4. 掌握设置工具选项的方法。

1. 熟悉 CorelDRAW X6 的基本操作和工作环境。
2. 新建保存文件和设置页面的方法。
3. 设置工具选项的方法。

## 2.1　认识 CorelDRAW X6 的工作界面

CorelDRAW X6 工作区提供了用于创作独特的图形设计的多种工具和命令。CorelDRAW X6 的工作界面主要由以下各部分组成:标题栏、菜单栏、工具栏、属性栏、标尺、泊坞窗、工具箱、文档导航器、状态栏、绘图页面、工作区、导航器、调色板。本部分介绍了应用程序窗口和工具栏,以下列表简要介绍了CorelDRAW 应用程序窗口的主要组件(如图 2-1 所示)。

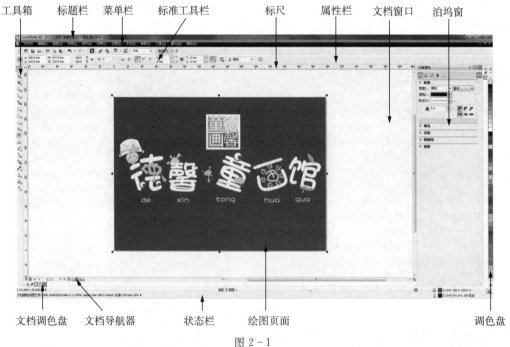

图 2-1

### 2.1.1　标题栏

标题栏位于界面的顶部,显示 CorelDRAW X6 的应用程序名称和当前编辑图形的文档名称及储存路径。"标题栏"的左端是应用程序图标,左键单击该按钮可以弹出快捷方式菜单。通过该菜单可以进行"还原"、"移动"、"大小"、"最大化"、"关闭"。标题栏右端是"最小化"、"向下还原"或"最大化"、"关闭"按钮。单击他们可以进行相应操作(如图 2-2 所示)。

图 2-2

### 2.1.2　菜单栏

菜单栏包含了 12 项菜单,利用这些菜单可以进行文件的创建、图形编辑、视图管理、页面控制、对象管理、特效处理、位图编辑等操作,在菜单栏单击鼠标右键可勾择显示或隐藏菜单栏(如图 2-3 所示)。

图 2-3

### 2.1.3　标准工具栏

标准工具栏提供常用工具,包含基本菜单和命令的快捷方式,如新建、打开、保存和打印文档、剪切、复制、粘贴、撤销、搜索内容、导入、导出、应用程序启动器、欢迎屏幕、缩放级别等(如图 2-4 所示)。

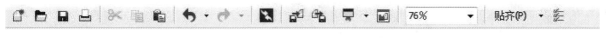

图 2-4

### 2.1.4　属性栏

包含与活动工具或对象相关的命令可分离栏。当用户选择不同的工具或者操作对象时,"属性栏"的显示内容会发生相应的变化。例如,使用文本工具时,属性栏就会更改为显示与创建和编辑文本相关的控件(如图 2-5 所示)。

图 2-5

### 2.1.5　工具箱

工具箱包含了可以用于特定绘图和编辑任务的多种工具。可绘制形状,将颜色、图样或其他填充类型应用到对象。一些工具为展开工具栏,即相关的工具组。工具箱按钮右下角的三角形小箭头表示该工具为展开工具栏。展开工具栏中最近使用的工具会显示在按钮上。可以通过单击展开工具栏三角形小箭头访问展开工具栏中的工具(如图 2-6 所示)。

### 2.1.6　标尺

标尺是用于确定绘图中对象大小、位置的水平和垂直边框,水平和垂直标尺可决定文档中对象的大小和位置。帮助用户精确地绘制、缩放和对齐对象的参考和辅助工具(如图 2-7 所示)。

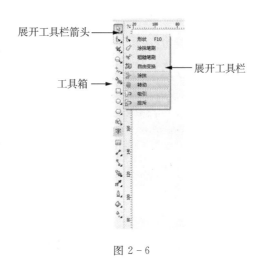

图 2-6

### 2.1.7  文档窗口

文档窗口是绘图页面之外的区域,以滚动条和应用程序控件为边界,是工作时可现实的空间。当显示内容较多或进行多窗口显示时,可以通过滚动条进行调节,达到最佳效果如图2-8所示。

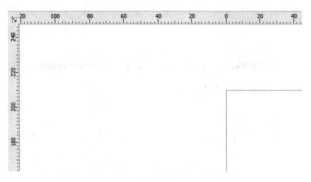

图2-7                                              图2-8

### 2.1.8  绘图页面

绘图页面是表示文档窗口中可打印区域的矩形框,用户工作的主要区域。当建立多页面时,可以通过滚动条移动页面或翻页(如图2-9所示)。

### 2.1.9  泊坞窗

泊坞窗位于文档窗口右侧,选择菜单中的"窗口/泊坞窗"命令,可以显示泊坞窗中所有的泊坞窗的名称。泊坞窗可以一直处于打开状态,便于使用各种命令创建不同的效果。并且可以同时打开多个泊坞窗,在打开多个泊坞窗的状态下,通常会嵌套显示,只有一个泊坞窗完整显示,可以通过单击泊坞窗右侧的标签快速显示或隐藏泊坞窗。

图2-9

单击泊坞窗上方的 区 按钮可以关闭泊坞窗,单击泊坞窗上方 » 按钮可以隐藏泊坞窗。双击泊坞窗上方区域或者按鼠标左键拖拽泊坞窗蓝色区域可以将泊坞窗切换成浮动面板,再次双击泊坞窗上方区域可以回到泊坞窗拼合状态(如图2-10所示)。

图2-10

### 2.1.10　文档导航器

文档窗口下方的文档导航器左边可以用来多页面的管理添加删除页面,迅速切换文档窗口以外的文档页面。文档导航器左边右边可以迅速地移动文档中的页面找到文档窗口以外的文档(如图 2－11 所示)。

图 2－11

### 2.1.11　调色板

调色板位于工作区的右方,由各种颜色的色块组成,选中对象后单击调色板中的色块可以快速地为对象设置填充色,右击调色板中的色块可以快速为对象设轮廓色。在默认状态下使用的是 CMYK 调色板(如图 2－12 所示)。

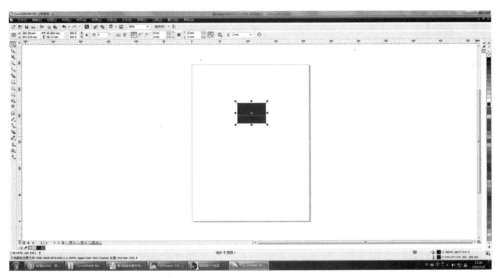

图 2－12

选择菜单中"窗口/调色板"命令,可以显示 CorelDRAW X6 中的所有调色板名称。选中需要的调色板,即可在工作的右方显示选中的调色板(如图 2－13 所示)。

图 2－13

单击调色板上方  的按钮可以切换设置轮廓色或填充色的快捷菜单。单击调色板下方的 按钮可以展开调色板看到全部色彩。在展开的调色板下方空白处单击,可以回到原始状态(如图 2-14 所示)。

### 2.1.12 文档调色板

文档调色板位于文档导航器左下端可让设计师记录文档中使用的颜色,方便颜色的查找与替换(如图 2-15 所示)。

图 2-14                                         图 2-15

### 2.1.13 状态栏

状态栏位于应用程序窗口底端,显示了关于对象属性的信息,如类型、大小、颜色和填充。还显示了颜色校样状态、颜色预置文件和其他关于文档颜色的信息。状态栏中的数值显示的是鼠标当前所在页面中的坐标位置(如图 2-16 所示)。

( 463.719, -30.309 ) ▶                                                          15 对象群组 于 图层 1
文档颜色预置文件: RGB: sRGB IEC61966-2.1; CMYK: Japan Color 2001 Coated; 灰度: Dot Gain 15% ▶

图 2-16

## 2.2 基本操作 1——新建文件和设置页面

打开 CorelDRAW X6 开始新的绘图之前首先要新建一个文档时(文件新建),用户可以在创建新文档对话框中设置各种文档属性。为文档命名、设置页面尺寸、选择颜色模式(如 CMYK 或 RGB)以及设置颜色预置文件。

### 2.2.1 新建和打开图形文件

在 CorelDRAW X6 中新建文件有以下 4 种方式:

(1)运行 CorelDRAW X6 在弹出的欢迎窗口中,通过"新建空白文件"选项卡或"从模板新建"选项卡新建文档(如图 2-17 所示)。

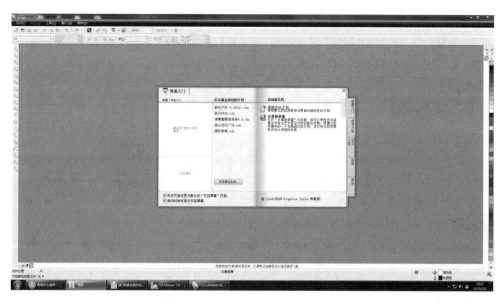

图 2－17

（2）通过预置模板新建文档，使用预置模板新建文档就是将 CorelDRAW X6 中自带的模板样式新建一个新的文档。用户可以直接在模板上添加或建立新的图形对象，也可以对预置好的模板进行编辑，从而得到我们需要的页面。方法有两种，可以从欢迎窗口"从模板新建"选项卡新建文档。也可以选择菜单栏"文件/从模板新建"命令，弹出从模板新建对话框。单击对话框中现有模板选择一种样式打开，也可以使用"浏览选项卡"载入其他模板（如图 2－18、图 2－19 所示）。

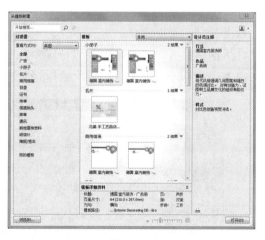

图 2－18

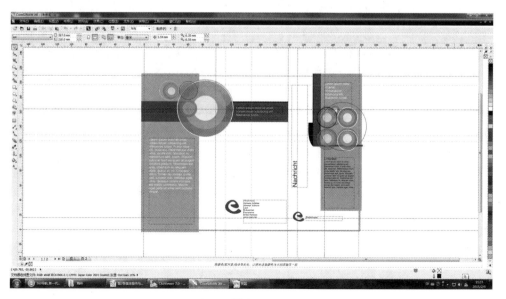

图 2－19

（3）启动 CorelDRAW X6 后选择菜单命令"文件/新建"（快捷键 Ctrl＋N）命令（如图 2－20 所示）。

图 2－20

（4）点击"文件"菜单命令下方"新建" 按钮，弹出"创建新文档"对话框（如图 2－21 所示）。在"创建新文档"对话框中根据我们需要调节的相应参数来创建不同类型的新的空白文档。比如：设置新文档的名称、文档大小、色彩模式、文档横版或竖版、分辨率等信息（如图 2－22 所示）。

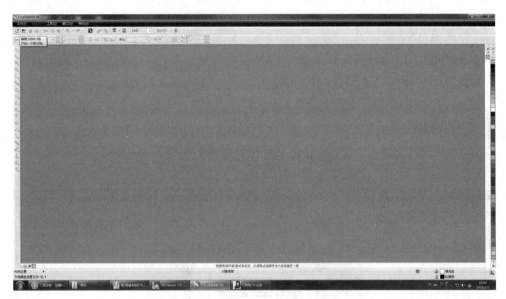

图 2－21

创建新空白文档后也可以通过属性栏中的纸张类型/大小 A4 图标下拉列表修改文档大小（如图 2－23 所示）。还可以通过修改属性栏中的纸张宽度和高度 210.0 mm / 297.0 mm 图标改变文档大小。通过 图标改变文档横版或竖版方向，通过 图标将页面大小应用到文档中的所有页面，图标只将页面大小应用到当前页面。通过单位：毫米 下拉列表中选择绘制时采用的单位（如图 2－24 所示）。

图 2－22

图 2-23　　　　　　　　　　　　　　　　　　图 2-24

在 CorelDRAW X6 中打开图形文件有以下 3 种方式：

(1)菜单栏选择"文件/打开"命令(快捷键 Ctrl+O),弹出"打开绘图"对话框,选中需要打开的文件即可(如图 2-25 所示)。

图 2-25

(2)启动 CorelDRAW X6 在欢迎界面中直接单击"打开其他文档"[打开其他文档...]按钮即可快速打开"打开绘图"对话框,在其中选择相应的文件后单击"打开"按钮即可(如图 2-26 所示),也可以通过"打开最近用过的文档"打开文件。

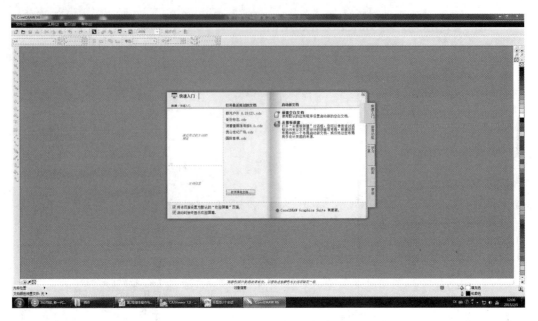

图 2-26

（3）单击工具栏中"打开" 按钮，弹出"打开绘图"对话框。在"文件类型"下拉列表中可以选择文件格式（如图 2-27 所示）。

图 2-27

### 2.2.2　保存和关闭图形文件

保存文件只在使用 CorelDRAW X6 中绘制图形的过程中或者完成图形绘制后将图形保存到电脑的过程。保存文件的方法为直接保存文件和另存文件两种。具体操作方法有以下 4 种：

（1）菜单栏选择"文件/保存"命令（快捷键 Ctrl＋S）弹出"保存绘图"对话框。在"保存绘图"对话框顶部或者左端设置中的下拉列表中选择要保存的文件的路径，在"文件名"设置中输入文件名称，在"保存类型"设置中的下拉菜单中选择文件类型，CorelDRAW X6 默认保存 cdr 格式，在版本中选择文件存储的不同版本，如 16.0 版、8.0Bidi 版等（如图 2-28 所示）。

图 2-28

（2）通过单击"工具栏"中的"保存"![]按钮保存文件。

（3）通过选择菜单栏"文件/另存为"（快捷键 Ctrl+Shift+S）命令，弹出"保存绘图"对话框。

（4）通过选择菜单栏"文件/另存为模板"命令将目前绘制的图形文件存储为模板。

### 2.2.3 导入和导出文件

使用 CorelDRAW X6 设计制作作品的时候，可以在该软件中绘制图形，也可以导入其他软件制作的图形文件和设计素材，也可以将 CorelDRAW X6 里边制作的图形导出到其他的软件。

导入文件是将 CorelDRAW X6 不能直接打开的图形或图像文件通过"导入"命令导入到工作区中进行编辑。具体操作方法如下：

选择菜单栏中"导入/文件"（快捷键 Ctrl+I）命令，或单击工具栏中"导入"![]按钮，弹出"导入"对话框（如图 2-29 所示）。在文件列表中选择要导入的文件，单击"导入"按钮，回到绘图页面此时鼠标显示

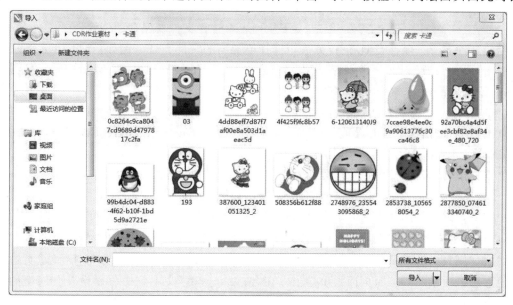

图 2-29

为  形状,并显示要导入文件的基本信息。然后将鼠标移动到合适的位置单击,即可以导入图像(如图 2-30 所示)。如果要一次导入多个文件可以按住 Shift 键点击需要导入的图片进行加选后导入。

在 CorelDRAW X6 中绘制图像完成后,可以根据需要将图像导出不同的格式,在其他软件中进行处理。具体操作方法如下:

选择菜单栏"文件/导出"(快捷键 Ctrl+E)命令,或单击工具栏中的"导出" 按钮,弹出"导出"对话框(如图 2-31 所示)。

图 2-30

图 2-31

在 下拉列表中选择文件要保存的位置,在"文件名"文本框中输入要保存的文件名,在"保存类型"下拉列表中选择要导出的文件类型。例如:导出 PDF 格式,单击"导出"按钮,弹出"PDF 设置"对文件进行相应的设置,点击"确定"完成导出(如图 2-32 所示)。

### 2.2.4 设置页面

在 CorelDRAW X6 设置页面,包括设置页面大小、版式、背景等内容。CorelDRAW X6 中新建文件后默认的页面为 A4、纵向、单页的设置。在实际设计过程中需要按照用户的需要设置页面的大小及方向等内容(如图 2-33 所示)。

选择菜单栏中"布局/页面设置"命令(如图 2-34 所示),弹出"选项"对话框。在左侧列表中选择"文档/页面尺寸"选项。此时右侧会显示页面的相关设置(如图 2-35 所示)。

在"大小"下拉列表中选择需要的纸张类型,在"宽度/高度"文本框中可以自定义纸张的大小、尺寸单位,并且可以通过单击高度的"纵向"和"横向" 按钮改变纸张的方向。如果勾选"只将大小应用到当前页面"复选框,则页面设置只对本页有效。否则将会应用于文档的所有页面。勾选"显示页边框"页面,四周将有矩形边框便于图形按照页面大小导出。在"渲染分辨率"文本框中可以设置分辨率的大小。在"出血"文本框中输入出血值,勾选"显示出血区域"页面将会显示出血的虚线框。设置完成后单击"确定"完成页面设置(如图 2-36 所示)。

图 2-32

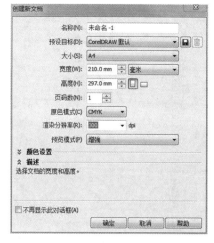

图 2-33

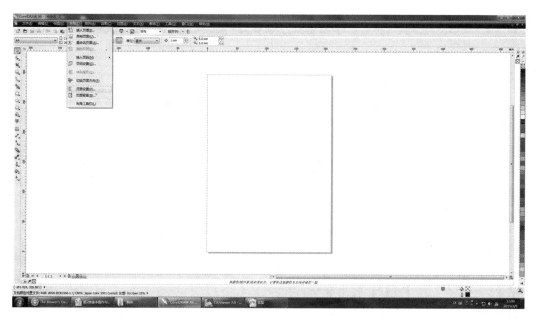

图 2-34

图 2-35

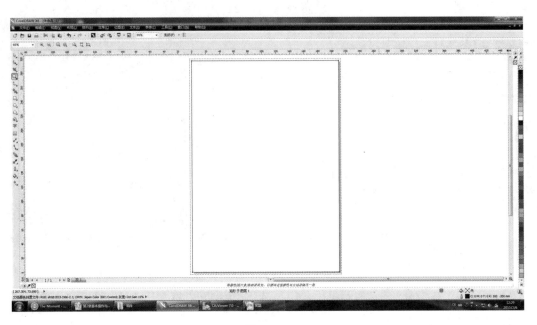

图 2－36

选择菜单栏中"布局/页面设置"命令,弹出"选项"对话框。在左侧列表中选择"文档/布局"选项。此时右侧会显示页面的相关设置。在"布局"下拉列表中可以选择版面的样式。如果勾选"对开页"复选框,可以同时进行双页编辑,从而方便地对型录进行编辑设计(如图 2－37 所示)。

"选项"对话框中,在左侧列表中选择"文档/标签"选项。右侧会显示标签的相关设置(如图 2－38 所示)。单击"标签"单选按钮,然后在下方列表中选择一种标签,此时右侧显示出所选择标签的预览效果。如果单击"自定义标签"按钮,在弹出的"自定义标签"对话框中可以对标签进行进一步编辑,从而定制出符合我们需要的标签。设置完成后单击"确定"按钮,即可使用标签创建绘图页面(如图 2－39 所示)。

图 2－37

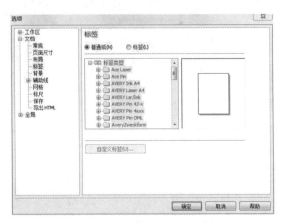

图 2－38

图 2－39

图 2-40

在 CorelDRAW X6 中通过设计背景可以得到不同的页面背景效果,在"选项"对话框中,单击左侧列表中"文档/背景"选项。此时右侧会显示背景的相关设置(如图 2-40 所示)。可以选择"无背景"、"纯色"、"位图"作为背景,在使用位图背景时点击"浏览"按钮,可以选择需要的图片素材,激活下面的"来源"及"位图尺寸"相关设置。点击确定可以看到完成的背景效果如图 2-41 所示。

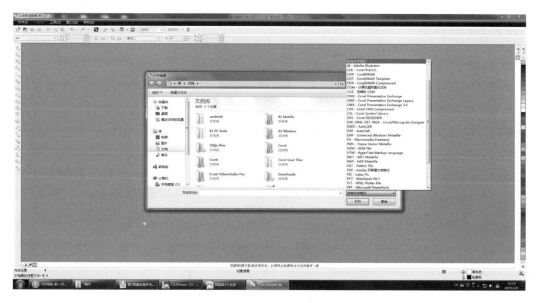

图 2-41

### 2.2.5　设置多页文档

在 CorelDRAW X6 中具有创建多页文档的功能,具体操作方法如下 3 种:

(1)选择菜单栏"布局/插入页面"命令,弹出"插入页面"对话框。在"插入页码"文本框中输入要插入的页数,选择"之前"、"之后"单选按钮确定新页面位置当前页面的前后位置。在"页面尺寸"栏中设置需要的纸张大小及纸张的方向。单击"确定"即可以添加新的页面(如图 2-42 所示)。

(2)在文档导航器中页面计数器栏也可以直接插入页面(如图 2-43 所示)。单击"插入页面"按钮,插入新页面。第一个 按钮指在当前页面之前插入页面,第二个 按钮指在前页面之后插入页面。单击"跳转上页" 按钮,可以从当前页面跳转到上一个页面编辑。单击"跳转首页" 按钮们可以从当前页面跳转到第一个页面进行编辑。单击"跳转下页" 按钮,可以从当前页面跳转到下一个页面编辑。单击"跳转末页" 按钮可以从当前页面跳转到最后一个页面进行编辑。双击 1/3 区域,可以直接弹出"转到某页"对话框,输入页码即可转到相应页面进行编辑(如图 2-44 所

图 2-42

示）。在页码计数器栏上鼠标右键击页码如   可以显示页码编辑菜单进行"重命名页面"、"再制页面"等的编辑（如图2－45所示）。

图2－43

图2－44

图2－45

（3）选择菜单栏"布局/再制页面"命令。弹出"再制页面"对话框，可以复制当前页面，可以选择插入页面相对当前页面的位置前后以及是否复制页面内容（如图2－46所示）。

选择菜单栏"布局/重命名页面"命令。弹出"重命名页面"对话框，可以重命名当前页面。在"页名"文本框中输入新的页面名称，点击"确定"（如图2－47所示）。

选择菜单栏"布局/删除页面"命令。弹出"删除页面"对话框，可以删除当前页面（如图2－48所示）。

选择菜单栏"布局/转到某页"命令。弹出"转到某页"对话框，输入要转到页面的页码可以从当前页面转到用户需要的页面（如图2－49所示）。

图2－46

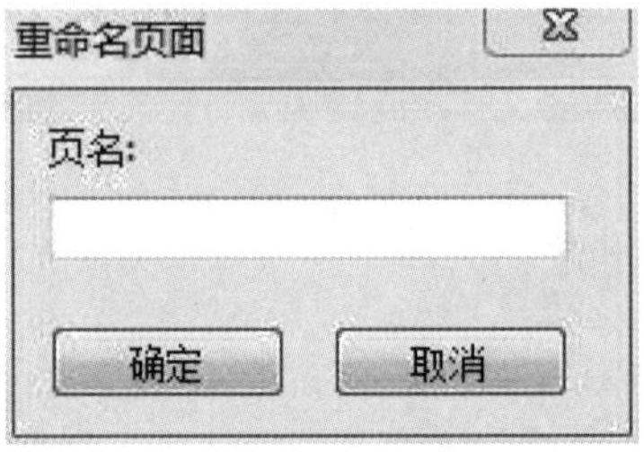

图2－47

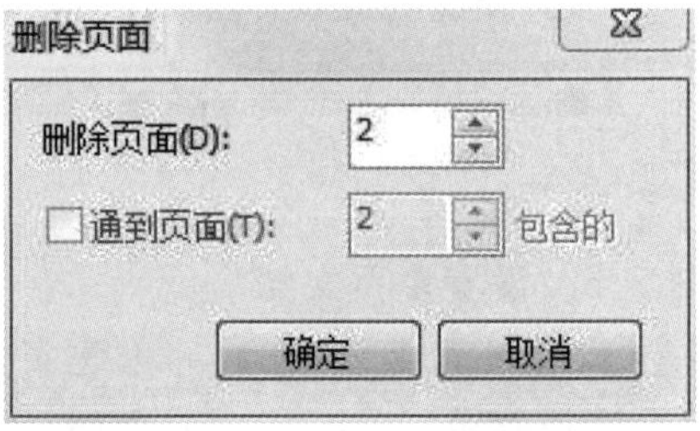

图2－48

选择菜单栏"布局/切换页面方向"命令，可以改变页面的方向在横版和纵版之间切换。

选择菜单栏"布局/插入页码"命令，可以为页面插入编码（如图2－50所示）。

图2－49

图2－50

## 2.3　基本操作 2——视图显示控制

### 2.3.1　视图的显示模式

在 CorelDRAW X6 中考虑到我们的不同需求,为我们提供了简单线框、线框、草稿、正常、增强、像素 6 种图像显示模式,方便用户对图像进行查看(如图 2-51 所示)。

简单线框:不显示绘图中的填充、立体模型、轮廓图、阴影以及中间调和形状来显示绘图的轮廓,以单色显示位图。使用此模型可以快速预览绘图的基本元素(如图 2-52 所示)。

线框:只显示单色位图图像、立体透视图、调和形状等,而不显示填充效果。如图中的平行四边形为阴影工具的预设(如图 2-53 所示)。

草稿:显示绘图填充和低分辨率下的位图。使用此模式可以消除某些细节,使用户能够关注绘图中的颜色均和问题(如图 2-54 所示)。

正常:显示绘图时显示 postscript 填充或高分辨率位图。使用此模式时,刷新及打开速度比"增强"模式稍快(如图 2-55 所示)。

图 2-51

图 2-52

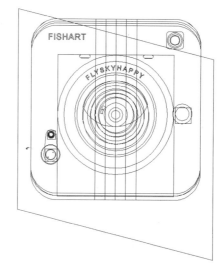

图 2-53

图 2-54

图 2-55

增强：显示绘图时显示 postscript 填充、高分辨率位图及光滑处理的矢量图形效果。显示最好的图形质量，在屏幕上提供了最接近实际的图形显示效果，通常使用该模式（如图 2-56 所示）。

### 2.3.2 使用缩放工具查看对象

在 CorelDRAW X6 中可以运用缩放工具改变视图大小，通过方法可以更加清晰地查看绘制对象的细节，通过缩小可以查看视图中的整理效果。

选中工具箱中"缩放工具" 🔍 按钮（快捷键 Z），然后将鼠标移动缩放的对象上单击鼠标，即可放大对象；还可以选中缩放工具左键框选对象局部进行放大对象。右击鼠标可以缩小对象，按住鼠标右键框选对象局部缩小对象

图 2-56

还可以通过属性栏选择"缩放级别"、"放大"、"缩小""缩放全部对象"、"缩放选定对象"、"显示页面"、"按页宽显示"、" 按页高显示"（如图 2-57 所示）。

还可以通过菜单栏"视图/视图管理器"显示对象（如图 2-58 所示）。

图 2-57

图 2-58

### 2.3.3 切换窗口模式

在 CorelDRAW X6 中打开多个图形文件时，可以调节窗口的显示模式将多个图形文件同时显示在工作界面中，方便用户对图形进行查看。CorelDRAW X6 提供了三种显示模式，分别是"层叠"、"水平平铺"、"垂直平铺"，选择菜单栏"窗口/层叠、水平平铺、垂直平铺"即可切换窗口模式（如图 2-59～图 2-69 所示）。

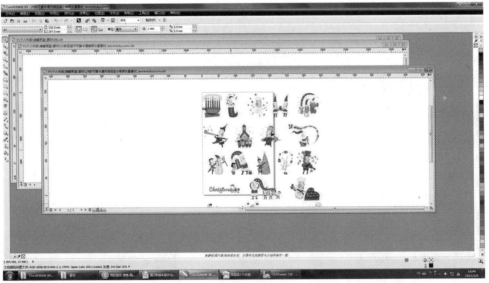

图 2-59

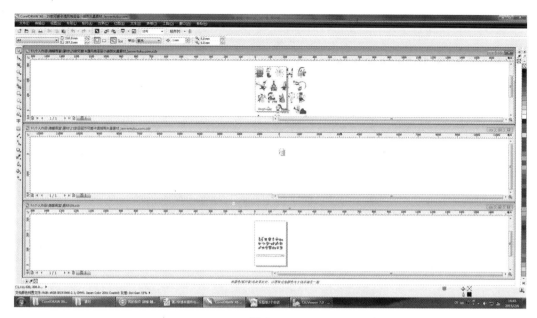

图 2 - 60

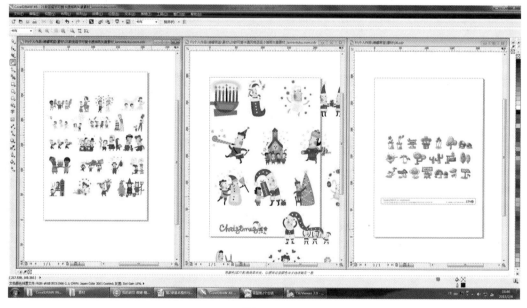

图 2 - 61

## 2.4　基本操作 3——设置工具选项

CorelDRAW X6 提供了辅助线、标尺、网格等工具帮助用户更加精准地绘制图形。

### 2.4.1　设置辅助线

辅助线可以放置在绘图窗口任意位置的线条,用来帮助放置对象。辅助线分为 3 种类型:水平、垂直和倾斜。我们可以在需要添加辅助线的任何位置添加辅助线,可以使对象贴齐辅助线,这样当对象靠近辅助线时,就只能位于辅助线的中间,或者与辅助线的任意一端贴齐。辅助线使用为标尺指定的测量单位。

默认状态下从标尺拖出的辅助线为蓝色,处于选中的辅助线为红色,选中辅助线后按键盘的 Delete

键可以删除，也可以选择"视图/辅助线"命令显示或者隐藏辅助线（如图 2 - 62 所示）。选中辅助线后单击辅助线出现 图标可以转变辅助线角度（如图 2 - 63 所示）。也可以通过属性栏对辅助线进行辅助线位置、角度、旋转中心、锁定、贴齐、预设等的设置（如图 2 - 64 所示）。

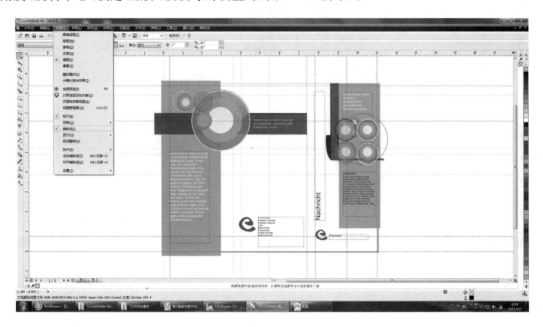

图 2 - 62

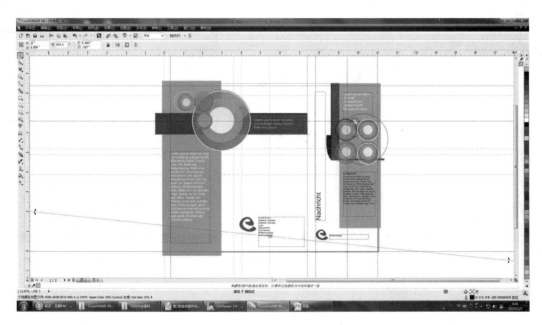

图 2 - 63

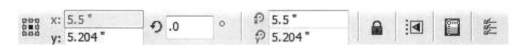

图 2 - 64

　　还可以在辅助线上双击鼠标，在弹出的菜单上选择"辅助线设置"选项，弹出辅助线属性的更多设置（如图 2 - 65 所示）。

### 2.4.2　设置标尺

在绘图窗口中显示标尺,以帮助用户精确地绘制、缩放和对齐对象。用户可以隐藏标尺或将标尺移动到绘图窗口的其他位置。还可以根据需要来自定义标尺的设置。例如:可以设置标尺原点,选择测量单位以及指定每个完整单位标记之间显示标记或记号的数目。

默认情况下 CorelDRAW X6 对再置和微调距离应用与标尺相同的单位。用户可以更改默认值,以便为这些设置和其他设置指定不同的单位。

选择菜单栏"视图/标尺"命令,在工作区显示或隐藏标尺(如图 2 - 66 所示)。

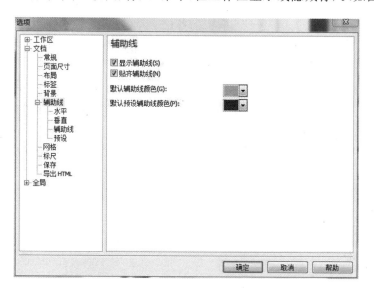

图 2 - 65　　　　　　　　　　　　　　　　　　　　　　　　图 2 - 66

可以在标尺上双击鼠标,弹出"选项"对话框,对标尺属性进行更多的设置(如图 2 - 67 所示)。

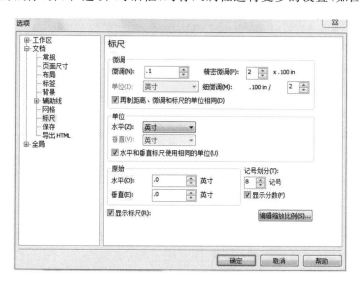

图 2 - 67

### 2.4.3　设置网格

网格是一组可在绘图窗口显示的交叉的线条。用户可以使用网格精准对齐和放置对象。可以通过更改网格显示和网格间距来自定义网格外观。间距选项是根据标尺的测量单位而设置的。例如:如果将标尺的测量单位设置为毫米,间距选项则根据毫米设置。用户还可以使对象与网格或像素网格贴齐,这样在移动对象时,对象就会在网格之间跳动。

选择菜单栏"视图/网格"命令,在工作区中显示或隐藏标尺(如图 2-68 所示)。还可以在标尺上鼠标单击右键或者双击标尺区域,在弹出的菜单上选择"栅格设置"选项,弹出网格的更多设置(如图 2-69 所示)。

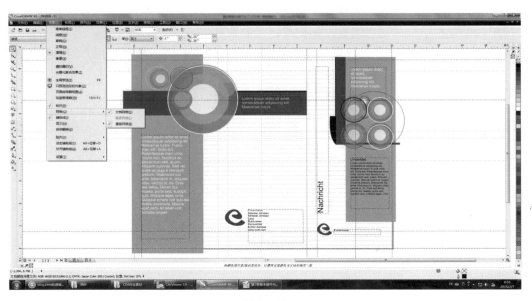

图 2-68

图 2-69

 小贴士:

1. 不同版本 CorelDRAW 制作的文件,保存时选择 8.0Bidi 版本,这样所有版本 CorelDRAW 的都能打开。

2. 在 CorelDRAW 中第一次保存的文件修改后再次单击"保存"按钮会把之前保存的文件替换。用户可以使用"另存为"命令,将文件以另外一个文件名进行保存。

3. 在平面设计中,页面的出血设置通常为 3mm。

**本章思考与练习**

1. 启动 CorelDRAW X6 软件,熟悉软件的操作界面。

2. 新建一个 CorelDRAW X6 文件,导入位图图片素材命名为"第一次作业",保存到电脑桌面上。

3. 新建一个 CorelDRAW X6 文件,导入图片素材并且将文件导出 JPG 格式,命名为"第一次作业",保存在电脑桌面上。

# 第 3 章　对象的操作和管理

**学习要点及目标**

1. 掌握 CorelDRAW X6 中图形对象选择、复制、缩放、变换、控制操作。
2. 掌握 CorelDRAW X6 中图形对象的对齐与分布。
3. 了解 CorelDRAW X6 的绘图功能。

**核心概念**

熟悉 CorelDRAW X6 中图形对象选择、复制、缩放、变换、控制、对齐与分布操作。

## 3.1　选择对象

CorelDRAW X6 中如果要对某一个对象进行编辑，首先要选择该对象。选择对象分为单一、多个、按顺序选择、选择重叠对象，选择嵌套群组中的一个对象、全选对象。

### 3.1.1　选择单一对象

导入绘制好的图形，单击工具箱的"挑选工具" 按钮，在绘图区单击"海龟"图形对象，此刻图形四周出现 8 个黑色控制点，表示此图形处于选择状态（如图 3-1 所示）。然后单击"海马"图形对象，此时"海马"图形四周出现 8 个黑色控制点，表示选择了该对象，同时也取消了上一个对象的选择（如图 3-2 所示）。

图 3-1

图 3-2

### 3.1.2　选择多个对象

选择多个对象有 3 种操作方法：

（1）单击工具箱中"挑选工具"![按钮]按钮，在页面中单击并且拖拽鼠标，出现蓝色矩形选框框选要选择的对象后释放鼠标，蓝色框区域的对象都能被选择（如图 3-3 所示）。

（2）单击工具箱中"挑选工具"![按钮]按钮，然后按住 shift 键单击要选择的每个对象（如图 3-4 所示）。

（3）在 CorelDRAW X6 中新增的"手绘选择工具"![按钮]按钮，在页面中单击鼠标围绕要选择的对象绘制选择框选择对象后释放鼠标，蓝色框区域的对象都能被选择。

图 3-3

图 3-4

### 3.1.3 按一定顺序选择对象

在按对象创建顺序查看对象时选择一个对象,从创建的第一个对象开始。单击工具箱中的"挑选工具"按钮,然后在按住 Shift 键的同时按 Tab 键一次或多次,直到在要选择对象周围出现黑色控制点。

在按对象创建顺序查看对象时选择一个对象,从创建的最后一个对象开始。单击工具箱中的"挑选工具"按钮,然后按 Tab 键一次或多次,直到隐藏对象周围出现黑色控制点(如图 3-5 所示)。

图 3-5

### 3.1.4 选择重叠对象

选择视图中被其他对象遮掩住的对象,按住 Alt 键,单击工具箱中的"挑选工具"按钮,然后单击最顶端的对象一次或者多次,直到隐藏对象周围出现黑色控制点。

### 3.1.5 选择嵌套在群组中的一个对象

选择嵌套群组中的一个对象时,按住 Ctrl 键,单击工具箱中的"挑选工具"按钮,然后单击对象一次或多次,直到其周围出现选择框(如图 3-6 所示)。

图 3-6

### 3.1.6 全选对象

当需要全部选择视图中所有对象的时候,可以通过选择菜单栏"编辑/全选/对象"命令快捷键 Ctrl+A(如图 3-7 所示)。也可以单击工具箱中的"挑选工具"按钮,框选所有对象(如图 3-8、图 3-9 所示)。

图 3-7

图 3 - 8

图 3 - 9

## 3.2　复制对象

CorelDRAW X6 中提供多种复制对象的方法,如复制、再制、复制对象的属性。

### 3.2.1　对象的基本复制

对象的基本复制操作方法有 2 种:

(1)选择工具箱中的"挑选工具"按钮选取对象,使用键盘(快捷键 Ctrl＋C),然后进行复制(快捷键 Ctrl＋V)。

（2）选择工具箱中的"挑选工具" 按钮选取对象，按住鼠标左键其拖动到适当的位置后，点击鼠标右键的同时放开鼠标左键，即可实现对象的复制（如图 3-10、图 3-11 所示）。

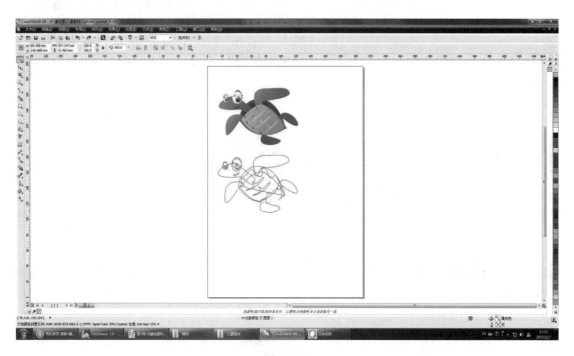

图 3-10

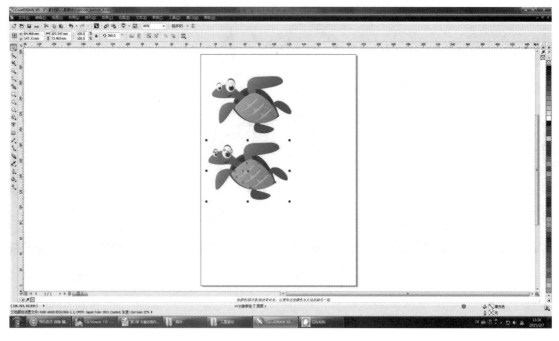

图 3-11

### 3.2.2　对象的再制

选中工具箱中的"挑选工具" 按钮选取对象，菜单栏"编辑/再制"命令（快捷键 Ctrl＋D），弹出"再制偏移对话框"，设置水平和垂直偏移点击"确定"后即可复制对象（如图 3-12 所示），复制出的对象会出现在原则对象的右上方（如图 3-13 所示）。

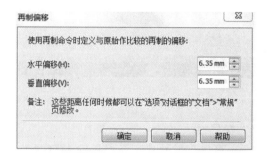

图 3 - 12

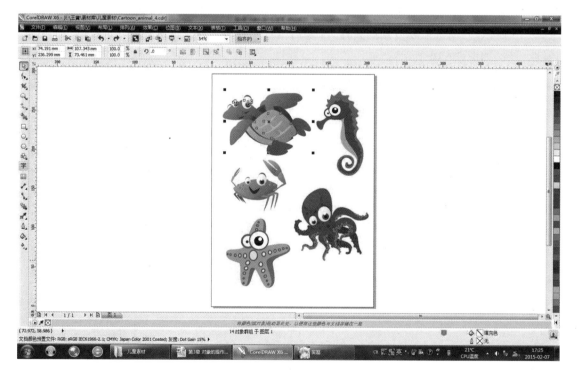

图 3 - 13

　　选中对象按住 shift 键的同时移动到适当的位置后释放鼠标左键,按快捷键 Ctrl＋D 一次或多次可以实现对象的等距离复制(如图 3 - 14 所示)。

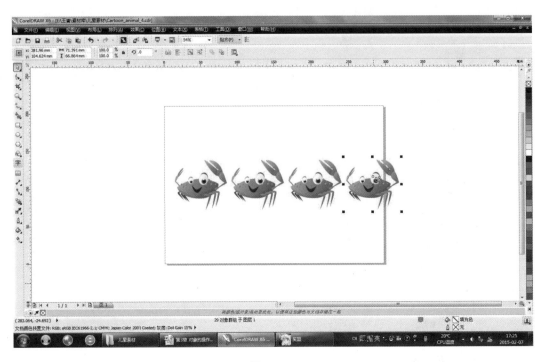

图 3 - 14

### 3.2.3  复制对象属性

CorelDRAW X6 可以将属性从一个对象复制到另一个对象上。可以复制的对象属性有轮廓、填充和文本属性等；可以复制调整大小、旋转和定位等对象变换；还可以复制应用于对象的效果。

选中工具箱中的"挑选工具"按钮选取对象，菜单栏"编辑/复制属性"命令，弹出"复制属性"对话框（如图 3 - 15 所示）。勾选需要复制的属性，确定后鼠标出现➡按钮，点击要复制的对象，即可实现两个对象的属性一致（如图 3 - 16 所示）。

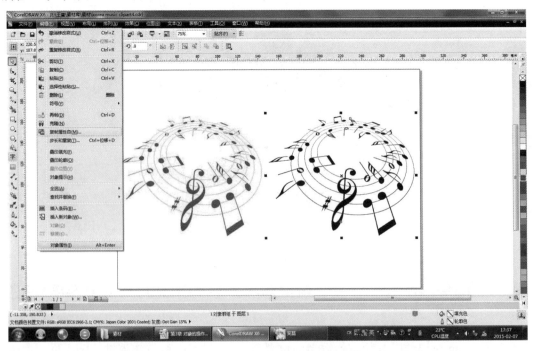

图 3 - 15

还可以选中工具箱中的"挑选工具"[icon]按钮选取
对象,使用鼠标右键将一个对象拖拽到另一个对象
上,释放鼠标右键在菜单中按"复制所有属性"来对对
象复制属性(如图 3-17～图 3-19 所示)。

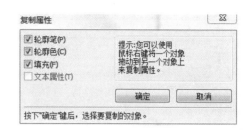

图 3-16

## 3.3 变换对象

变换对象主要指的是移动对象、转换对象、缩放
对象、缩放和镜像对象、改变对象大小、倾斜对象。

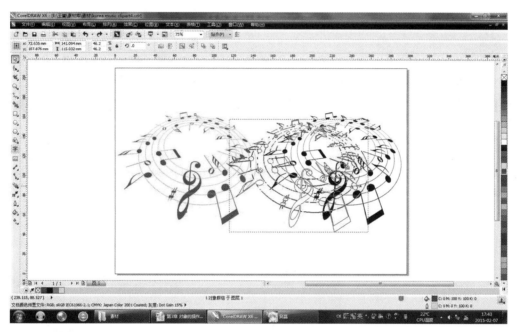

图 3-17

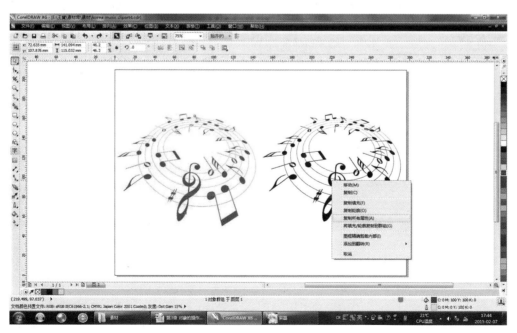

图 3-18

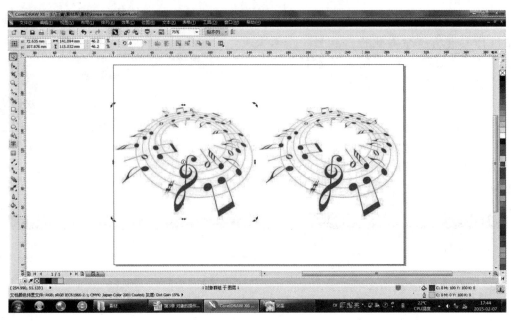

图 3 - 19

### 3.3.1　移动对象

（1）选中工具箱中的"挑选工具" 按钮选取对象，左键拖动对象到新的位置，释放左键，即可实现对象的任意位置的移动。

（2）选中工具箱中的"挑选工具" 按钮选取对象，然后在属性栏直接输入 X 轴 Y 轴坐标可以对对象进行移动（如图 3 - 20 所示）。

图 3 - 20

（3）选中工具箱中的"挑选工具" 按钮选取对象，然后在菜单栏"排列/变换/位置"命令中显示出转换泊坞窗位置栏，可以在位置参数中精确设定对象的移动位置（如图 3 - 21、图 3 - 22 所示）。

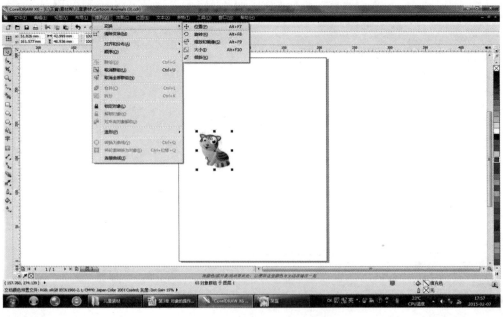

图 3 - 21

### 3.3.2 旋转对象

（1）选中工具箱中的"挑选工具"按钮双击需要转变的对象，对象周围 8 个黑色控制点变成旋转箭头，中间的圆圈为旋转对象的圆心可以将其移动到任意位置，进入旋转编辑模式（如图 3－23 所示）。鼠标左键移动到带弧度控制件箭头上，鼠标指针变成圆形，左键拖动控制点，即可旋转对象。在旋转过程中，对象会出现蓝色轮廓线框，指示当前旋转的角度，旋转到适合角度释放鼠标即可（如图 3－24 所示）。

图 3－22

图 3－23

图 3－24

　　(2)选中工具箱中的"挑选工具" 按钮,选中需要旋转的对象然后在属性栏直接输入要选择的角度的数值,进行精确的旋转操作(如图 3-25 所示)。

图 3-25

　　(3)选择菜单栏"排列/变换/旋转"命令(如图 3-26 所示),出现变换泊坞窗旋转栏,我们可以在 角度参数中精确设定旋转角度(如图 3-27 所示)。

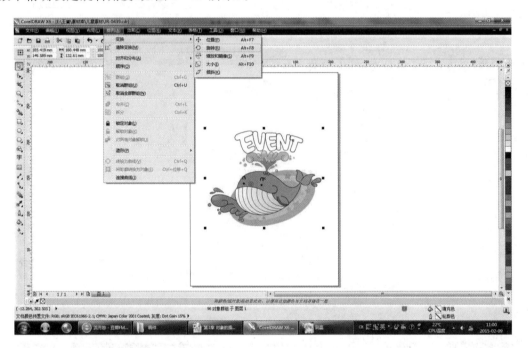

图 3-26

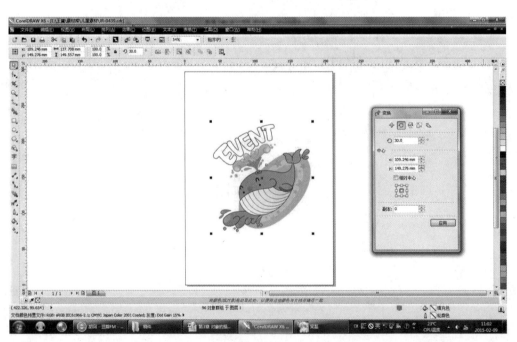

图 3-27

### 3.3.3　缩放对象

在 CorelDRAW X6 中缩放对象,有 7 种操作方法:

(1)等比缩放:可以通过选中工具箱中的"挑选工具"按钮,选中需要缩放的对象,对象周围出现黑色控制点,然后按住左键移动任何一个角的黑色控制点进行缩放(如图 3-28—图 3-29 所示)。

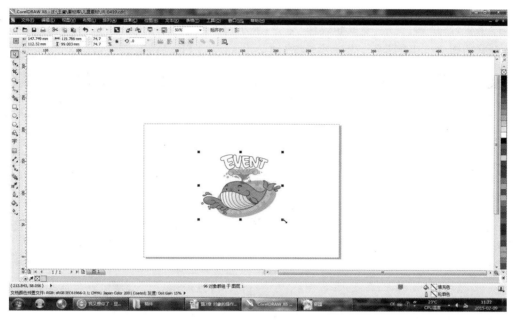

图 3-28

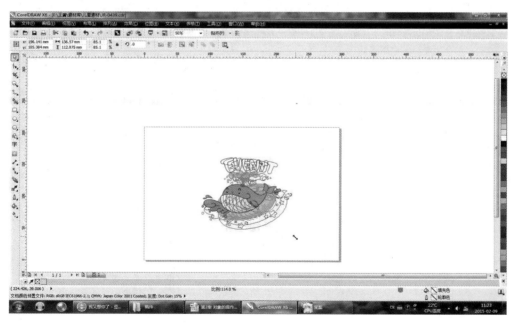

图 3-29

(2)对象中心等比例缩放:可以通过选中工具箱中的"挑选工具"按钮,选中需要缩放的对象,按住 Shift 键,同时拖动其中一个角的黑色控制点进行缩放。

(3)按对象倍数缩放:可以通过选中工具箱中的"挑选工具"按钮,选中需要缩放的对象,按住 Ctrl 键,同时拖动其中一个角的黑色控制点进行缩放。

(4)任意延展缩放:可以通过选中工具箱中的"挑选工具"按钮,选中需要缩放的对象,按住 Alt 键,同时拖动其中一个角的黑色控制点进行缩放。

（5）选中对象然后在属性栏直接输入数值或者比例也可以对对象进行缩放操作（如图 3-30 所示）。

图 3-30

（6）选择菜单栏"排列/变换/缩放和镜像"命令，显示出变换泊坞窗和镜像栏，可以在缩放参数中精确设定缩放比例（如图 3-31—图 3-32 所示）。

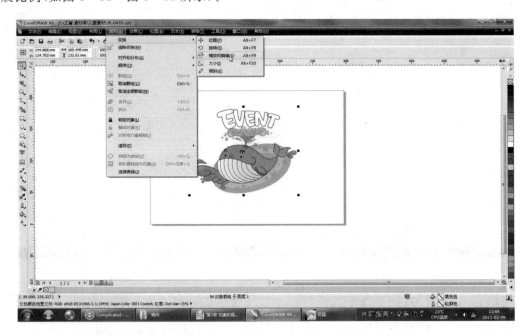

图 3-31

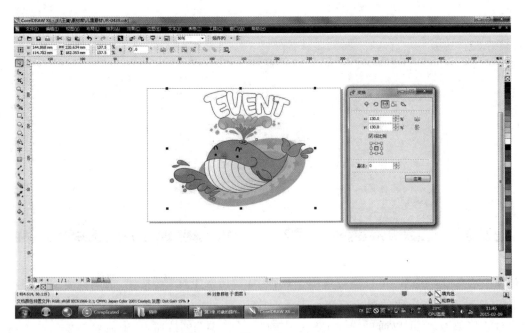

图 3-32

（7）选择菜单栏"排列/变换/大小"命令，显示转换泊坞窗大小栏，可以在大小参数中精确设定对象调整大小（如图 3-33、图 3-34 所示）。

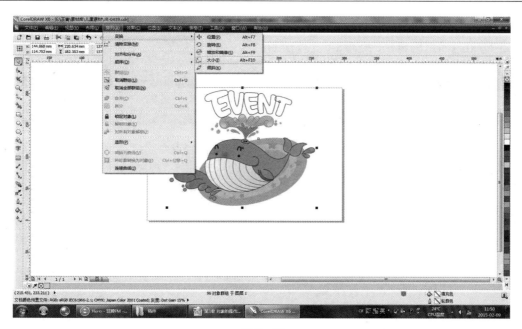

图 3-33

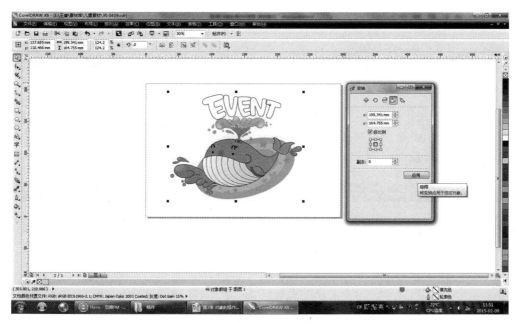

图 3-34

### 3.3.4 镜像对象

镜像对象分为水平和垂直方向上翻转对象。主要操作方法有
2 种：

（1）镜像对象时选择对象在属性栏点击"水平镜像" 按钮或"垂
直镜像" 按钮进行镜像操作。

（2）选择对象后在选择菜单栏"排列/变换/缩放与镜像"命令，显
示出变换泊坞窗和镜像栏，可以选择镜像（如图 3-35 所示）。

### 3.3.5 倾斜对象

倾斜对象和选择对象的操作基本相同，具体操作方法有如下
2 种：

图 3-35

（1）可以通过选中工具箱中的"挑选工具" 按钮，双击选中需要倾斜的对象，对象周围黑色控制点变成旋转箭头，进入倾斜编辑模式（如图3-36所示）。

图 3-36

鼠标左键移动到四面中间任意一方双向控制箭头上，鼠标指针变成双向箭头（如图3-37所示），左键拖动控制点，即可倾斜对象。在倾斜过程中，对象会出现蓝色轮廓框线，指示当前倾斜的程度，倾斜到合适角度释放鼠标即可（如图3-38、图3-39所示）。

图 3-37

图 3 - 38

图 3 - 39

（2）可以通过选中工具箱中的"挑选工具" 按钮，选中需要斜切的对象。在选择菜单栏"排列/变换/倾斜"命令，显示出变换泊坞窗和镜像栏，输入斜切的角度即可实现对象的斜切（如图 3 - 40—图 3 - 42 所示）。

图 3 - 40

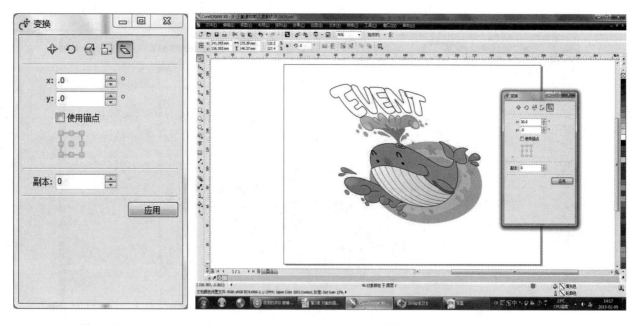

图 3 - 41　　　　　　　　　　　　　　　　图 3 - 42

## 3.4　控制对象

在使用 CorelDRAW X6 绘图过程当中,有时候需要一些对象不受移动、旋转、编辑、修改的影响,有时候需要对多个对象进行组合和拆分,有时候需要对多个对象排列对齐等操作,这些操作统一称作对象的控制。

### 3.4.1　锁定与解除锁定对象

锁定对象可以防止无意中移动、调整大小、变换、填充或者以其他方式更改对象。可以锁定单个、多个或分组的对象。需要更改锁定的对象,必须先解除锁定。可以一次解锁锁定一个对象,或者同时解除对所有锁定对象的锁定。

锁定对象的具体操作方法有如下 2 种:

(1)锁定对象:通过选中工具箱中的"挑选工具"按钮,选中需要锁定的对象,然后在选择菜单栏"排列/锁定对象",对象周围出现 🔒 即可实现选中对象的锁定(如图 3-43—图 3-44 所示)。

图 3-43

图 3-44

　　(2)通过选中工具箱中的"挑选工具" 按钮,在需要解锁的对象上单击右键弹出快捷菜单,选择"锁定对象"即可(如图 3-45、图 3-46 所示)。

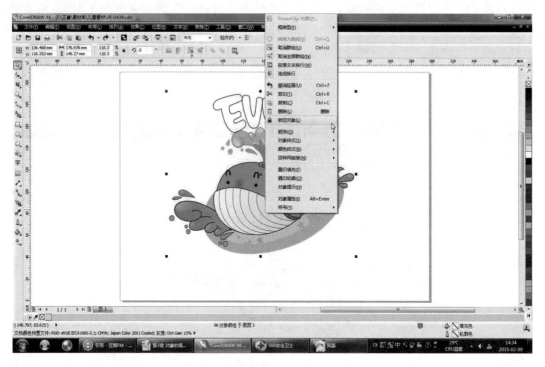

图 3-45

图 3-46

　　解除锁定对象操作方法有以下 2 种:

　　(1)选择已经锁定的对象选择菜单栏"排列/解除锁定对象"命令,即可解除锁定选中的对象(如图 3-47所示)。

图 3－47

（2）通过选中工具箱中的"挑选工具"按钮，在需要解锁的对象上单击右键弹出快捷菜单，选择"锁定对象"即可（如图 3－48 所示）。

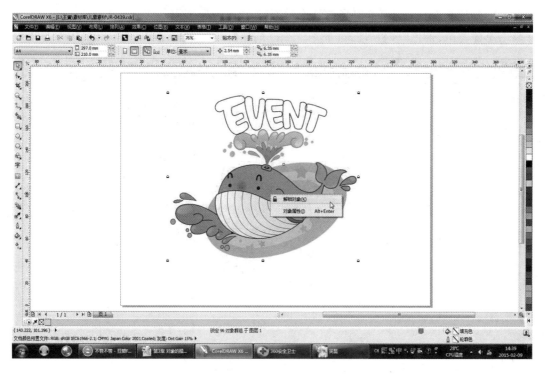

图 3－48

（3）如果当前页面中有多个锁定对象，需要全部解锁，选择菜单栏"排列/对所有对象解锁"命令，即可解除锁定全部对象（如图 3－49 所示）。

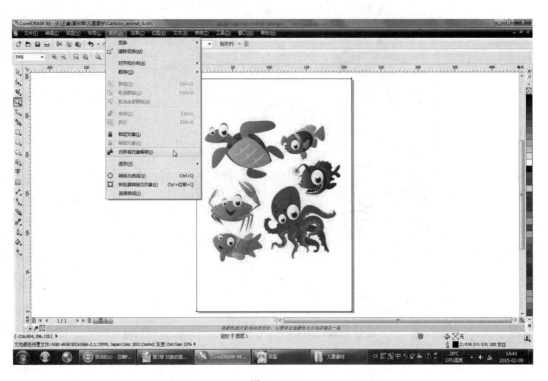

图 3 - 49

### 3.4.2　群组对象与取消群组

　　群组对象：选择多个对象，选择菜单栏"排列/群组"命令（快捷键 Ctrl＋G）（如图 3-50 所示），或者单击属性栏上的"群组" 按钮，即可群组当前选中的对象（如图 3-51 所示）。还可以选中需要群组的对象单击右键弹出快捷菜单，选择"群组"即可（如图 3-52 所示）。

图 3 - 50

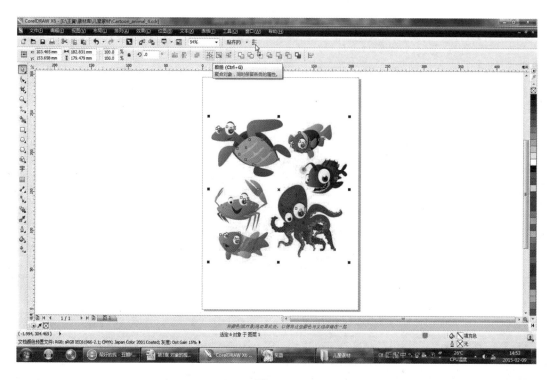

图 3 - 51

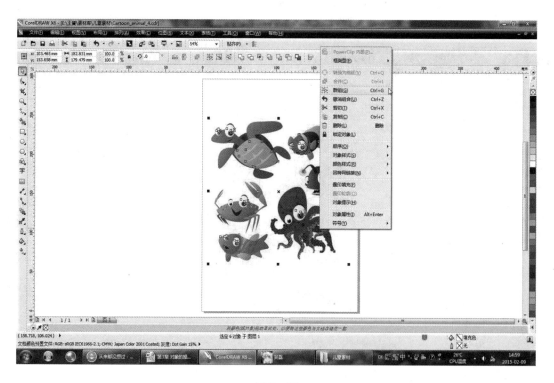

图 3 - 52

取消群组：选择群组对象，选择菜单栏"排列/取消群组"命令（快捷键 Ctrl＋U）（如图 3 - 53 所示），或者单击属性栏上的"取消群组"按钮，即可取消当前选中对象（如图 3 - 54 所示）。也可以选中需要群组的对象单击右键弹出快捷菜单，选择"取消群组"即可（如图 3 - 55 所示）。

图 3 - 53

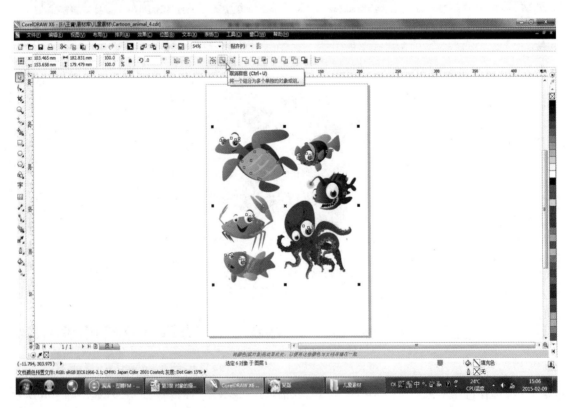

图 3 - 54

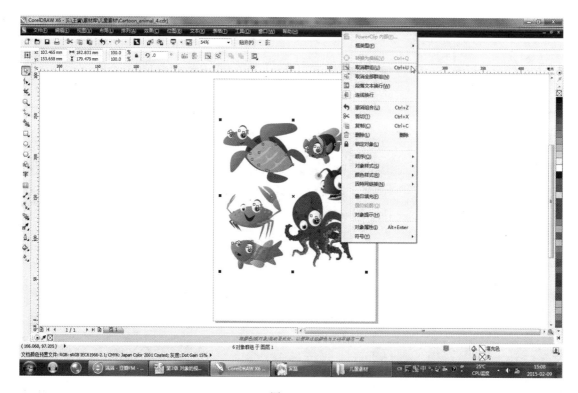

图 3 - 55

如果当前页面有多个群组对象，需要全部取消群组，选择菜单栏"排列/取消全部群组"命令（如图 3 - 56所示），即可取消全部群组对象。或者单击属性栏上的"取消全部群组" 按钮即可（如图 3 - 57 所示）。

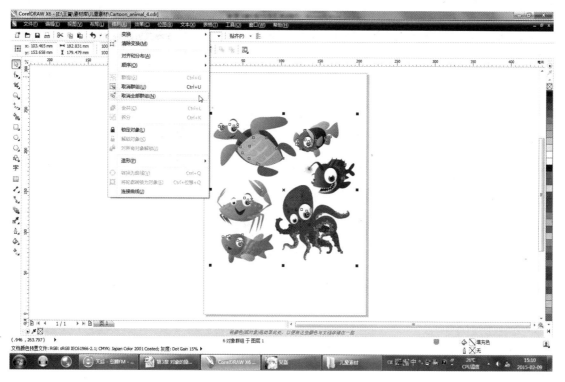

图 3 - 56

图 3 - 57

### 3.4.3　合并与打散对象

　　合并对象：合并两个或多个对象可以创建带有共同填充和轮廓属性的单个对象。可以合并矩形、椭圆形、多边形、星形、螺纹图形或者文本以便这些对象转变单个曲线对象。先选中要合并的对象，然后在选择菜单栏"排列/合并"命令（快捷键 Ctrl＋L），将多个对象合并成一个对象，此对象具有统一的填充和轮廓（如图 3 - 58、图 3 - 59 所示）。

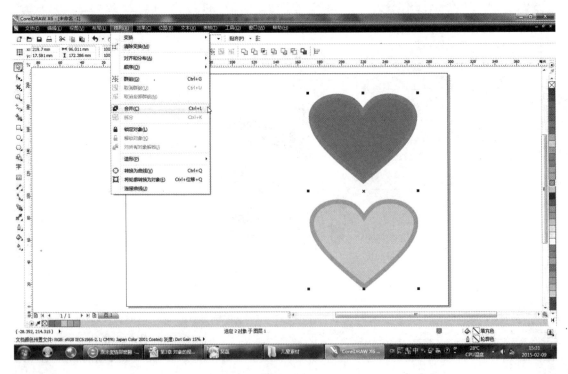

图 3 - 58

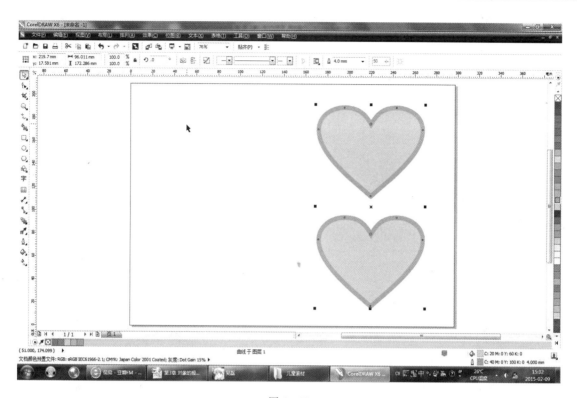

图 3 - 59

也可以选中需要合并的对象右键单击,弹出快捷菜单,点击"合并"即可(如图 3 - 60 所示)。

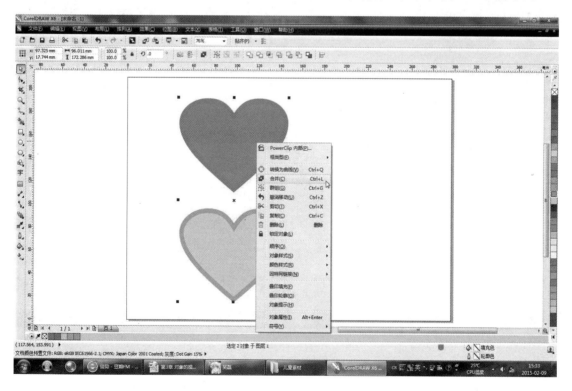

图 3 - 60

打散对象:选中已经合并的对象,选择菜单栏"排列/拆分曲线"命令。(快捷键 Ctrl＋K),将合并对象拆分(如图 3 - 61 所示)。

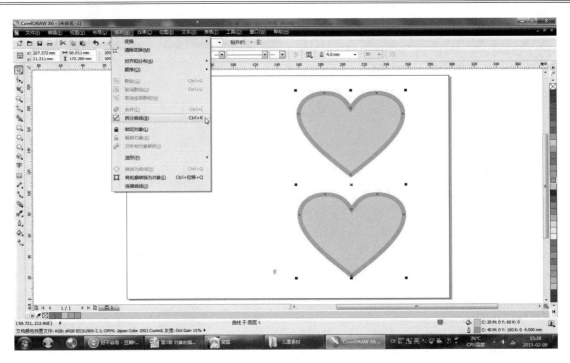

图 3 - 61

也可以选中合并的对象右键单击,弹出快捷菜单,点击"拆分曲线"即可将合并对象拆分(如图 3 - 62 所示)。

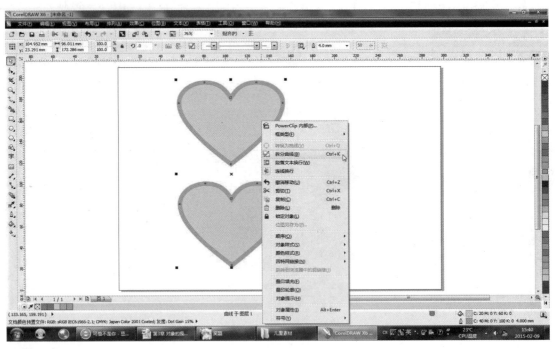

图 3 - 62

### 3.4.4　安排对象的顺序

在 CorelDRAW X6 中可以改变图层中对象的叠放顺序,通过将对象置于前面或者后面,或置于到其他对象的前面或后面,可以更改图层或页面上对象的叠放顺序。还可以将对象按叠放顺序精确定位,并且可以反转多个对象的叠放顺序。具体操作如下:

选择一个对象,选择菜单栏"排列/顺序"命令,然后单击下列某个命令(如图 3 - 63 所示)。

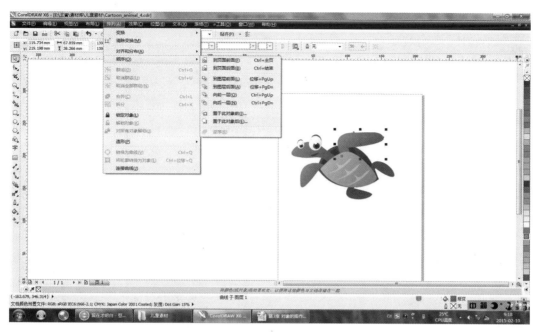

图 3 - 63

到页面前面:将选定对象移到页面上所有其他对象的前面。

到页面后面:将选定对象移到页面上所有其他对象的后面。

到图层前面:将选定对象移到活动图层上所有其他对象的前面。

到图层后面:将选定对象移到活动图层上所有其他对象的后面。

向前一层:将选定的对象向前移动一个位置。如果选定对象位于活动图层上所有其他对象的前面,则将移到图层的上方(快捷键 Ctrl＋PageUp)。

向后一层:将选定的对象向后移动一个位置(快捷键 Ctrl＋PageDown)。

置于此对象前:将选定对象移到在绘图窗口中鼠标变成箭头后单击的对象前面。

置于此对象后:将选定对象移到在绘图窗口中鼠标变成箭头后单击的对象后面(如图 3 - 64、图3 - 65所示)。

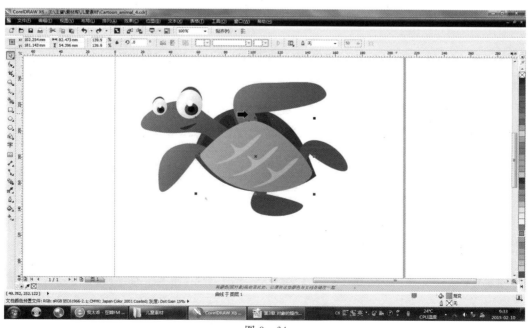

图 3 - 64

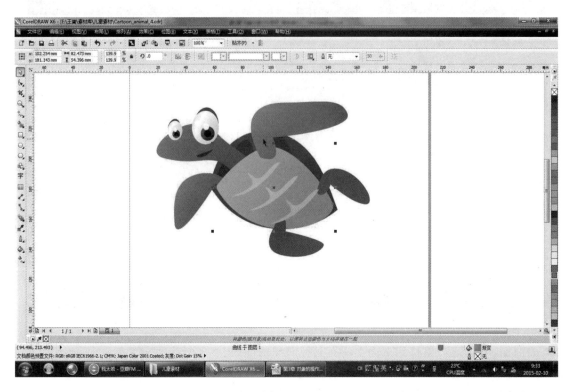

图 3-65

　　还可以选中对象右键单击,弹出快捷键菜单,点击"顺序"命令,然后单击菜单上某个命名调整对象的叠层顺序(如图 3-66 所示)。

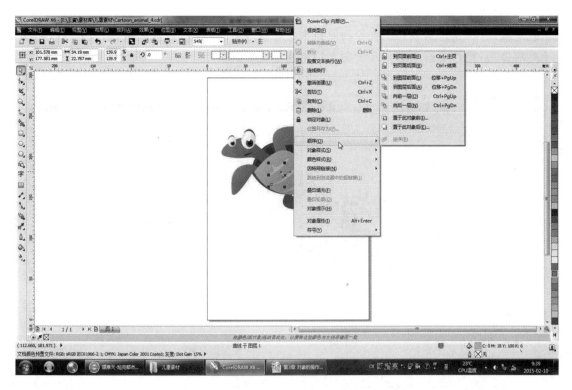

图 3-66

## 3.5　对齐与分布对象

在 CorelDRAW X6 中编辑多个对象时,有时候需要将页面中的对象整齐有序地排列和组织在一起,CorelDRAW X6 中提供了对齐、分布等工具可以实现准确的对齐、分布对象。可以使对象相互对齐,也可以使对象与绘图页面的各个部分对齐,如中心、边缘和网格、互相对齐对象时,可是按对象的中心或边缘对齐排列。可以将多个对象水平或垂直对齐绘图页面的中心。单个或多个对象也可以沿页面边缘排列,并对准网格上最近的点排列。自动分布对象时,将根据对象的宽度、高度和中心点在对象之间增加间距。可以分布对象,使它们的中心点或选定边缘以等距的间隔出现。还可以分布对象,使它们之间的距离相等。也可以分布对象,使它们超出对象边框的范围或整个绘图页面。

### 3.5.1　对齐对象

选中多个对象,选择菜单栏"排列/对齐与分布"命令,在下列命令中选择需要的对齐方式(如图 3-67 所示)。

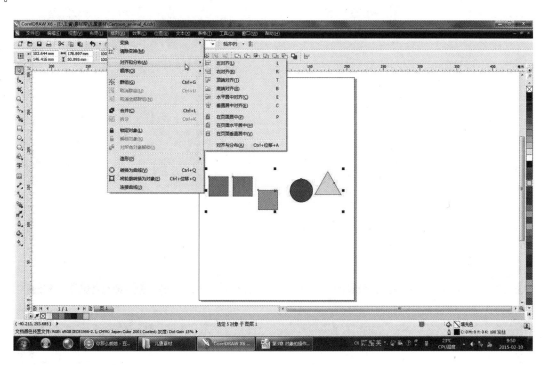

图 3-67

左对齐:选中多个需要对齐的对象,按快捷键 L 即可实现对象的左对齐。

右对齐:选中多个需要对齐的对象,按快捷键 R 即可实现对象的右对齐。

顶端对齐:选中多个需要对齐的对象,按快捷键 T 即可实现对象的顶端对齐。先选中的对象向后选中的对象顶端对齐。

底端对齐:选中多个需要对齐的对象,按快捷键 B 即可实现对象的底端对齐。先选中的对象向后选中的对象底端对齐。

水平居中对齐:选中多个需要对齐的对象,按快捷键 E 即可实现对象的水平中心对齐。先选中的对象向后选中的对象中心对齐。

垂直居中对齐:选中多个需要对齐的对象,按快捷键 C 即可实现对象的垂直中心对齐。先选中的对象向后选中的对象中心对齐。

在页面居中:选中对象按快捷键 P 即可实现对象位于页面中心。

也可以在属性栏单击"对齐和分布" 按钮,弹出"对齐与分布"对话框,在对齐面板中选择需要的对齐方式排列对象(如图3-68所示)。

单击菜单栏"视图/贴齐",可以从下拉列表中勾选贴齐的方式(如图3-69所示)。如:勾选"贴齐页面"当选中对象靠近页面边缘时,对象就会自动贴齐到页面边缘。

### 3.5.2　分布对象

选中多个对象,选择菜单栏"排列/对齐和分布"命令,在下列命令中选择"对齐与分布"命令,弹出"对齐与分布对话框",选择"分布"选项卡,即可显示"分布属性页面"。如选择水平分散排列间距,选中的对象就会以等距间隔形式呈现(如图3-70所示)。

图3-68

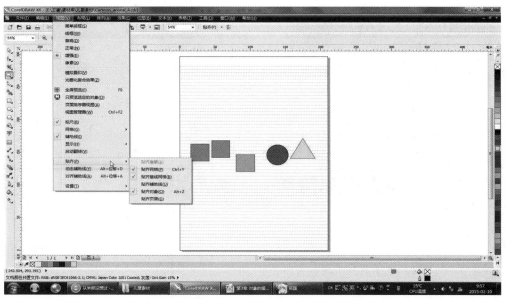

图3-69

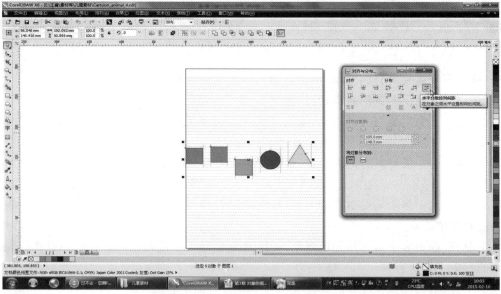

图3-70

小贴士：

1. 合并对象时先选中的对象会与后选中的对象属于一致，拆分后先选中的对象属性无法还原。

2. 对齐对象中，先选中的对象会以后选中的对象为基准。

**本章思考与练习**

1. 将多张图片素材导入 CorelDRAW X6 中，完成选择单一对象、选择多个对象、全选对象。

2. 将矢量图在 CorelDRAW X6 中打开，完成复制对象、变换对象、缩放和镜像对象、倾斜对象。

3. 将矢量图在 CorelDRAW X6 中打开，完成锁定和解锁对象、群组对象和取消群组、合并与打散对象。

4. 将矢量图在 CorelDRAW X6 中打开，完成对象的图层顺序排列。

5. 将矢量图在 CorelDRAW X6 中打开，完成对象的对齐与分布。

# 第4章　线形工具

**学习要点及目标**

1. 掌握手绘工具的使用。
2. 掌握线条样式设置。
3. 掌握贝塞尔工具的使用。
4. 掌握艺术笔工具的使用。
5. 掌握钢笔工具的使用。
6. 掌握折线工具的使用。

**核心概念**

1. 手绘工具。
2. 贝塞尔工具。
3. 艺术笔工具。
4. 钢笔工具。

## 4.1　手绘工具

手绘工具可以自由的绘制直线和曲线,是一个类似于我们用笔在纸上绘图的工具,而且绘制时会自动的将线条毛糙的边缘修复平滑,使线条更加流畅。

### 4.1.1　基本绘制方法

单击工具箱里的"手绘工具",即可进行线条的绘制,基本操作如下:

绘制直线线段:单击"手绘工具",在空白页面任意位置单击鼠标左键确定第一个节点,然后移动鼠标到另一处的位置单击鼠标左键确定第二个节点,即可形成一条直线线段(如图4-1所示)。

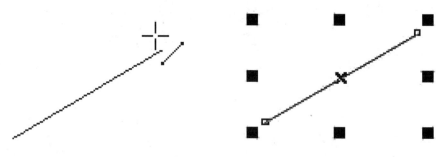

图4-1

所绘制线段的长短可以通过鼠标移动来调节。从起点到鼠标移动后确定的目标端点之间的长度即是线段的长度。如果需要绘制一条45°角线段,水平或垂直线段可以在绘制时同时按住 Shift 键。

（1）绘制连续折线线段：首先使用"手绘工具"绘制一条线段，然后在线段末尾节点上单击鼠标左键（如图 4 - 2 所示）所示），移动鼠标到目标位置继续点击鼠标左键，即可形成第 2 条折线线段（如图 4 - 3 所示），以此类推即可绘制连续的折线线段（如图 4 - 4 所示）。

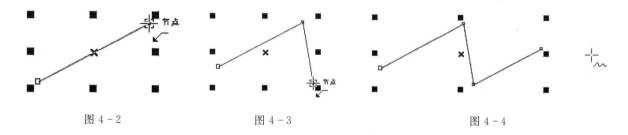

图 4 - 2　　　　　　　　　　图 4 - 3　　　　　　　　　　图 4 - 4

在绘制连续的折线线段时，如果折线线段的终点回到了折线的起点位置，那么就会形成一个闭合的图形，也就是一个面，可以进行颜色填充和效果添加等操作，利用这种方法我们可以绘制出各种抽象的几何形状。

（2）绘制曲线：在工具箱里选择"手绘工具"，然后在页面空白区域点击鼠标左键不放，呈弧线移动鼠标，松开鼠标即可形成一条曲线（如图 4 - 5 所示）。

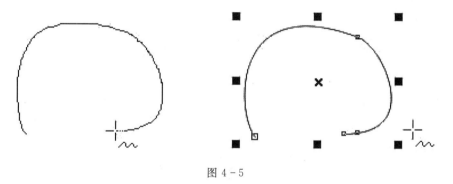

图 4 - 5

在使用"手绘工具"绘制曲线时，因为类似于手握铅笔在纸上绘画的感觉，因此会出现曲线线条不够平滑有毛边的情况，可以在属性栏上调节"手绘平滑"数值，进行自动平滑线条的操作（如图 4 - 6 所示）。

绘制直线线段和曲线结合的线条：在工具箱里选择"手绘工具"，利用前面所学方法绘制一条线段，然后在线段的末尾端点上点击鼠标左键不放，呈弧线拖拽出一条弧线，松开鼠标即可形成一条直线线段和曲线结合的线条（如图 4 - 7 所示），以此类推可继续随意绘制直线和曲线结合的线条（如图 4 - 8 所示）。

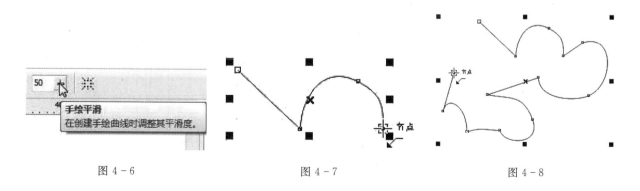

图 4 - 6　　　　　　　　　　图 4 - 7　　　　　　　　　　图 4 - 8

小贴士:

在使用"手绘工具" 时,按住鼠标左键不放拖拽绘制对象,如果拖拽的线条出错,可以在没有松开鼠标左键的情况下按 Shift 键往回移动鼠标,当出错的线条呈红色时,松开鼠标即可删除错误线条。

**案例演示**

用手绘工具绘制"上海金融中心"线稿(如图 4-9 所示)。

具体操作步骤如下:

(1)新建空白文档,设置文件名称为"上海金融中心大厦线稿",设置页面大小为 A4,页面方向为"竖向"。

(2)首先绘制金融中心大楼外轮廓线条。选择工具箱里的"手绘工具" ,点击鼠标左键定起始节点,然后移动鼠标定第二个点(如图 4-10 所示),继续绘制连续的下一段直线线段(如图 4-11 所示),再继续绘制连续的第 3 条线段形成金融中心大楼的外轮廓(如图 4-12 所示)。

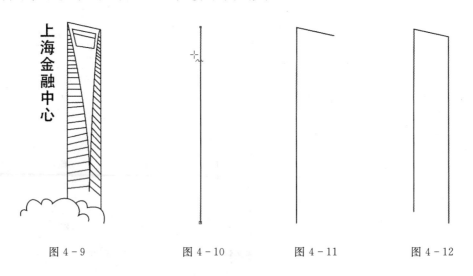

图 4-9　　　　　图 4-10　　　　　图 4-11　　　　　图 4-12

(3)绘制金融中心大楼的中间三角形的部分,选择"手绘工具" 绘制一条曲线(如图 4-13 所示),继续点击曲线端点绘制连续的第 2 条曲线(如图 4-14 所示),即可绘制完成金融中心大楼整体框架线稿。

(4)绘制大楼顶部镂空的区域。选择工具箱里的"手绘工具" ,同理利用绘制直线线段的方法连续定点绘制成一个封闭的形状(如图 4-15 所示),然后在封闭的形状上面再另外绘制一条直线线段(如图 4-16 所示)。

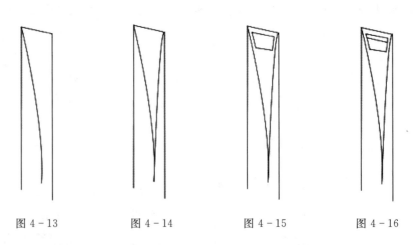

图 4-13　　　　　图 4-14　　　　　图 4-15　　　　　图 4-16

　　(5)绘制大楼两边的线条。选择工具箱里的"手绘工具" ，还是利用绘制直线线段的方法,依次一条一条绘制大楼左右两边的线条,注意绘制时根据大楼两边的透视角度和形状控制线条角度和长短(如图 4 - 17—图 4 - 18 所示)。

　　(6)最后绘制金融中心大厦底部的树木。选择工具箱里的"手绘工具" ,用绘制曲线的方法,绘制连续的曲线,鼠标左键点击确定第一个节点,然后鼠标左键不放拖拽到第 2 个节点的位置松开鼠标,形成一段树木的轮廓曲线,继续点击节点后拖拽鼠标不放到第 3 个节点的位置松开,形成另一段树木的轮廓曲线,同理绘制出树木轮廓效果如图 4 - 19 所示,最后再绘制另一段树木的轮廓曲线效果,形成层次关系(如图 4 - 20 所示)。

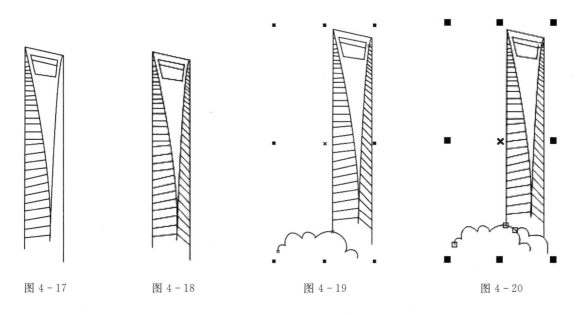

图 4 - 17　　　　　　图 4 - 18　　　　　　　图 4 - 19　　　　　　　图 4 - 20

### 4.1.2　线条设置

　　"手绘工具" 除了可以绘制各种直线和曲线以外,还可以通过"手绘工具" 的属性栏进行线条的设置(如图 4 - 21 所示),绘制出各种不同粗细,不同样式的线条,还可以设置带有箭头符号的线段。

图 4 - 21

　　手绘工具属性栏设置介绍:

　　起始箭头:用于设置线条起始箭头符号(如图 4 - 22 所示),可以在下拉箭头样式面板中进行选择(如图 4 - 23 所示)。部分起始箭头样式效果如图 4 - 24 所示。

图 4 - 22

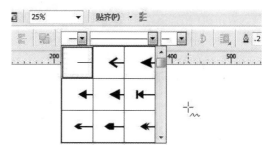

图 4 - 23

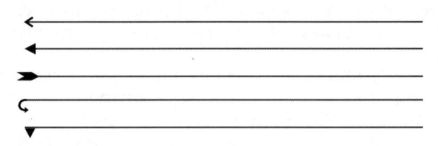

图 4 - 24

　　线条样式:设置线条的样式,可以在下拉的线条样式面板中选择合适的效果如图 4 - 25 所示。部分线条样式效果如图 4 - 26 所示。

　　如果在选择线条样式时,里面现存的样式没有合适的,那么可以通过下拉的线条样式面板最下面的"更多(O)" 更多(O)... 按钮进行自定义编辑,然后打开"编辑线条样式"对话框进行线条样式自定义编辑操作(如图 4 - 27 所示)。

图 4 - 25                图 4 - 26

图 4 - 27

　　编辑线条样式设置方法:拖动滑轨上的点设置虚线点的间距(如图 4 - 28 所示),在对话框右下方预览设置的点间距的效果。鼠标左键单击滑轨上白色的方块会变成黑色方块,然后鼠标不松开继续往后拖拽,可以拖拽出一小段连续黑色方块,即可用来设置虚线点的长短样式(如图 4 - 29 所示)。

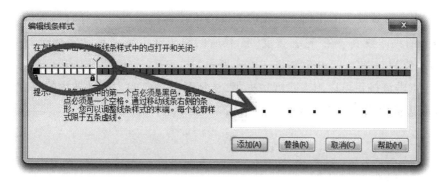

图 4 - 28

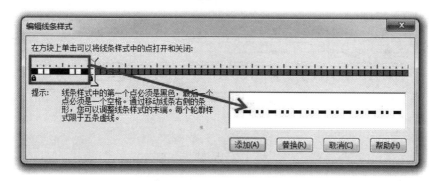

图 4 - 29

编辑完成后,单击"添加" 添加(A) 按钮进行样式添加。

终点箭头:用于设置线条终点箭头符号,可以在下拉箭头样式面板里进行选择设置(如图 4 - 30 所示)。部分终点箭头符号效果如图 4 - 31 所示。

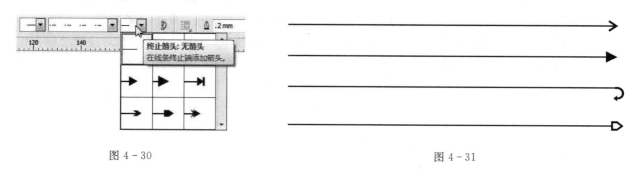

图 4 - 30　　　　　　　　　　　　　　　　　　　　　　　图 4 - 31

闭合曲线 ⤴ :用于设置未封闭的线段(如图 4 - 32 所示),鼠标左键单击"闭合曲线",会使未封闭的线段自动把起始节点和终点节点以直线相连接,形成一个闭合的形状(如图 4 - 33 所示)。

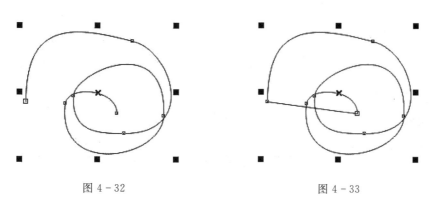

图 4 - 32　　　　　　　　　　　　　　　　　　　图 4 - 33

　　轮廓宽度 ⬧ :用来设置线条的粗细。在轮廓宽度的下拉面板中可以选择合适的线条宽度值,也可以手动输入自己需要的具体数值。在"轮廓宽度" ⬧ 其后的框里输入或者滑动滑块进行"手绘平滑"设置,最大值为100,最小值为0,默认值为5(如图4-34所示)。

　　隐藏边框 ⬚ :点击该按钮可以用来隐藏边框,默认情况下对象的边框是显示的(如图4-35所示),点击该按钮后的隐藏边框效果如图4-36所示。

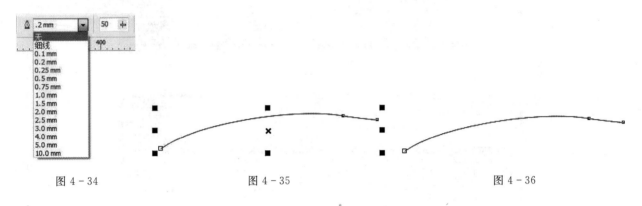

图4-34　　　　　　　　　　　图4-35　　　　　　　　　　　图4-36

## 4.2　2点线工具

　　"2点线工具"是用来绘制直线线段的工具,可以以多种方式绘制逐条相连或与图形边缘相切或垂直的直线,组合成需要的图形,常用于绘制流程图或者结构示意图。

### 4.2.1　基本绘制方法

　　点击工具箱里的"2点线工具" ✐ ,在页面空白区域单击鼠标左键不放拖拽出一段距离后松开鼠标即可形成一条直线(如图4-37所示)。如果需要绘制连续的线段,则可以在绘制好一条直线后,把鼠标光标放置在直线任意一方端点上,当光标变成 ✎ 时可继续拖拽绘制线段(如图4-38所示),连续绘制直到首尾节点重合即可形成一个封闭图形(图4-39所示)。

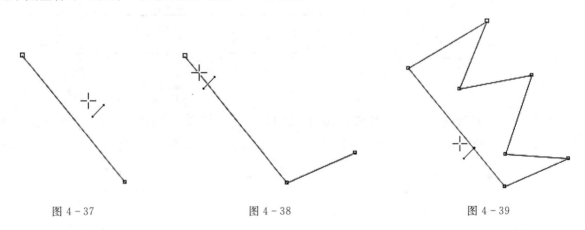

图4-37　　　　　　　　　　　图4-38　　　　　　　　　　　图4-39

### 4.2.2　设置绘制类型

　　点击工具箱里的"2点线工具" ✐ ,其属性栏设置(如图4-40所示)。

图4-40

"2 点线工具" ![icon] 属性栏工具选项介绍：

"2 点线工具" ![icon]：前面已经介绍过此工具使用方法，不多赘述。

"垂直 2 点线" ![icon]：用于绘制与现有线条或对象相垂直的直线。点击属性栏里的"垂直 2 点线"，在现有的线条或对象的任意位置点击鼠标左键不放拖拽，即可绘制一条与现有线条或对象垂直的直线（如图 4－41 所示）。

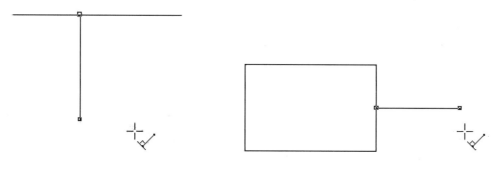

图 4－41

"相切 2 点线" ![icon]：用于绘制与现有线条或对象相切的直线。点击属性栏里的"相切 2 点线"，在现有线条或对象的任意位置点击鼠标左键不放拖拽，即可绘制一条与现有线条或对象相切的直线（如图4－42 所示）。

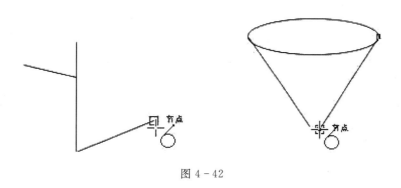

图 4－42

## 4.3 贝塞尔工具

贝塞尔工具是所有绘图软件中最为重要的工具之一，贝塞尔工具用来精确绘制直线或对称平滑的曲线，可以通过改变节点及其位置来控制曲线的弯曲度，在绘制完成后，还可以通过节点的调节进行直线或曲线的修改，灵活方便。

### 4.3.1 直线的绘制方法

选择工具箱里的"贝塞尔工具" ![icon]，在页面空白区域点击鼠标左键确定第一个节点，然后移动鼠标到任意位置再次点击确定第 2 个节点，两个节点之间即可形成一条直线（如图 4－43 所示）。如需绘制 45°角，水平或垂直的直线，绘制的同时按住 Shift 键即可。如果绘制连续的折线，则依次移动鼠标确定节点，节点与节点之间即可形成连续的折线（如图 4－44 所示）。

### 4.3.2 曲线的绘制方法

选择工具箱里的"贝塞尔工具" ![icon]，在页面空白区域点击鼠标左键不放拖拽即可形成第 1 个节点，此时节点的两端出现了两条蓝色的"控制线"，"控制线"的顶端是两个"控制点"，"控制线"和"控制点"的长度和位置是用来控制曲线线段的长短和弧度形状的，此时节点在选中时是显示为蓝色实心方块，也可以称为"锚点"(如图 4-45 所示)。确定好第 1 个节点后松开鼠标,然后移动鼠标到下一个节点位置,仍然是按住鼠标左键不放拖拽,拖拽的同时可以通过控制线调节曲线的弧度,松开鼠标即可形成一段曲线(如图 4-46 所示)。

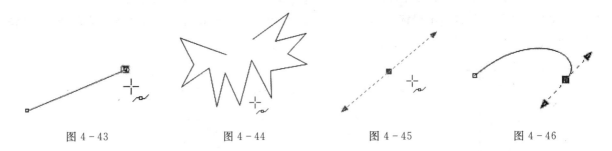

图 4-43          图 4-44          图 4-45          图 4-46

如果需要继续绘制连续的曲线,则可继续在空白区域任意位置点击鼠标左键不放,调整曲线弧度后松开鼠标(如图 4-47 所示),绘制完成后按空格键或者点击工具箱里的"选择工具"完成编辑。如果要绘制封闭的图形,那么还是将最后一个"锚点"回到第 1 个节点处重合,则可形成一个封闭的图形,自动完成编辑(如图 4-48 所示)。

 小贴士:

在调整节点时,按住 Ctrl 键再拖动鼠标,可以设置增量为 15°调整曲线弧度大小。

贝塞尔曲线分为"对称曲线"和"尖突曲线"两种。

对称曲线:在使用对称曲线时,调节"控制线"可以使当前节点两端的曲线端等比例进行调节(如图 4-49 所示)。

尖突曲线:在使用尖突曲线时,调节"控制线"只会调节节点一端的曲线(如图 4-50 所示)。

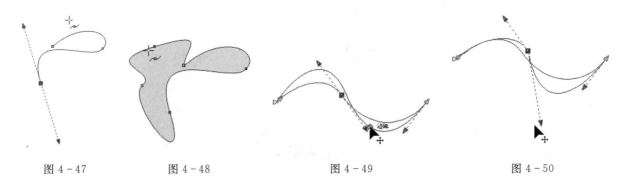

图 4-47          图 4-48          图 4-49          图 4-50

案例演示

绘制卡通小蘑菇(如图 4-51 所示)。

(1)新建空白文档,然后设置文档名称为"卡通小蘑菇",设置页面大小为 A4,页面方向为"横向"。

(2)首先绘制左边紫色小蘑菇,先画蘑菇上面紫色的部分,选择工具箱里的"贝塞尔工具",在蘑菇顶部点击鼠标左键拖拽确定第 1 个节点位置,然后继续定第 2 个节点位置,点击鼠标左键拖拽并调整曲线弧度(如图 4-52 所示),依次绘制确定第 3 个节点位置并调整曲线弧度(如图 4-53 所示),最后回到第 1

图 4-51

个节点位置与之重合形成一个闭合的蘑菇上部外轮廓形(如图 4 - 54 所示)。选择工具箱里"轮廓笔工具"🖊里的"颜色"⊞填充轮廓线颜色为(C:73,M:95,Y:0,K:0),(如图 4 - 55 所示)。

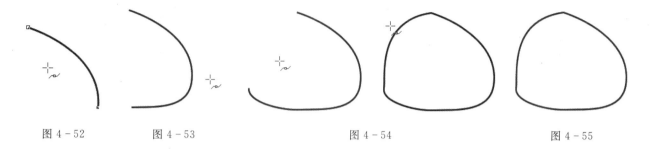

图 4 - 52　　　　　　图 4 - 53　　　　　　　　　　图 4 - 54　　　　　　　　　　图 4 - 55

提示:有关轮廓线的填充方法请参阅后面"7.4.1 改变轮廓线的颜色"的相关知识讲解。

(3)同样的方法使用"贝塞尔工具"🖊绘制蘑菇轮廓线内部紫色填充部分,填充颜色为(C:44,M:60,Y:0,K:0),接着去除轮廓线(如图 4 - 56 所示)。

(4)为了增加蘑菇上部层次,在紫色填充区域右下方另外绘制一块区域,绘制的方法还是同样使用"贝塞尔工具"🖊,在确定节点的过程中,要根据形状变化调整曲线为尖突曲线(如图 4 - 57 所示)。依次确定好节点后,绘制完成,并去除轮廓线,填充颜色为(C:60,M:82,Y:0,K:0),(如图 4 - 58 所示)。

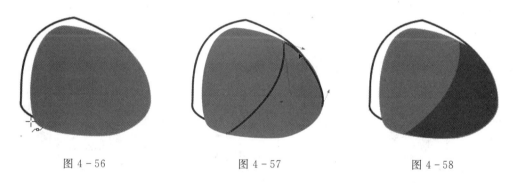

图 4 - 56　　　　　　　　图 4 - 57　　　　　　　　图 4 - 58

(5)同样的方法使用"贝塞尔工具"🖊绘制蘑菇上的斑点(如图 4 - 59 所示)。再把前面绘制完成的蘑菇上部轮廓线叠放到最前面,鼠标右键点击轮廓线,在下拉的菜单中选择"顺序"中的"到图层前面"(如图 4 - 60 所示)。

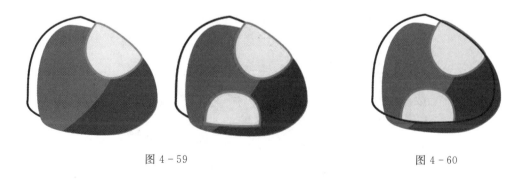

图 4 - 59　　　　　　　　　　图 4 - 60

(6)同样的方法使用"贝塞尔工具"🖊绘制蘑菇的下半部分,填充颜色为(C:16,M:8,Y:7,K:0),调整叠放顺序到蘑菇上部的后面(如图 4 - 61 所示)。同样也是为了增加层次关系,在下半部分上面再另外绘制一块区域,填充颜色为(C:42,M:28,Y:5,K:0),调整叠放顺序(如图 4 - 62 所示)。最后再绘制下部分的轮廓线,并填充轮廓线颜色为(C:77,M:61,Y:47,K:3),调整叠放顺序(如图 4 - 63 所示)。

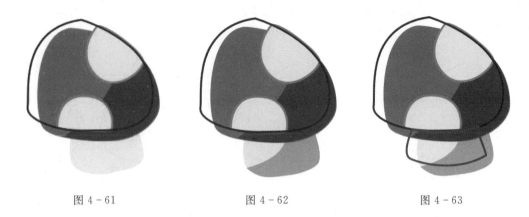

图 4 - 61                图 4 - 62                图 4 - 63

（7）同理绘制左边小草部分。小草轮廓线颜色填充为（C:82,M:56,Y:100,K:27），小草的内部颜色填充为（C:27,M:5,Y:61,K:0），（如图 4 - 64 所示）。再把蘑菇整体轮廓线宽度都设置为 0.5mm（如图 4 - 65 所示）。

（8）最后根据前面所介绍的步骤用同样的方法绘制红色的小蘑菇,红色蘑菇顶部整体颜色填充为（C:5,M:73,Y:47,K:0）,整体部分上面增加层次的一小块填充为（C:10,M:85,Y:60,K:0）,红色蘑菇顶部的轮廓线填充为（C:41,M:84,Y:56,K:1）,斑点颜色填充为（C:11,M:0,Y:56,K:0）,斑点轮廓线填充为（C:64,M:48,Y:100,K:5）,（如图 4 - 66 所示）。

图 4 - 64                图 4 - 65                图 4 - 66

（9）最后把两个蘑菇组合在一起（如图 4 - 67 所示）。

图 4 - 67

### 4.3.3　贝塞尔的设置

鼠标左键双击工具箱里"贝塞尔工具" ，
弹出"选项"面板，选择左边"工具箱"里子目录
"手绘/贝塞尔工具"（如图 4 - 68 所示），在选项
组中进行设置。

手绘平滑：设置自动平滑程度和范围，设置
范围为 0～100 之间。

边角阈值：设置边角平滑的范围。

直线阈值：设置在进行调节时线条平滑的
范围。

自动连接：设置节点之间自动吸附连接的
范围。

图 4 - 68

### 4.3.4　贝塞尔的修饰

我们在绘制需要的线条或者图形时，往往很
难一次性绘制完成，所以需要在绘制后对线条进行修饰，这里需要用到工具箱里的"形状工具" 和"贝
塞尔工具" 的属性栏对线条进行修饰（如图 4 - 69 所示）。

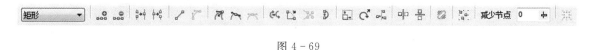

图 4 - 69

曲线转换成直线：选择工具箱里的"形状工具" ，然后在要变成直线的那条曲线上选中节点，可以
通过鼠标左键直接点击节点（如图 4 - 70 所示），然后再选择属性栏里的"转换为线条" 图标，该曲线就
可转换成直线（如图 4 - 71 所示）。还可以直接在需要转换为直线的曲线或节点上右键点击，在弹出的下
拉菜单里选择 "到直线"也可以进行此操作（如图 4 - 72 所示）。

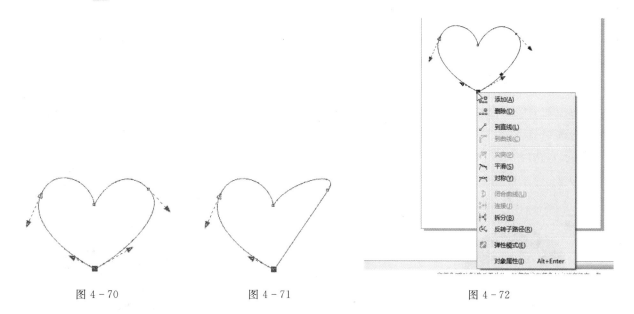

图 4 - 70　　　　　　　　图 4 - 71　　　　　　　　　　　图 4 - 72

直线转换成曲线：选中对象中要转换成曲线的直接部分，然后选中属性栏里的"转换为曲线" 图
标，当鼠标光标变成 时即可鼠标左键点击不放拖拽直线（如图 4 - 73 所示），就可将直线转换成曲线（如
图 4 - 74 所示）。

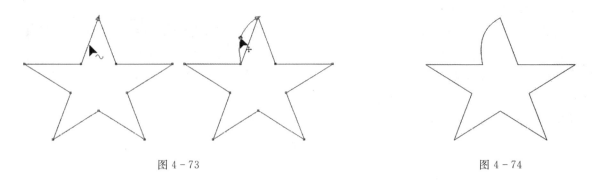

图 4 - 73　　　　　　　　　　　　　　　　　　　　图 4 - 74

　　对称节点转尖突节点:尖突节点两端的控制线和控制点成为相对独立的状态,当移动其中一侧控制点的位置时,另一侧控制点不会受其影响。选择工具箱里的"形状工具"↖,然后在对象上选中需要变换的节点,鼠标左键点击选中节点(如图 4 - 75 所示),再点击属性栏上的"尖突节点"↗图标把节点转成尖突节点,这时再调节节点一侧的控制线会发现只有控制线一侧的曲线会发生弯曲变化,节点另一侧的控制线和曲线不会变化(如图 4 - 76 所示)。

　　将节点转换为平滑节点:平滑节点两边的控制点是相互关联的,当移动其中一个控制点时,另一个控制点也会随之移动,可产生平滑过渡的曲线,我们在曲线上新增节点时默认为平滑节点,如要将尖突节点转换成平滑节点,只需选取要转换的节点后,单击属性栏中的"平滑节点"↗即可使节点两边的曲线变得平滑(如图 4 - 77 所示)。

图 4 - 75　　　　　　　　　　图 4 - 76　　　　　　　　　　图 4 - 77

　　尖突节点转对称节点:对称节点是指在平滑节点特征的基础上,使节点两边的控制线长度相等,从而使节点两边的曲线率也相等。选择工具箱里的"形状工具"↖,然后在对象上选中需要变换的节点,鼠标左键点击选中节点(如图 4 - 78 所示),再点击属性栏上的"对称节点"↗图标把节点转成对称节点(如图 4 - 79 所示),这时再调节节点任意一侧的控制点会发现节点两侧的曲线都会发生弯曲变化(如图4 - 80所示)。

图 4 - 78　　　　　　　　　　图 4 - 79　　　　　　　　　　图 4 - 80

闭合曲线："连接两个节点" 可以使同一个对象上断开的两个相邻节点连接成一个节点,从而使不封闭图形成为封闭图形。首先选择工具箱里的"形状工具" ,然后再选中断开邻近的两个节点,可以用鼠标从外部移动框选两个节点,也可以按住 Shift 键再同时点击两个节点(如图 4-81 所示),然后再点击属性栏中的"连接两个节点" ,就可完成操作(如图 4-82 所示)。

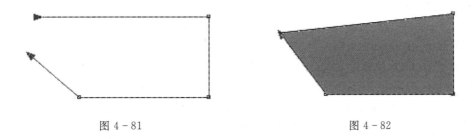

图 4-81　　　　　　　　　　　　图 4-82

断开曲线："断开曲线" 可以将曲线上的一个节点在原来的位置分离成为两个节点,使连接的曲线断开,使封闭的图形变为未封闭的图形,还可以将由多个节点连接而成的曲线分离成多条独立的线段。首先选择工具箱里的"形状工具" ,然后选中需要分离的节点(如图 4-83 所示),再单击属性栏中的"断开曲线" ,就可操作完成(如图 4-84 所示)。因为使用了"断开曲线",图形已变成未封闭图形,因此填充也就随之消失。同样如果把图形里所有的节点都选中(如图 4-85 所示),那么再点击"断开曲线" 也可以将图形每一条线段都分离成独立的线段(如图 4-86 所示)。

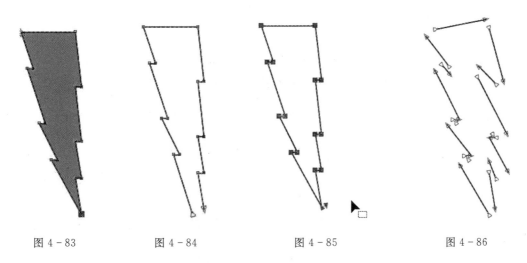

图 4-83　　　　　图 4-84　　　　　图 4-85　　　　　图 4-86

添加删除节点:在使用"贝塞尔工具" 进行绘制时,绘制过程中经常会遇到需要添加或者删除节点来调整形状的情况,可以选中线条上需要添加节点的位置(如图 4-87 所示),然后点击属性栏中的"添加节点" ,即可添加一个节点(如图 4-88 所示)。同理,如果需要删除线条上已有的节点,则先选中节点(如图 4-89 所示),再点击属性栏中的"删除节点" ,即可删除节点(如图 4-90 所示)。

图 4-87　　　　　　　　　　　　图 4-88

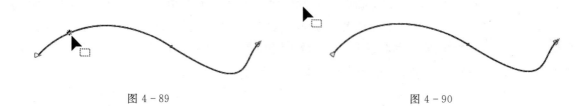

　　　　　　图 4－89　　　　　　　　　　　　　　　　　　　图 4－90

　　除了上述方法，还有几种添加删除节点的方法：

　　(1)选中线条上要加入节点的位置，然后单击鼠标右键，在下拉菜单中选择"添加"命令进行添加节点；执行"删除"命令进行删除节点。

　　(2)在需要添加节点的位置，双击鼠标左键添加节点，双击已有节点进行删除；

　　(3)选中线条上要加入节点的位置，在键盘上按"＋"键可以添加节点，按"－"键可以删除节点。

　　翻转曲线方向：线条中从起始节点到终点节点之间所有的节点都是有一个方向顺序的，从起点方向到终点方向，在起始节点和终点节点都有箭头表示方向（如图 4－91 所示）。如果想改变整条线条的方向，则可点击属性栏中的"反转方向"，来变更起点和终点节点的位置，使方向翻转（如图 4－92 所示）。

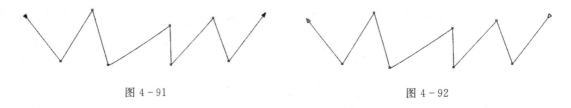

　　　　　　图 4－91　　　　　　　　　　　　　　　　　　　图 4－92

　　延长曲线使之闭合：使用"形状工具"选中一条未闭合的线条（如图 4－93 所示），点击属性栏中的"延长曲线使之闭合"，则会添加一条线条完成闭合（如图 4－94 所示）。

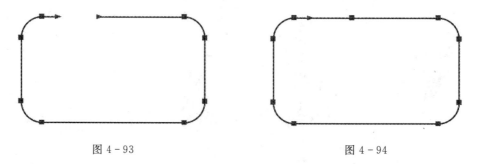

　　　　　　图 4－93　　　　　　　　　　　　　　　　　　　图 4－94

　　提取子路径：首先理解一个复杂的封闭图形路径中包含很多子路径（如图 4－95 所示），在最外面的圆形称为"主路径"，其余包含在圆形内部的所有路径都称为"子路径"（如图 4－96 所示）。我们可以通过"提取子路径"将"子路径"提取出来做其他用处。

　　　　　　图 4－95　　　　　　　　　　　　　　　　　　　图 4－96

　　选择工具箱里的"形状工具"，然后在需要被提取出来的任意一子路径上的任意一个节点上点击（如图 4－97 所示），再点击属性栏中的"提取子路径"进行子路径提取，被提取的子路径会显示为红色虚线（如图 4－98 所示），子路径提取完成，可进行单独的编辑（如图 4－99 所示）。

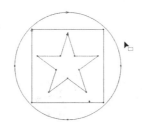
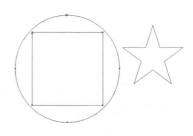

图 4－97　　　　　　　　　图 4－98　　　　　　　　　图 4－99

　　延展与缩放节点：使用"形状工具"选中对象中需要延展与缩放的节点（如图 4－100 所示），然后点击属性栏中的"延展与缩放节点"，接着鼠标拖拽进行缩放，如果需要从中心缩放则按住 Shift 键一起缩放（如图 4－101 所示）。

图 4－100

　　旋转和倾斜节点：使用"形状工具"选中内部 4 个节点，然后点击属性栏中的"旋转和倾斜节点"，再把光标移动到旋转控制点上按住鼠标左键进行旋转，效果如图 4－102 所示，再把光标移动到倾斜控制点上按抓鼠标左键进行拖拽（如图 4－103 所示）。

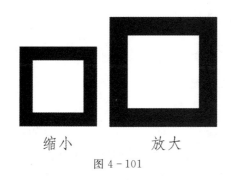
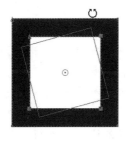

缩小　　　　　　放大

图 4－101　　　　　　　　　图 4－102　　　　　　　　　图 4－103

　　对齐节点：可以将所选中的节点对齐在一条平行或垂直直线上。选择"形状工具"选中图形，然后点击属性栏中的"选择所有节点"选中图形中的所有节点（如图 4－104 所示），再点击属性栏中的"对齐节点"，会弹出"对齐节点"对话框（如图 4－105 所示），在对话框里进行选择设置后完成操作，水平对齐效果如图 4－106 所示，垂直对齐效果如图 4－107 所示，水平垂直同时对齐效果如图 4－108 所示，对齐控制点的效果如图 4－109 所示。

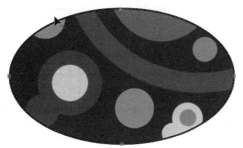

图 4－104　　　　　　　　　　　　　　图 4－105

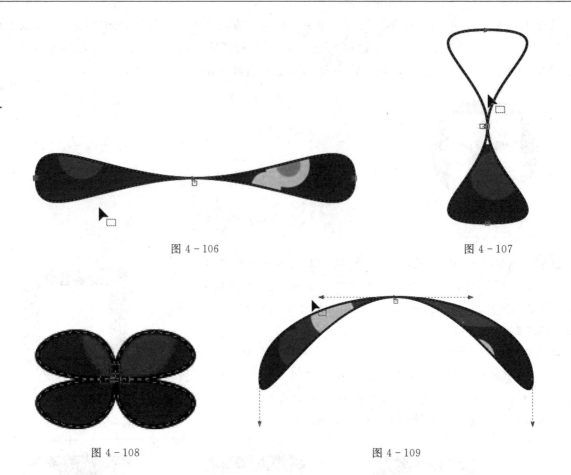

图 4 - 106                                                  图 4 - 107

图 4 - 108                                图 4 - 109

水平对齐:将两个或多个节点水平对齐,也可全选节点对齐。
垂直对齐:将两个或多个节点垂直对齐,也可全选节点对齐。
水平垂直对齐:将两个或多个节点居中对齐,也可全选节点对齐。
对齐控制点:将两个节点重合并将以控制点为基准进行对齐。
反射节点:反射节点是利用的镜像的原理来进行操作的,选中两个镜像对象中其中一个对象的一个节点进行编辑,则另一个对象也按相反的方向发生相同的编辑效果。选中一对镜像的图形中的两个对应的节点(如图 4 - 110 所示),然后点击属性栏中的"水平反射节点" 或者"垂直反射节点" ,最后将光标移动到其中一个节点上进行调节,相对应的镜像的另一边的图形上的对应节点也会进行相同且方向相对的操作(如图 4 - 111 所示)。

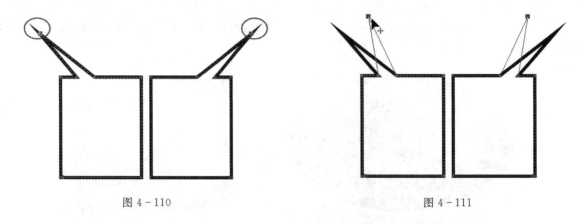

图 4 - 110                                图 4 - 111

**案例演示**

用贝塞尔绘制标志(如图 4-112 所示)。

操作步骤如下：

(1)新建空白文档，然后设置文档名称为"中国农业银行标志"，设置页面大小为 A4，页面方向为"横向"。

(2)选择工具箱里的"贝塞尔工具"  ，然后绘制标志左边的黄色部分部分，颜色填充为(C:0,M:0,Y:10,,K:0)，去除其轮廓线，效果如图 4-113 所示。

(3)继续使用"贝塞尔工具" 绘制标志的蓝色鸽子图形，颜色填充为(C:100,M:91,Y:32,K:0)，去除其轮廓线，效果如图 4-114 所示。

图 4-112

(4)最后使用"贝塞尔工具" 绘制红色心形所示部分，颜色填充为(C:18,M:100,Y:100,K:0)，去除其轮廓线，最终标志的效果如图 4-115 所示。

图 4-113 图 4-114 图 4-115

**案例演示**

用贝塞尔绘制手机壁纸(如图 4-116)。

操作步骤如下：

(1)新建空白文档，然后设置文档名称为"手机壁纸"，接着设置页面大小为 A4，页面方向为"纵向"。

(2)首先绘制手机壁纸背景，选择"矩形工具" 拖拽绘制出宽为 210mm，高为 297mm 的矩形，颜色填充为(C:65,M:0,Y:78,K:0)，效果如图 4-117 所示。提示："矩形工具"的使用方法详细介绍请参阅"5.1.1 矩形工具"的知识内容。

(3)选中"手机壁纸背景"进行复制，然后把复制的背景按 Shift 键进行同心缩小，去掉其颜色填充，填充轮廓线为白色，按快捷键 F12 在弹出的"轮廓笔"对话框中点击"编辑样式"再设置轮廓线的线条样式(如图 4-118 所示)，设置其轮廓线的宽度为 1.5mm，设置完成后的效果如图 4-119 所示。

(4)绘制白鹿的部分，暂不绘制鹿蹄和后面一个鹿角，留在后面的步骤里再绘制。选择"贝塞尔工具" 绘制白鹿身体部分，填充颜色为白色，轮廓线宽度设置为 2mm，轮廓线颜色填充为黑色，效果如图 4-120所示。

提示：白鹿背部有两段直线部分没有调整为曲线是因为后面还会绘制 Hello Kitty 骑在白鹿身上，所以会遮住这两条直线的部分，因此没有必要仔细调节这两段为曲线。

图 4－116

图 4－117

图 4－118

图 4－119

　　(5)使用"贝塞尔工具" 绘制另一只鹿角,填充颜色为白色,轮廓线的宽度设置为 2mm,调整叠放顺序,把这一只鹿角放置到白鹿身体的后面,效果如图 4－121 所示。继续使用"贝塞尔工具" 绘制白鹿的嘴、鹿蹄和尾巴,填充颜色为(C:0,M:20,Y:100,K:0),设置它们的轮廓线宽度都为 2mm,轮廓线颜色填充为黑色,效果如图 4－122 所示。

　　(6)使用"贝塞尔工具" 绘制鹿嘴上栓的绳子、鹿鞍和鹿眼。鹿眼填充为黑色,鹿绳和鹿鞍填充的颜色为(C:0,M:100,Y:72,K:0),所有的轮廓线宽度都设置为 2mm,轮廓线颜色填充为黑色,效果如图 4－123所示。

　　提示:同样因为后面绘制的部分会遮住鹿绳和鹿鞍的局部,因此某些局部不用细致绘制,直线连接即可。

　　(7)使用"贝塞尔工具" 绘制 Hello Kitty 帽子和蝴蝶结的部分,帽子上的红色部分和蝴蝶结填充的颜色为(C:0,M:100,Y:72,K:0),帽子顶上的球和帽檐部分填充为白色,所有的轮廓线宽度都设置为 2mm,轮廓线颜色填充为黑色,效果如图 4－124 所示。

　　(8)使用"贝塞尔工具" 绘制 Hello Kitty 的脸部,脸部轮廓线宽度设置为 2mm,轮廓线颜色为黑色,胡须宽度设置为 1.5mm,胡须颜色填充为黑色;嘴巴颜色填充为(C:0,M:0,Y:100,K:0),嘴巴轮廓线宽度设置为 1mm,填充为黑色;眼睛只绘制一只,另一只复制,移动放置到合适的位置,眼睛填充为黑色,效果如图 4 – 125 所示。

图 4 – 120

图 4 – 121

图 4 – 122

图 4 – 123

图 4 – 124

图 4 – 125

（9）使用"贝塞尔工具" ⬚ 绘制 Hello Kitty 的身体部分,红色的部分和前面设置的红色一样,绿色的部分和背景颜色一样,白色的部分直接填充白色,轮廓线的宽度都为 2mm,颜色为黑色,绿色裤子上的圆圈的轮廓线宽度为 1mm,效果如图 4 – 126 所示。

（10）绘制雪花。使用"多边形工具" ⬚,设置多边形为六边形,鼠标点击拖拽绘制出雪花的基本形,设置轮廓线宽度为 2mm,颜色为白色（如图 4 – 127 所示）。在使用"贝塞尔工具" ⬚ 绘制（如图 4 – 128 所示）,轮廓线和轮廓线颜色设置一致。最后使用"椭圆形工具" ⬚ 绘制圆形并复制把雪花绘制完成,效果如图 4 – 129 所示。

提示:"多边形工具"的使用方法在"5.3 多边形工具"里会详细介绍,"椭圆形工具"的使用方法在"5.2.1 椭圆形工具"里会详细介绍,请参阅。

图 4 – 126

图 4 - 127         图 4 - 128         图 4 - 129

(11)把绘制好的雪花复制 3 朵并进行适当的缩放,然后其中两朵雪花把颜色换为前面填充过的同样的红色,然后把 4 朵雪花分别放置在画面中合适的位置,效果如图 4 - 130 所示。

(12)最后再添加上主题文字,那么手机壁纸就完成了。使用"文本工具"**字**输入"Happy holidays!",字体填充为白色,选择一种你喜欢的字体即可,然后放在壁纸上方适中的位置,手机壁纸即绘制完成,效果如图 4 - 131 所示。

提示:添加文本及编辑操作参阅"9.1 添加文本"的详细知识介绍。

图 4 - 130            图 4 - 131

## 4.4 艺术笔工具

"艺术笔工具"可以快速创造出软件提供的各种图案、笔触效果,并且绘制出的对象为封闭图形,可以单击进行填充编辑。"艺术笔工具"在属性栏中分为 5 种样式,即预设、画笔、喷涂、书法和压力。通过属性栏中的参数的设置,可以绘制喷涂列表中的各种图形。

### 4.4.1 预设

选择工具箱里的"艺术笔工具",看到属性栏(如图 4 - 132 所示),点击第一个图标为"预设"。

图 4 - 132

预设选项介绍：

手绘平滑 100 ＋：用来设置数值调整线条的平滑程度，范围为 0～100。

笔触宽度 10.0 mm ：用来设置笔触的宽度，值越大笔触越宽，反之越小（如图 4-133 所示）。

预设笔触 ▬ ：打开下拉列表可以选择相应的笔触样式（如图 4-134 所示）。

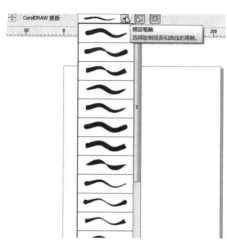

图 4-133　　　　　　　　　　　　　　　　　　　图 4-134

随对象一起缩放笔触 ：点击该按钮后，缩放笔触时，笔触线条的宽度会随着缩放而改变。

边框 ：单击后会隐藏或显示边框。

### 4.4.2　笔刷

选择工具箱里的"艺术笔工具" ，看到属性栏点击"笔刷" （如图 4-135 所示）。

图 4-135

笔刷选项介绍：

类别 艺术 ▼ ：点击后下拉菜单中可以选择需要的笔刷类别（如图 4-136 所示）。

笔刷笔触 ------- ▼ ：在其下拉菜单中可选择当前笔刷类型的相应的笔触样式（如图 4-137 所示）。

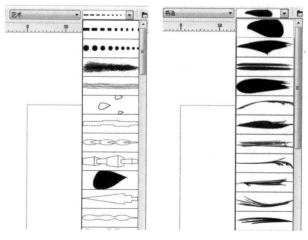

图 4-136　　　　　　　　　　　　　　　　　　　图 4-137

浏览：可以通过浏览硬盘里的艺术笔刷文件夹，导入艺术笔刷使用。

保存艺术笔触：可以自定义笔刷后，将其保存到笔触列表，默认存在艺术笔刷文件夹里供以后使用。

删除：删除已有的笔触。

创建自定义笔刷：在 CorelDRAW X6 中，可以使用一个对象或一组矢量对象自定义画笔笔触。创建自定义画笔笔触后，可以将其保存为预设。

（1）选择要保存的画笔笔触对象（如图 4-138 所示）。

（2）选择"艺术笔工具"属性栏中的"笔刷"，再点击属性栏中的"保存艺术笔触"，弹出的"另存为"对话框（如图 4-139 所示）。

（3）在"另存为"对话框中输入"文件名"，即自定义笔触的名称，再点击"保存"，即可将笔触保存在"自定义"类别的笔触列表中（如图 4-140 所示）。

图 4-138

图 4-139

图 4-140

### 4.4.3　喷涂

"喷涂"是指使用喷涂笔触可以在线条上喷涂一系列对象。除图形和文本对象外，还可导入位图和符号来沿着线条喷涂，也可自行创建喷涂列表文件，方法与笔刷笔触的创建方法相同，"喷涂"的属性栏如图 4-141 所示。

图 4-141

喷涂选项介绍：

喷涂对象大小：用来设定喷涂的对象大小，按照框里特定的百分比来调节。

递增按比例缩放：点击此图标会激活下方的数值，在下方的数值框输入百分比可以将每一个喷涂对象大小调整为前一个对象大小设定的百分比（如图 4-142 所示）。

类别：在下拉菜单中可以选择要使用的喷涂类别（如图 4-143 所示）。

喷射图样：在下拉列表中可以选择相应喷涂类别的喷涂样式（如图 4-144 所示）。

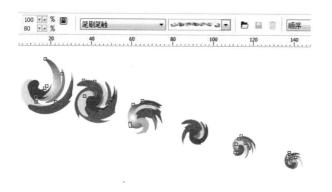

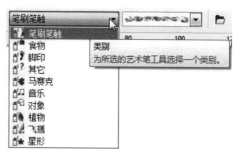

图 4 - 142　　　　　　　　　　　　　　　　　　　图 4 - 143

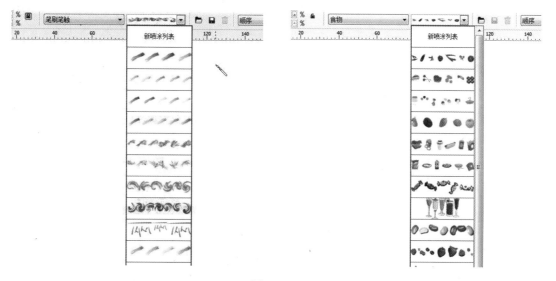

图 4 - 144

喷涂顺序：在其下拉列表中显示有 3 种喷涂顺序："随机"、"顺序"和"按方向"（如图 4 - 145 所示），这 3 种不同的顺序要配合后面的"喷涂列表选项" 中参考播放列表来编辑。

随机：在创建喷涂时随机出现喷涂图样中的图案。

顺序：在创建喷涂时按照顺序出现喷涂图样中的图案。

按方向：在创建喷涂时处在同一方向的图案在绘制时重复出现（如图 4 - 146 所示）。

图 4 - 145

图 4 - 146

添加到喷涂列表 🔲：添加一个或多个对象到喷涂列表。

喷涂列表选项 🔲：点击后弹出"创建播放列表"对话框，用来设置喷涂对象的顺序和设置喷涂对象（如图4-147所示）。

每个色块中的图像数和图像间距 🔲：在上方的文字框中输入数值设置每个色块中的图像数；在下方的文字框输入数值，可调整喷涂笔触中各个色块之间的距离。

旋转 🔲：在"旋转"面板中设置好角度后用来旋转喷涂对象（如图4-148所示）。

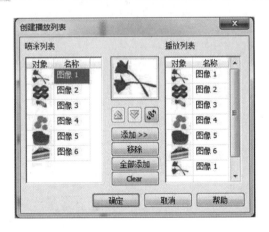

图4-147

图4-148

偏移 🔲：在"偏移"面板中设置喷涂对象的偏移方向和距离（如图4-149示）。

选择一个对象，对其进行旋转和偏移设置后的效果如图4-150所示。

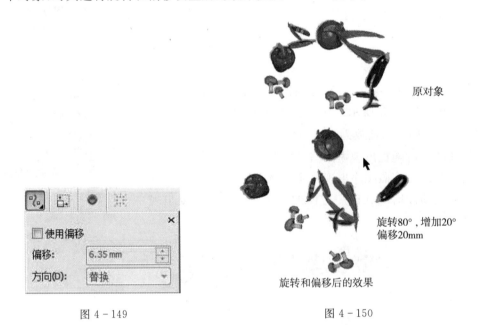

图4-149

图4-150

### 4.4.4 书法

"书法" 🔲是变化书法笔锋角度的方式来模拟书法笔触的效果。"书法"的属性栏如图4-151所示。

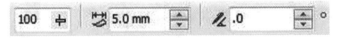

图4-151

书法选项介绍：

书法角度 ：通过输入数值来设置笔尖的倾斜角度，范围是 0°～360°（如图 4 - 152 所示）。

图 4 - 152

 小贴士：

"书法角度"设置的是书写线条的最大宽度，线条的实际宽度由所绘制线条与书法角度之间的角度决定。

### 4.4.5　压力

"压力" ：是模拟使用压感画笔的效果进行绘制，"压力"的属性栏如图 4 - 153 所示。使用"压力"绘制效果如图 4 - 154 所示。

图 4 - 153

图 4 - 154

**案例演示**

用艺术笔工具制作海报（如图 4 - 155 所示）。

操作步骤如下：

（1）新建空白文档，然后设置文档名称为"艺术海报"，接着设置页面大小为 A4，页面方向为"纵向"。

（2）选择工具箱里的"矩形工具" ，按住 Ctrl 键拖拽出一个 170mm×170mm 的正方形，内部颜色填充为黑色，效果如图 4 - 156 所示。

图 4 - 155

图 4 - 156

（3）绘制海报背景。选择工具箱里的"艺术笔工具" ，调整笔触宽度，宽度的设置可以按自己需要的效果而随意设定，选择"艺术笔工具" 的属性栏中的"笔刷" ，在"笔刷" 的类别里选择"飞溅"和

"底纹",具体使用的图样可根据需要自行选择,可以多选择几种图样结合使用,用"笔刷"拖拽绘制时可以通过调整笔刷宽度,改变拖拽的方向和拖拽的长短来调整整体的效果,填充的颜色也可以任意搭配选择,参考的效果如图 4 - 157 所示。

(4)绘制主题图形灯泡。点击工具箱里的"贝塞尔工具"绘制灯泡上面的球状部分,去除其轮廓线并将内部颜色填充为白色,效果如图 4 - 158 所示。

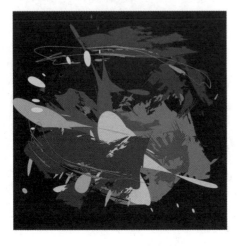

图 4 - 157                                    图 4 - 158

(5)继续绘制灯泡下面的螺纹部分。点击工具箱里的"贝塞尔工具"绘制灯泡下面的螺纹部分,螺纹部分由 4 个螺纹组成一个整体,可以只绘制 1 个螺纹后复制 3 个,最后去除轮廓线并将其内部颜色填充为白色,效果如图 4 - 159 所示。

(6)绘制填充到灯泡内部的图样。使用绘制"背景"同样的方法,选择"艺术笔工具"属性栏中的"笔刷"列表中的"飞溅"和"底纹"图样,绘制效果如图 4 - 160 所示,颜色的设置可以随意搭配调整。

(7)选中绘制好的"灯泡内部图样",右键点击不放并拖拽至灯泡图形内部时松开鼠标,在弹出的面板中选择"图框精确剪裁内部",即可将"灯泡内部图样"置入到灯泡内部,可以通过右键点击"灯泡"然后在弹出的下拉菜单中选择"编辑 PowerClip"进行置入内部后的图样的编辑,编辑完成后再次右键点击,在下拉菜单中选择"结束编辑"即可。效果如图 4 - 161 所示。

提示:使用"图框精确裁剪内部"的操作方法参阅"7.6 框精确裁剪对象"的相关知识讲解。

图 4 - 159                      图 4 - 160                      图 4 - 161

# 4.5　钢笔工具

"钢笔工具" 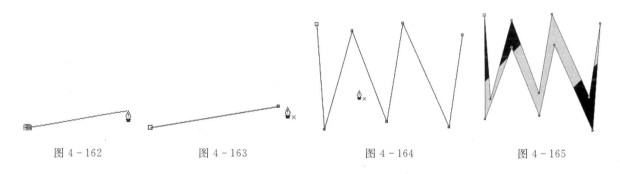 的使用方法和"贝塞尔工具" 的使用方法类似,都是利用点节点定位,然后节点与节点之间连接成直线或曲线而绘制对象的方式,绘制后再通过"形状工具" 进行编辑调整。两个工具区别的地方是在使用"钢笔工具" 时,可以在确定下一个节点之前预览到即将绘制而成的线条的效果。

### 4.5.1　绘制方法

（1）绘制直线和折线

单击工具箱里的"钢笔工具" ,在页面空白区域点击确定第 1 个节点位置,然后移动光标后页面中会出现蓝色线条,蓝色线条为预览线条（如图 4－162 所示）。在确定好第 2 个节点后即可点击鼠标左键,则可形成一条直线,如果绘制完成则双击鼠标左键（如图 4－163 所示）。

绘制连续的折线,还是先确定第 1 个节点后移动光标,确定好第 2 个节点位置后继续移动光标继续确定下面的节点,依次类推,直到完成绘制（如图 4－164 所示）。如果绘制时终点节点回到起始节点位置点击,则可形成封闭的图形,可以进行填充编辑（如图 4－165 所示）。

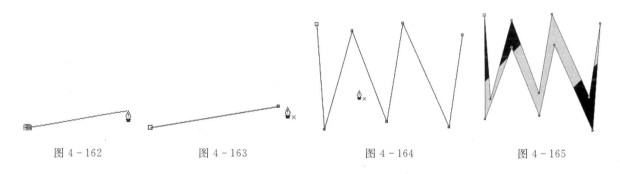

图 4－162　　　　　　图 4－163　　　　　　图 4－164　　　　　　图 4－165

（2）绘制曲线

单击工具箱里的"钢笔工具" ,在页面空白区域点击确定第 1 个节点位置,按住鼠标左键不放拖拽定第 2 个节点位置,形成一条曲线效果如图 4－166 所示,继续绘制连续的曲线,按住鼠标左键不放拖拽,会显示蓝色预览曲线（如图 4－167 所示）,确定好第 3 个节点位置后双击鼠标左键完成绘制（如图4－168所示）,如需继续绘制则依照上述方法继续根据蓝色预览曲线确定节点绘制（如图 4－169 所示）。

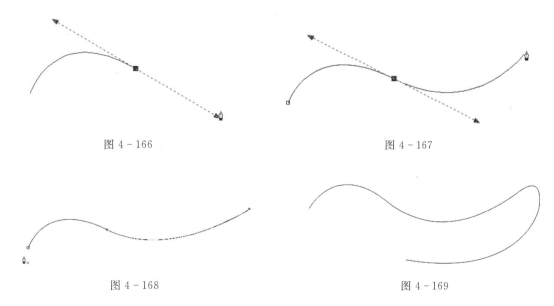

图 4－166　　　　　　　　　　　　　图 4－167

图 4－168　　　　　　　　　　　　　图 4－169

### 4.5.2 属性栏设置

"钢笔工具" 🖊的属性栏如图 4-170 所示。

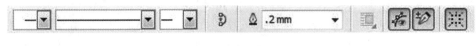

图 4-170

钢笔工具选项介绍：

预览模式 🖼:点击该按钮即可在确定下一个节点的时候预览到呈蓝色的预览线条,帮助我们更精确的绘制曲线。不点击此按钮则不存在此功能。

自动添加或删除节点 🖼:点击此按钮后,当光标移动到曲线上时,点击鼠标左键可以快速的添加或者删除节点。不点击此按钮则不存在此功能。

## 4.6  B 样条工具

"B 样条工具" 🖊是快速通过创建控制点而绘制连续平滑曲线的工具。单击工具箱里的"B 样条工具" 🖊,单击鼠标左键确定第 1 个节点,移动鼠标单击左键确定第 2 个节点时会形成一条平滑的曲线,同时会生成由两条控制虚线组合成的一个控制节点(如图 4-171 所示),转动方向继续移动鼠标单击确定第 3 个节点时,连续的平滑曲线继续形成,同时又会生成两条控制虚线和控制节点(如图 4-172 所示),如果绘制完成则双击鼠标左键(如图 4-173 所示),如果绘制封闭的图形则终点节点回到起始节点处单击闭合曲线(如图 4-174 所示)。如果绘制的曲线或图形需要调整则需配合"形状工具" 🖊调整控制节点进行编辑。

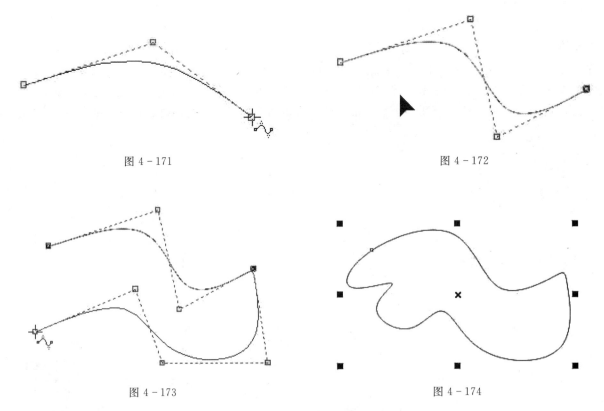

图 4-171　　图 4-172　　图 4-173　　图 4-174

## 4.7 折线工具

"折线工具"是用来绘制多节点连续折线或复杂的几何图形的简便工具。单击"折线工具"，点击鼠标左键确定第 1 个节点，移动光标到第 2 个节点位置继续单击，再次移动光标定第 3 个节点点击鼠标左键，绘制连续的折线则依次移动光标并点击鼠标左键，效果如图 4 - 175 所示。

"折线工具"也可以绘制曲线。点击鼠标左键不放进行拖拽绘制需要的曲线，结束绘制则双击鼠标左键(如图 4 - 176 所示)。

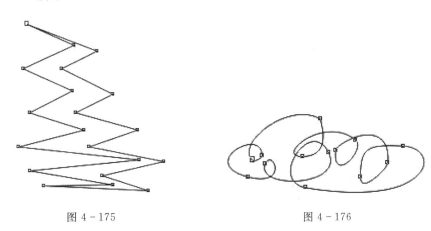

图 4 - 175 图 4 - 176

## 4.8 3 点曲线工具

"3 点曲线工具"是用来方便的绘制各种弧度的曲线工具。点击工具箱里的"3 点曲线工具"，点击鼠标左键不放拖拽，拖拽到一定的距离后松开鼠标，效果如图 4 - 177 所示，再移动鼠标指定曲线的弧度方向，移动到合适位置后单击鼠标左键完成绘制(如图 4 - 178 所示)。

图 4 - 177 图 4 - 178

**本章思考与练习**

1. 使用贝塞尔工具结合艺术笔工具绘制一张卡通插图(如图 4 - 179 所示)。

2. 使用贝塞尔工具绘制 5 个世界著名品牌标志。

3. 使用钢笔工具绘制一张 POP 海报。

图 4 - 179

# 第5章　几何形工具

1. 掌握矩形和3点矩形工具的使用。
2. 掌握椭圆形和3点椭圆形工具的使用。
3. 掌握多边形工具的使用。
4. 掌握星形工具的使用。
5. 掌握图纸工具的使用。
6. 掌握形状工具组的使用。

1. 矩形和3点矩形工具。
2. 椭圆形和3点椭圆形工具。
3. 多边形工具。

## 5.1　矩形和3点矩形工具

"矩形工具"▢和"3点矩形工具"▢都是快速的绘制矩形的工具,只是操作方法有些区别,都可以通过属性栏的设置进行图形编辑。

### 5.1.1　矩形工具

点击工具箱里的"矩形工具"▢,按住鼠标左键不放拖拽即可绘制出一个矩形,拖拽成合适大小后松开鼠标则完成绘制,矩形是以对角拖拽绘制而成的(如图5-1所示)。如果需要绘制正方形,则拖拽的同时按住 Ctrl 键(如图5-2所示)。

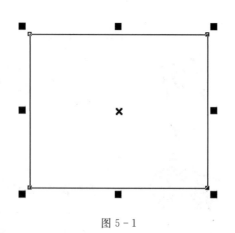
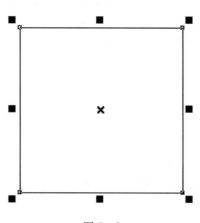

图 5-1　　　　　　　　　　图 5-2

小贴士：

　　在绘制时按住 Shift 键可以从中心出发绘制一个矩形，按住 Shift 键和 Ctrl 键就可绘制一个从中心出发的正方形。

　　属性栏参数设置

　　"矩形工具" 的属性栏（如图 5-3 所示）。

图 5-3

　　矩形工具选项介绍：

　　圆角 ：点击圆角可以将矩形的直角变成圆角，可以在后面的数值框里输入圆角的度数（如图 5-4 所示）。

　　扇形角 ：点击扇形角可以将矩形的角转变成扇形相切的角，可以在后面的数值框里输入数值设置扇形角的度数（如图 5-5 所示）。

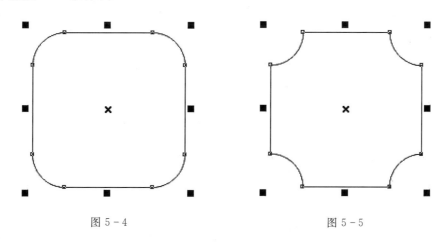

<table>
<tr><td align="center">图 5-4</td><td align="center">图 5-5</td></tr>
</table>

　　倒棱角 ：点击倒棱角可以将矩形的角变成直棱角，可以在后面的数值框里输入数值设置倒棱角的度数（如图 5-6 所示）。

　　圆角半径 ：在 4 个数值框里输入数值可以分别设置矩形 4 个角的圆滑度大小（如图 5-7 所示）。

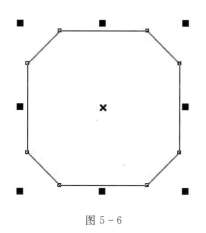

<table>
<tr><td align="center">图 5-6</td><td align="center">图 5-7</td></tr>
</table>

　　同时编辑所有角 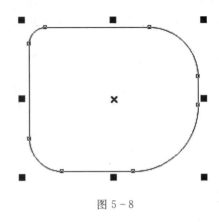：点击此按钮后，在 4 个数值框
里的任意 1 个输入数值，其他 3 个框也会同时被设定为
相同的数值，单击取消此按钮后，则可对 4 个数值框进行
分别设置(如图 5-8 所示)。

　　相对的角缩放 ：点击此按钮后，在缩放矩形的同
时边角的"圆角半径"也会相应的进行缩放，单击取消选
中此按钮后，在缩放矩形的同时边角的"圆角半径"不会
随之缩放。

　　轮廓宽度 .2mm ▾：用来设置矩形轮廓线的粗细。

　　转换为曲线 ：在对矩形没有进行转换曲线时，只
能对节点进行角上的变化(如图 5-9 所示)，点击此按钮
在对矩形进行转换为曲线后可以对节点进行自由操作编
辑(如图 5-10 所示)。

图 5-8

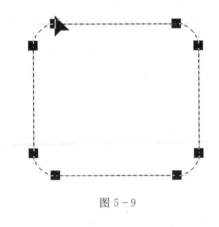

图 5-9

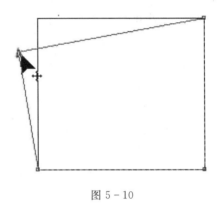

图 5-10

### 5.1.2　3 点矩形工具

　　"3 点矩形工具" 是通过定 3 个点的位置来绘制一个矩形的工具。点击鼠标左键不放拖拽出一条
直线，松开鼠标(如图 5-11 所示)，再沿一定方向移动光标即可形成一个矩形(如图 5-12 所示)。

**案例演示**

　　用矩形工具绘制台灯，效果如图 5-13 所示。

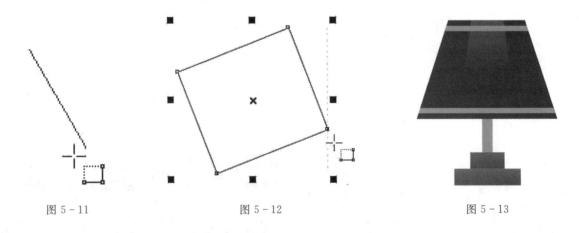

图 5-11　　　　　　　　　　　图 5-12　　　　　　　　　　　图 5-13

操作步骤如下:

(1)新建空白文档,然后设置文档名称"台灯",接着设置页面大小为 A4,页面方向为"横向"。

(2)绘制台灯灯罩部分,选择工具箱里的"矩形工具" ▢,拖拽绘制出一个矩形(如图 5-14 所示),点击属性栏里的"转换为曲线" ⬭,然后用"形状工具" ▶,调整矩形上面两个节点,效果如图 5-15 所示。

(3)选择工具箱里的"颜色工具" ▦ 为矩形填充颜色,颜色为(C:37,M:100,Y:98,K:3),去除其轮廓线(如图 5-16 所示)。

提示:"颜色工具"的使用方法请参阅"6.8 使用滴管和应用颜色工具填充"的相关知识讲解。

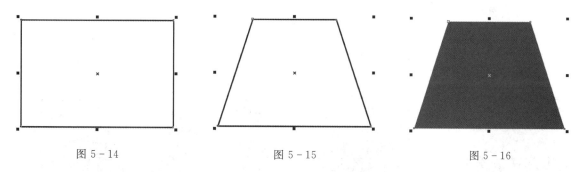

图 5-14　　　　　　　　　　图 5-15　　　　　　　　　　图 5-16

(4)绘制台灯灯罩上的条纹,选择工具箱里的"矩形工具" ▢ 拖拽出一个窄窄的矩形,矩形长度超出灯罩边沿,颜色填充为(C:1,M:44,Y:98,K:0),去除其轮廓线(如图 5-17 所示),再把绘制好的窄矩形复制一个,拖拽其窄矩形的长度,使其超出灯罩下部的边沿(如图 5-18 所示)。

(5)把绘制好的两个窄矩形选中,右键点击选中的两个窄矩形,在弹出的下拉菜单中选择"图框精确剪裁内部",即可把两个窄矩形置入到灯罩内部,形成灯罩的条纹,效果如图 5-19 所示。

图 5-17　　　　　　　　　　图 5-18　　　　　　　　　　图 5-19

(6)绘制灯杆的部分。选择"矩形工具" ▢ 拖拽出一个竖着的窄矩形,内部颜色填充为(C:10,M:44,Y:77,K:0),去除其轮廓线,右键点击所绘制的矩形,在弹出的下拉菜单中选择"顺序",把灯杆放置到灯罩的后面,效果如图 5-20 所示。

(7)绘制台灯底座部分。选择"矩形工具" ▢ 拖拽出两个小矩形叠放在一起(如图 5-21 所示)。选择工具箱里的"渐变工具" ▬,内部颜色填充为(C:18,M:100,Y:100,K:0)到颜色(C:0,M:60,Y:95,K:0)的渐变效果,选择线性渐变,角度设置为 90°,渐变填充的设置如图 5-22 所示,去除其轮廓线,填充后的效果如图 5-23 所示。

提示:"渐变工具"的使用方法请参阅"6.3 渐变填充"的相关知识讲解。

(8)最后在灯罩上加一束光照射下来,增加一些层次和光感。点击"贝塞尔工具" ◣ 绘制梯形(如图 5-24 所示),去除其轮廓线,内部填充颜色为(C:10,M:44,Y:77,K:0),效果如图 5-25 所示。再选择"透明度工具" ⬚ 从所绘制的图形上部往下拖拽,调节成如图 5-26 所示的效果,给所绘制部分一个从不透明到透明的效果。

注意:"透明度工具"的使用请参阅"11.4 透明效果"的相关知识讲解。

图 5 - 20                  图 5 - 21                         图 5 - 22

图 5 - 23              图 5 - 24              图 5 - 25              图 5 - 26

**案例演示**

用矩形工具绘制衣柜,效果如图 5 - 27 所示。

操作步骤如下:

(1)新建空白文档,然后设置文档名称"衣柜",接着设置页面大小为 A4。

(2)绘制衣柜整体部分。选择工具箱里的"矩形工具" ,拖拽绘制出一个矩形,设置矩形的轮廓线宽度为 0.75mm,内部颜色填充为白色(如图 5 - 28 所示)。

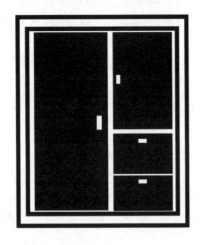

图 5 - 27

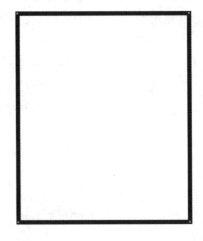

图 5 - 28

(3)绘制衣柜内部。选择工具箱里的"矩形工具" ▢,拖拽绘制出一个矩形,设置矩形的轮廓线宽度为 0.75mm,内部颜色填充为黑色(如图 5-29 所示)。

(4)绘制左边的衣柜柜门。选择工具箱里的"矩形工具" ▢,拖拽绘制出一个矩形,内部颜色填充为黑色(如图 5-30 所示)。

图 5-29

图 5-30

(5)绘制右边的小柜门和下面的抽屉。选择工具箱里的"矩形工具" ▢,拖拽绘制出一个小矩形,填充为黑色,在小矩形的下面再使用"矩形工具" ▢拖拽出一个小矩形,填充为黑色,并使用"贝塞尔工具" ✎绘制一条直线放置在下面的矩形的中间,作为抽屉的分割线,将直线填充为白色,直线的宽度设置为 0.25mm,整体的效果如图 5-31 所示。

(6)最后绘制柜门上的把手和抽屉上的把手。选择工具箱里的"矩形工具" ▢,先绘制左边柜门上的把手,拖拽一个小竖矩形,填充为白色,去除其轮廓线,复制并缩小小竖矩形放置在右边小柜门上,再拖拽出一个小横矩形,去除其轮廓线,填充为白色,再复制一个,分别放置在两个抽屉上,效果如图 5-32 所示。

图 5-31

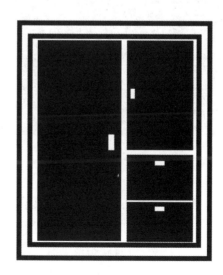
图 5-32

案例演示

图 5 - 33

用矩形工具绘制液晶电视,效果如图 5 - 33 所示。

操作步骤如下:

(1)新建空白文档,然后设置文档名称"液晶电视",接着设置页面大小为 A4。

(2)绘制液晶电视面板。选择"矩形工具"拖拽出一个矩形,内部颜色填充为黑色,去除其轮廓线,效果如图 5 - 34 所示。再绘制电视屏幕,还是使用"矩形工具"拖拽出一个小一点的矩形,填充颜色为(C:0,M:0,Y:0,K:70),效果如图 5 - 35 所示。

图 5 - 34

图 5 - 35

(3)绘制电视屏幕反光部分。选择"贝塞尔工具"绘制如图 5 - 36 所示部分,并结合"形状工具"编辑其形状,去除其轮廓线,填充线性渐变,选择"渐变工具",填充颜色(C:0,M:0,Y:0,K:80)到颜色(C:0,M:0,Y:0,K:0)的渐变效果,角度设置为 180°,效果如图 5 - 37 所示。

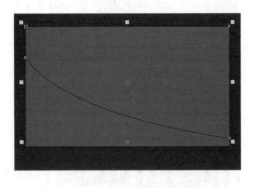

图 5 - 36

图 5 - 37

(4)绘制电视按钮部分。选择"矩形工具"拖拽出一个矩形,内部颜色填充为白色,去除其轮廓线,放置在电视面板下边沿中间的位置,效果如图 5 - 38 所示。

(5)绘制支撑杆部分。选择"矩形工具"拖拽出一个小矩形,将其叠放顺序放置到最后面,去除其轮廓线,填充线性渐变,选择"渐变工具",填充颜色(C:0,M:0,Y:0,K:100)到颜色(C:0,M:0,Y:0,K:80)的渐变效果,中心点拖动到 75,填充效果如图 5 - 39 所示。

图 5-38　　　　　　　　　　　　　　　　图 5-39

(6)绘制底座部分。选择"贝塞尔工具" 绘制如图 5-40 所示部分,并结合"形状工具" 编辑其形状,去除其轮廓线,填充线性渐变,选择"渐变工具" ,填充颜色从(C:0,M:0,Y:0,K:100)到颜色(C:0,M:0,Y:0,K:70)的渐变效果,中心点移动到 83,将填充好的"底座"调整叠放"顺序"放置到"杆"的后面,效果如图 5-41 所示。

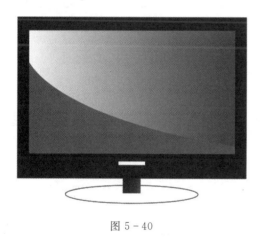

图 5-40　　　　　　　　　　　　　　　　图 5-41

(7)绘制底座厚度部分。选择"贝塞尔工具" 绘制如图 5-42 所示部分,并结合"形状工具" 编辑其形状,去除其轮廓线,内部颜色填充为黑色,将其叠放顺序放置到"底座"后面,效果如图 5-43 所示。

图 5-42　　　　　　　　　　　　　　　　图 5-43

## 5.2　椭圆形和 3 点椭圆形工具

"椭圆形"和"3 点椭圆形工具"都是方便快捷绘制圆形的工具,操作上有一点区别。

### 5.2.1　椭圆形工具

选择工具箱里的"椭圆形工具" ,点击鼠标左键不放拖拽即可以对角方式绘制出一个椭圆形(如图 5-44 所示)。如果绘制正圆形,则绘制时同时按住 Ctrl 键(如图 5-45 所示),如果要绘制从中心出发的正圆形,则绘制的同时按住 Shift 键和 Ctrl 键。

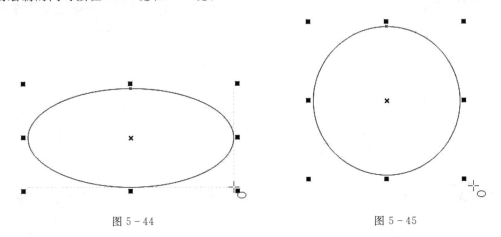

图 5-44　　　　　　　　　　　　　图 5-45

属性栏参数设置

椭圆形工具属性栏如图 5-46 所示。

图 5-46

椭圆形工具选项介绍:

椭圆形 :点击此处按钮和选择工具箱里的"椭圆形工具"的作用是一样的,当点击"饼图"或者"弧"后此按钮为未选中状态。

饼图 :点击此按钮后可以绘制饼形图,如果已有一个椭圆形,再点击此按钮后就会将椭圆形变成饼形(如图 5-47 所示)。点击其他两个按钮则为未选中状态。

弧 :点击此按钮可以绘制出以椭圆形为基础的弧线,也可以点击此按钮将已有的椭圆形转换成弧线(如图 5-48 所示)。转变成弧线后就只能填充轮廓线,因此填充消失。点击其他两个按钮则为未选中状态。

图 5-47　　　　　　　　　　　　　图 5-48

起始和结束角度⚙️⚙️:在其数字框里可以通过数值的设置来控制"饼图"或者"弧"的起始和结束角度,默认的起始和结束角度为 0°和 270°。设置一个数值,效果如图 5-49 所示。

更改方向⚙️:在绘制"饼形"或者"弧"时,点击此按钮会使其形状变成其自身的互补图形,效果如图 5-50 所示。

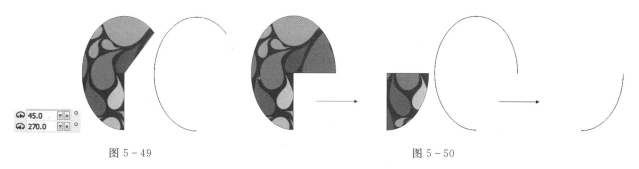

图 5-49　　　　　　　　　　　　　　　　　图 5-50

转换为曲线⚙️:在椭圆形没有转换为曲线时,选择"形状工具"🔧进行编辑只能将椭圆形编辑成饼形或弧(如图 5-51 所示),点击此按钮将椭圆形转换为曲线后可以使用"形状工具"🔧任意编辑节点调节曲线弧度,还可增减节点改变其形状(如图 5-52 所示)。

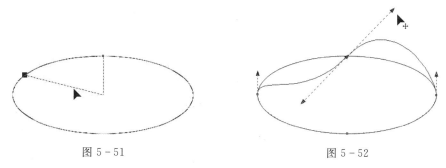

图 5-51　　　　　　　　　　　　　　　　　图 5-52

### 5.2.2　3 点椭圆形工具

"3 点椭圆形工具"🔧的操作原理和"3 点矩形工具"类似,都是用 3 个点来拖拽出一个形。

点击工具箱里的"3 点椭圆形工具"🔧,按住鼠标左键不放拖拽出一条任意方向的直线后松开鼠标,即可出现一条椭圆形的轴线长度(如图 5-53 所示),再移动光标到合适的位置单击鼠标左键,椭圆形即可绘制而成(如图 5-54 所示)。按住 Ctrl 键可以绘制出一个正圆形(如图 5-55 所示)。

小贴士:

"3 点椭圆形工具"🔧和"椭圆形工具"的属性栏选项是一样的,设置可以参考"椭圆形工具"的属性栏选项介绍。

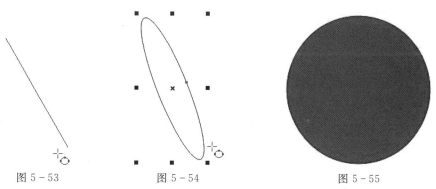

图 5-53　　　　　　图 5-54　　　　　　　　　　图 5-55

案例演示

用椭圆形工具绘制卡通熊猫，效果如图 5-56 所示。

操作步骤如下：

(1)新建空白文档，然后设置文档名称"熊猫"，接着设置页面大小为 A4。

(2)首先绘制熊猫头部。选择工具箱里的"椭圆形工具" ⟳，拖拽绘制出一个椭圆形熊猫头，点击属性栏"转换为曲线" ⚙ 将熊猫头转换为曲线后，点击"形状工具" ➤ 编辑"熊猫头"的形状，内部颜色填充为白色，轮廓线的宽度设置为 1mm，效果如图 5-57 所示。

图 5-56                    图 5-57

(3)绘制熊猫的耳朵。选择工具箱里的"椭圆形工具" ⟳，拖拽绘制出一个椭圆形耳朵，内部颜色填充为黑色，放置到"熊猫头"上的合适位置，再复制一个所绘制的"耳朵"，同样放置到"熊猫头"上的合适位置(如图 5-58 所示)。将两个"耳朵"同时选中后右键点击选择"顺序"，将耳朵的顺序调整到熊猫头的后面，效果如图 5-59 所示。

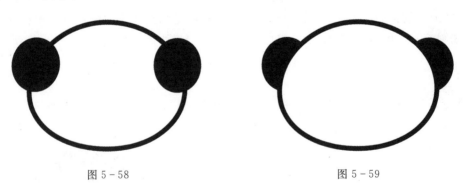

图 5-58                    图 5-59

(4)绘制熊猫的眼睛。选择工具箱里的"椭圆形工具" ⟳，拖拽绘制出一个椭圆形熊猫的眼睛，内部颜色填充为黑色，效果如图 5-60 所示，再绘制眼睛里面的星星，点击"贝塞尔工具" ➤ 绘制(如图 5-61 所示)，内部颜色填充为白色，熊猫的一只眼睛即绘制完成，复制一只并放置到合适的位置，效果如图 5-62 所示。

(5)绘制熊猫的眉毛。选择"贝塞尔工具" ➤ 绘制一小段直线作为熊猫的眉毛，把眉毛的轮廓线宽度设置为 1mm，再复制一条，把两条眉毛放置在眼睛上面适当的位置，效果如图 5-63 所示。

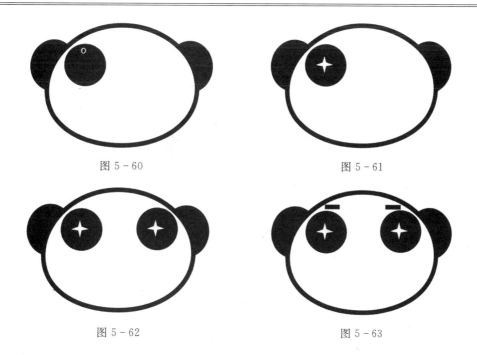

图 5－60                                          图 5－61

图 5－62                                          图 5－63

(6)绘制熊猫的鼻子和嘴巴。选择"椭圆形工具"⊙拖拽绘制出小椭圆形作为鼻子,内部颜色填充为黑色,放置到熊猫脸部合适的位置,再选择"椭圆形工具"⊙同时按住 Ctrl 键绘制出一个小正圆形作为嘴巴,将其轮廓线宽度设置为 1mm,轮廓线填充为白色,放置到合适的位置,效果如图 5－64 所示。

(7)绘制熊猫脸部红脸蛋部分。选择"椭圆形工具"⊙拖拽绘制出一个小椭圆形作为红脸蛋,内部颜色填充为(C:0,M:35,Y:11,K:0),去除其轮廓线,复制一个,将两个红脸蛋放置到脸部合适的位置,效果如图 5－65 所示。

图 5－64                                          图 5－65

(8)绘制熊猫的两只手。选择"贝塞尔工具"⚲绘制熊猫的一只手,再点击"形状工具"⬑编辑手的形状,内部颜色填充为黑色,放置到合适的位置,效果如图 5－66 所示。把绘制好的一只手复制一个后,选择"水平镜像"⬐,效果如图 5－67 所示。

图 5－66                                          图 5－67

　　(9)绘制熊猫的身体。选择"贝塞尔工具"绘制熊猫的身体,再点击"形状工具"编辑身体的形状,内部颜色填充为白色,轮廓线宽度设置为1mm(如图5-68所示),把"熊猫身体"的顺序放置在"手"的后面,效果如图5-69所示。

图5-68　　　　　　　　　　　图5-69

　　(10)绘制熊猫肚脐。选择"贝塞尔工具"绘制一小段直线,设置直线宽度为0.5mm,复制一条并进行"水平镜像",把两条直线交叉并放置到身体合适位置,效果如图5-70所示。

　　(11)绘制熊猫的腿部。选择"贝塞尔工具"绘制熊猫的一条腿并结合"形状工具"编辑腿部形状(如图5-71所示),再复制一条并"水平镜像",将两条腿填充为黑色,并将其叠放顺序放置到"身体"后面,效果如图5-72所示。熊猫整体绘制完成。

图5-70　　　　　　　　　　图5-71　　　　　　　　　　图5-72

**案例演示**

　　用椭圆形工具绘制植物插画——南瓜(如图5-73所示)。

　　操作步骤如下:

　　(1)新建空白文档,然后设置文档名称"南瓜",接着设置页面大小为A4。

　　(2)首先绘制南瓜的柄部。选择工具箱里的"贝塞尔工具"绘制南瓜柄的形状,再使用"形状工具"进行编辑,效果如图5-74所示,再将其内部颜色填充为(C:74,M:52,Y:100,K:15),去除其轮廓线,效果如图5-75所示。

图 5 - 73　　　　　　　　　图 5 - 74　　　　　　　　　图 5 - 75

（3）绘制南瓜藤和叶子。选择工具箱里的"贝塞尔工具" 绘制一条曲线并用"形状工具" 编辑后作为"南瓜藤"，填充其轮廓线的颜色为（C：81，M：62，Y：100，K：42），设置轮廓线的宽度为 0.5mm，效果如图 5 - 76 所示。绘制南瓜叶子的部分，方法同绘制"南瓜柄"一样，同样使用"贝塞尔工具" 绘制出叶子的形状后用"形状工具" 进行编辑，把叶子的轮廓线宽度设置为 0.25mm，轮廓线填充"南瓜藤"相同的颜色，叶子内部填充的颜色为（C：62，M：0，Y：100，K：0），效果如图 5 - 77 所示。

（4）绘制南瓜瓜瓣。我们从左至右依次绘制南瓜瓜瓣。选择工具箱里的"椭圆形工具" ，拖拽绘制出一个椭圆形放置在最左边，将其轮廓线宽度设置为 0.35mm，轮廓线颜色填充为（C：41，M：75，Y：100，K：4），将其内部颜色填充为（C：0，M：56，Y：98，K：0），效果如图 5 - 78 所示。

图 5 - 76　　　　　　　　　图 5 - 77　　　　　　　　　图 5 - 78

（5）绘制第 2 瓣瓜瓣。选择工具箱里的"椭圆形工具" ，拖拽绘制出一个椭圆形放置在左边第 2 瓣的位置，将其轮廓线宽度设置为 0.35mm，轮廓线颜色填充为（C：41，M：75，Y：100，K：4），将其内部颜色填充为（C：5，M：44，Y：98，K：0），效果如图 5 - 79 所示。

（6）绘制第 3 瓣瓜瓣。选择工具箱里的"椭圆形工具" ，拖拽绘制出一个椭圆形放置在左边第 3 瓣的位置，将其轮廓线宽度设置为 0.35mm，轮廓线颜色填充为（C：41，M：75，Y：100，K：4），将其内部颜色填充为（C：5，M：37，Y：96，K：0），效果如图 5 - 80 所示。

（7）用绘制前面 3 瓣相同的方法绘制剩下的两瓣瓜瓣，注意第 4 瓣和第 5 瓣瓜瓣轮廓线的宽度和颜色都和前面的瓜瓣相同，第 4 瓣内部填充的颜色与第 2 瓣相同，绘制好后需要适当旋转一下角度，再把第 4 瓣的顺序放置在第 3 瓣之后，效果如图 5 - 81 所示。第 5 瓣内部填充的颜色和第 1 瓣相同，顺序放置在第 4 瓣之后，效果如图 5 - 82 所示。

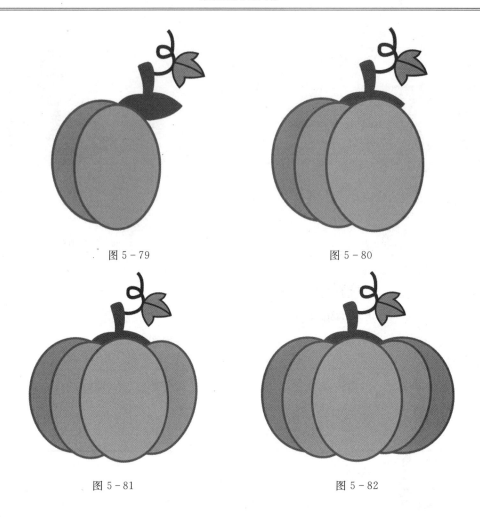

图 5-79　　　　　　　　　　　　　图 5-80

图 5-81　　　　　　　　　　　　　图 5-82

# 5.3　多边形工具

　　"多边形工具" ▣ 是用来绘制多边形的工具,可以任意自定义多边形的边数绘制出需要的多边形,最少可以绘制出 3 边的三角形。

### 5.3.1　多边形的绘制方法

　　选择"多边形工具" ▣ 点击鼠标左键不放拖拽,确定好多边形的大小后即可松开鼠标,绘制完成(如图 5-83 所示)。默认的多边形边数为 5 边。如需要绘制正多边形,则绘制的同时按住 Ctrl 键,如需绘制从中心出发的正多边形则同时按住 Ctrl 键和 Shift 键拖拽即可(如图 5-84 所示)。

图 5-83　　　　　　　　　　　　　图 5-84

### 5.3.2　多边形的设置

"多边形工具"◎的属性栏如图 5－85 所示。

多边形工具选项介绍

图 5－85

点数或边数 ◎ 5 ：在数字框中输入数字来设置多边形的边数,最少设置 3 边,最多设置 500 边,效果如图 5－86 所示。

### 5.3.3　多边形的修饰

(1)多边形转换为自身边数的 2 倍边数的多边形

点击工具箱里的"多边形工具"◎,将属性栏中的边数设置为 5 边,按住 Ctrl 键绘制出一个正五边形(如图 5－87 所示),点击"形状工具"后选中任意一个节点,按住 Ctrl 键点击鼠标左键不放向正五边形内拖拽,拖拽到合适的位置松开鼠标会形成一个正十边形(如图 5－88 所示)。

3边　　　　　　　　500边

图 5－86　　　　　　　　　　　　　图 5－87　　　　　　　图 5－88

(2)多边形转换为星形

点击工具箱里的"多边形工具"◎,将属性栏中的边数设置为 10 边,按住 Ctrl 键绘制出一个正十边形(如图 5－89 所示),点击"形状工具"后选中任意一个节点,按住 Ctrl 键点击鼠标左键不放向正十边形内拖拽,拖拽到合适的位置松开鼠标会形成一个星形,这样的方法可以绘制各种不同的星形,因为星形的形状会随着拖拽的程度而有所区别(如图 5－90 所示)。

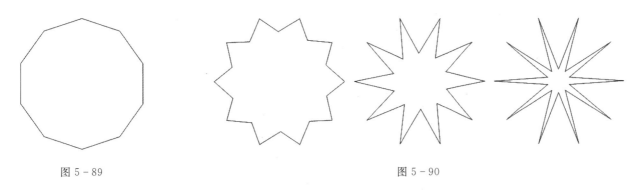

图 5－89　　　　　　　　　　　　　　　　图 5－90

将多边形转换成星形之后,还可以点击"形状工具"后选中任意一个星形内侧的节点,然后按住鼠标左键进行拖拽,会在星形的基础上加上旋转的效果,成为旋转星形(如图 5－91 所示)。

(3)多边形转换复杂星形

点击工具箱里的"多边形工具"◎,将属性栏中的边数设置为 10 边,按住 Ctrl 键绘制出一个正十边形(如图 5－92 所示),点击"形状工具"后选中任意一个节点,进行任意拖拽至重叠,松开鼠标即可形成复杂星形(如图 5－93—图 5－94 所示)。

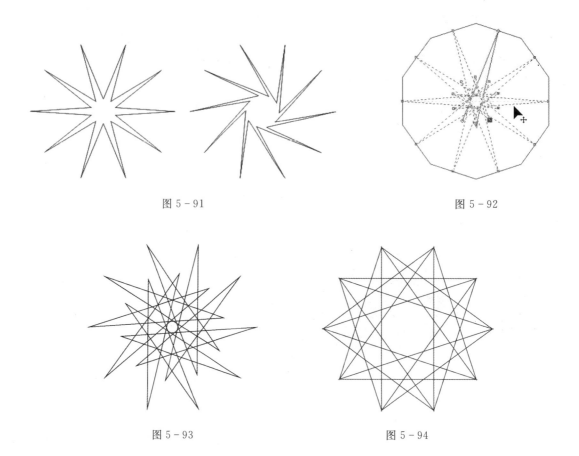

图 5-91 图 5-92

图 5-93 图 5-94

案例演示

用多边形工具绘制汽车标志(如图 5-95 所示)。

操作步骤如下:

(1)新建空白文档,然后设置文档名称"汽车标志",接着设置页面大小为 A4。

(2)选择工具箱里的"多边形工具" ⬡ ,将属性栏中的边数设置为 5 边,按住 Crtl 键拖拽出一个正五边形,填充颜色为(C:85,M:50,Y:27,K:0),去除其轮廓线,效果如图 5-96 所示。

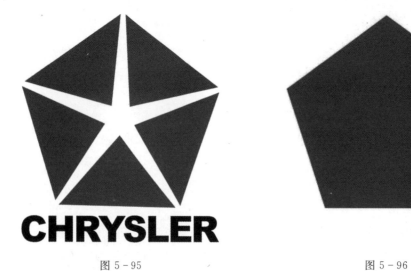

图 5-95 图 5-96

（3）选择"多边形工具" ，将属性栏中的边数设置为 5 边，按住 Crtl 键拖拽出一个正五边形，再点击"形状工具" 任意选中一个节点后按住 Ctrl 向内拖拽出星形，放置在蓝色五边形上居中的位置，效果如图 5 - 97 所示，将其内部填充为白色，去除其轮廓线（如图 5 - 98 所示）。

（4）最后用"星形"修剪"蓝色正五边形"。选中绘制好的"星形"，点击菜单栏中"排列"，再选择"排列"下拉菜单里的"造型"，再选择"造型"菜单里的"修剪"，最后点击一下"蓝色正五边形"即可形成一个被"星形"修剪后的汽车标志图形（如图 5 - 99 所示）。

图 5 - 97　　　　　　　　　　　图 5 - 98　　　　　　　　　　　图 5 - 99

（5）为汽车标志打上文字。点击工具箱里的"文本工具" 输入"CHRYSLER"，字体和字号的设置（如图 5 - 100 所示），再用"形状工具" 调整一下字母之间的间距，调整好后和标志组合在一起，效果如图 5 - 101 所示。

图 5 - 100　　　　　　　　　　　图 5 - 101

## 5.4　星形工具

"星形工具"是方便用来绘制规则的星形的工具，可以通过属性栏的设置绘制不同的星形。

### 5.4.1　星形的绘制

点击工具箱里的"星形工具" ，点击鼠标左键不放拖拽即可绘制出一个星形（如图 5 - 102 所示）。如果绘制的同时按住 Ctrl 键即可绘制一个正星形（如图 5 - 103 所示）。如果想要绘制从中心出发的正星形，则同时按住 Shift＋Ctrl 键。

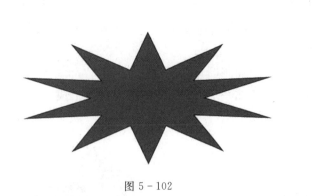

图 5 - 102                                      图 5 - 103

### 5.4.2 星形的参数设置

"星形工具" 🔯 的属性栏如图 5 - 104 所示。

星形工具选项介绍：

图 5 - 104

点数或边数 ☆5 ⬍：在数字框中输入数字来设定星形的边数。

锐度 ▲53 ⬍：在数字框中输入数字来调整星形角的锐度，数值
越大角越尖，数值越小角越钝。最小值为 1，最大值为 99。不同大小的设置效果如图 5 - 105 所示。

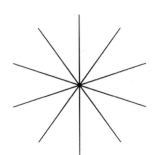

锐度：1                锐度：50               锐度：99

图 5 - 105

**案例演示**

用星形工具绘制圣诞节海报（如图 5 - 106 所示）。

操作步骤如下：

(1)新建空白文档，然后设置文档名称"圣诞节海报"，接着设置页面大小为 A4。

(2)绘制海报背景。点击工具箱里的"矩形工具" 🔲 拖拽绘制出一个 175mm×230mm 的矩形，颜色
填充为(C:89,M:100,Y:39,K:0)，去除其轮廓线，效果如图 5 - 107 所示。

(3)绘制圣诞树。选择工具箱里的"贝塞尔工具" 🖊 绘制出圣诞树的基本形后用"形状工具" 🖊 编辑
调整，效果如图 5 - 108 所示。把绘制好的"圣诞树"放置在"背景"中间的位置。将"圣诞树"的颜色填充
和背景相同的颜色，去除其轮廓线。

(4)绘制各种不同的星形。选择工具箱里的"星形工具" 🔯，设置属性栏的边数和锐度后可以绘制多
种样式的星形，尽量绘制多一些不同设置的星形，具体的边数和锐度值可以自行设定，将绘制的好的星形
的颜色分别填充为(C:69,M:25,Y:100,K:0)和(C:0,M:100,Y:100,K:0)，(如图 5 - 109 所示)。

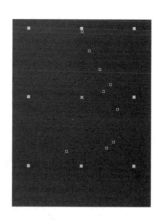

图 5 - 106　　　　　　　　　　　　图 5 - 107　　　　　　　　　　　　图 5 - 108

图 5 - 109

（5）复制绘制好的各种星形，放大缩小旋转后随意排列，把所有的星形选中后右键点击，在下拉菜单中选择"图框精确剪裁内部"，将排列好的所有星形置入到"圣诞树"内部，置入到"圣诞树"里的星形还需要调整，则继续右键点击后下拉菜单中选择"编辑 PowerClip"进入到内部进行编辑，完成后右键点击下拉菜单中选择"结束编辑"，效果如图 5 - 110 所示。

（6）点击工具箱里的"文本工具"字，输入"Merry Christmas"，字体的选择和字号的设置如图 5 - 110 所示，将输入好的字体放置在海报中间，将"Merry"的颜色填充为（C：36，M：41，Y：2，K：0），将"Christmas"的颜色填充为白色，效果如图 5 - 111 所示。圣诞节海报绘制完成。

图 5 - 110　　　　　　　　　　　　图 5 - 111

## 5.5 复杂星形工具

### 5.5.1 绘制复杂星形

点击工具箱里的"复杂星形工具" ⚙ ,按住鼠标左键不放拖拽出一个复杂星形(如图5-112所示)。绘制的同时按住 Ctrl 键可以绘制出一个正复杂星形(如图5-113所示);如果要绘制从中心出发的正复杂星形,则在绘制的同时按住 Shift 键+Ctrl 键即可。

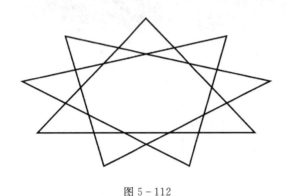

图5-112

图5-113

### 5.5.2 复杂星形的设置

"复杂星形工具" ⚙ 的属性栏如图5-114所示。

复杂星形工具选项介绍:

点数或边数 ⚙9 :在数字框里输入数字用来设置复杂星形的边数,最小值可以设置5边,最大值可以设置500边。不同的设置效果如图5-115所示。

锐度 ▲2 :在数字框里输入数字用来设置复杂星形的角的锐度,最小值为1(如图5-116所示),最大数值随着边数越多而增大。

图5-114

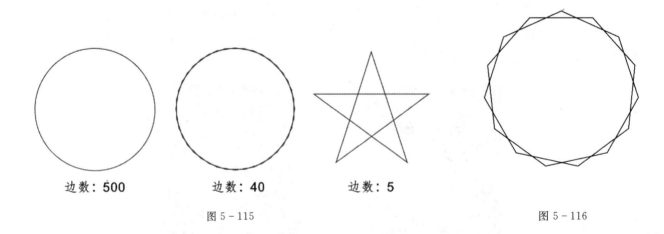

边数:500          边数:40          边数:5

图5-115

图5-116

 小贴士:

当复杂星形的边数小于7时,不能设置角的锐度。

## 5.6　图纸工具

"图纸工具"是用来绘制由一群矩形组成的不同行数和列数的网格图形,可以通过行数和列数的设置来方便绘制。

### 5.6.1　设置参数

点击工具箱里的"图纸工具",看到其属性栏,在行数或列数 框中输入需要绘制的网格的行列数,如在"行"输入 4,在"列"输入 3 得到的网格(如图 5-117 所示)。

小贴士:

还有一个设置网格参数的方法。双击工具箱里的"图纸工具"会弹出"选项"面板(如图 5-118 所示),在面板左边点击"图纸工具",在"宽度方向单元格数"和"高度方向单元格数"里输入所需数值,点击确认按钮即可。

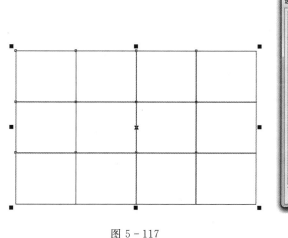

图 5-117

图 5-118

### 5.6.2　绘制图纸

点击工具箱里的"图纸工具"在其属性栏中输入网格的行数和列数,然后点击鼠标左键不放拖拽绘制,松开鼠标即可完成操作,即网格绘制完成,效果如图 5-119 所示。如果绘制的同时按住 Ctrl 键就可绘制出一个正方形的网格(如图 5-120 所示)。如果绘制的同时按住 Ctrl 键＋Shift 键即可绘制一个从中心出发的正方形的网格。

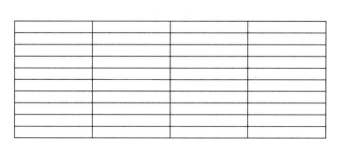

图 5-119

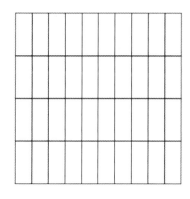

图 5-120

**小贴士：**

　　如果现有一个绘制好的网格，可以将其选中后通过"选择工具" 📐 的属性栏中的"取消群组" 📑 或者按 Ctrl+U,把网格解散成多个矩形（如图 5-121 所示）。

## 5.7　螺纹工具

　　"螺纹工具" 📐 是用来方便绘制对称式螺纹图形和对数式螺纹图形的工具。

### 5.7.1　绘制螺纹

　　点击工具箱里的"螺纹工具" 📐 ,按住鼠标左键不放进行拖拽,拖拽一定程度后松开鼠标即可绘制一个螺纹图形（如图 5-122 所示）。如果绘制的同时按住 Ctrl 键可以绘制出一个圆形螺纹图形（如图 5-123所示）；如果绘制的同时按住 Shift+Ctrl 键可以绘制出一个从中心出发的圆形螺纹图形。

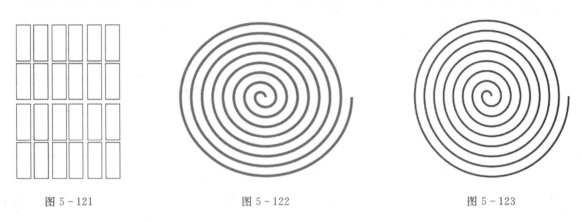

图 5-121　　　　　　　　　图 5-122　　　　　　　　　图 5-123

### 5.7.2　螺纹的设置

　　"螺纹工具" 📐 的属性栏如图 5-124 所示。

　　螺纹工具选项介绍：

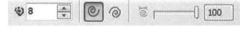

图 5-124

　　螺纹回圈 📐 ：在数字框里输入数字用来设定螺纹图形完整圆形回圈的圈数,最小值为 1,最大值为 100,数值设置越大,螺纹的回圈越密。设置不同回圈数值的效果如图 5-125 所示。

　　对称式螺纹 📐 ：点击此按钮后,绘制出的螺纹图形的回圈间距是均等的（如图 5-126 所示）。

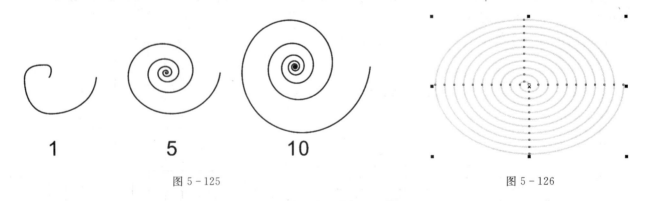

图 5-125　　　　　　　　　　　　　　　图 5-126

　　对数螺纹 📐 ：点击此按钮后,绘制出的螺纹图形的回圈间距是从内向外不断递增的（如图 5-127 所示）。

螺纹扩展参数 █━━█ 100 ：当对数螺纹激活时，"螺纹扩展参数"才能被激活使用，可以通过输入数字来设置螺纹图形回圈间距从内向外扩展时的速率，数值越大，回圈从内向外扩展的间距就越大。最小值为 1，最大值为 100，不同数值设置的效果如图 5-128 所示。

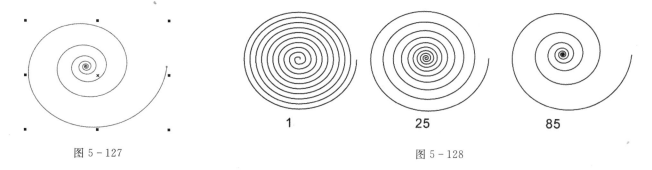

图 5-127                                         图 5-128

## 5.8  形状工具组

CorelDRAW X6 提供了一些绘制图形时常用的基本形状，把它们编辑成一个形状工具组，长按工具箱里的"形状工具组"🔲，即可显示组中包括的 5 种形状："基本形状工具"、"箭头形状工具"、"流程图形状工具"、"标题形状工具"和"标注形状工具"（如图 5-129 所示）。

### 5.8.1  基本形状工具

长按鼠标左键点击工具箱里的"形状工具组"🔲，选择"基本形状工具"🔲，然后点击其属性栏中的"完美形状"🔲，在弹出的下拉样式列表中选择需要的形状（如图 5-130 所示），然后点击鼠标左键不放拖拽的方法绘制形状（如图 5-131 所示）。绘制的同时按住 Ctrl 键可以绘制正基本形状，效果如图 5-132 所示。

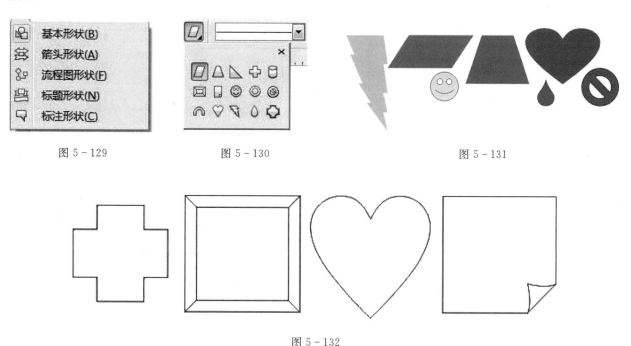

图 5-129          图 5-130                    图 5-131

图 5-132

"完美形状"🔲 里包含的这些形状样式，绘制出来后都会有一个红色控制节点（如图 5-133 所示），点击"形状工具"🔻 后按住红色节点后拖拽，可以改变调整这些图形（如图 5-134 所示）。

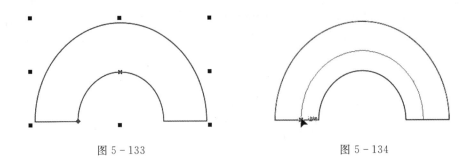

图 5-133　　　　　　　　　　　图 5-134

### 5.8.2　箭头形状工具

长按鼠标左键点击工具箱里的"形状工具组" ，选择"箭头形状工具" ，然后点击其属性栏中的"完美形状" ，在弹出的下拉样式列表中选择需要的形状（如图 5-135 所示），然后点击鼠标左键不放拖拽的方法绘制形状（如图 5-136 所示）。绘制的同时按住 Ctrl 键可以绘制正箭头形状，效果如图5-137所示。

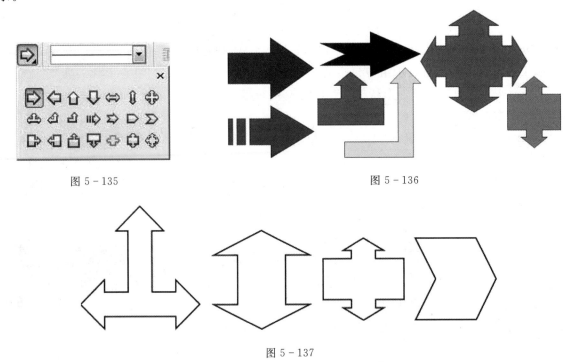

图 5-135　　　　　　　　　　　图 5-136

图 5-137

同样其属性栏"完美箭头" 的箭头样式列表中的图形绘制出来后也会有控制节点，因为形状相对复杂，因此会有红色和黄色两个节点（如图 5-138 所示）。同样的方法利用"形状工具" 调节控制点可以修改箭头的形状（如图 5-139 所示）。

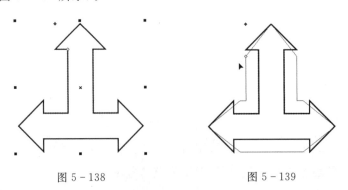

图 5-138　　　　　　　　　　　图 5-139

### 5.8.3　流程图形状工具

长按鼠标左键点击工具箱里的"形状工具组" 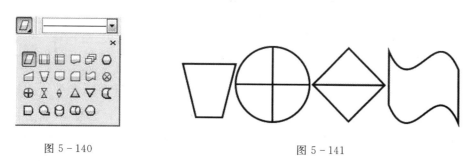，选择"流程图形状工具" ，然后点击其属性栏中的"完美形状" ，在弹出的下拉样式列表中选择需要的形状（如图 5-140 所示），然后点击鼠标左键不放拖拽的方法绘制形状（如图 5-141 所示）。

图 5-140　　　　　　　　　　　图 5-141

### 5.8.4　标题形状工具

长按鼠标左键点击工具箱里的"形状工具组" 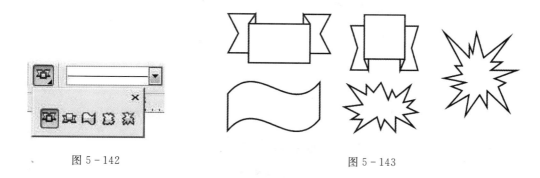，选择"标题形状工具" ，然后点击其属性栏中的"完美形状" ，在弹出的下拉样式列表中选择需要的形状（如图 5-142 所示），然后点击鼠标左键不放拖拽的方法绘制形状（如图 5-143 所示）。

图 5-142　　　　　　　　　　　图 5-143

同样其属性栏"完美箭头" 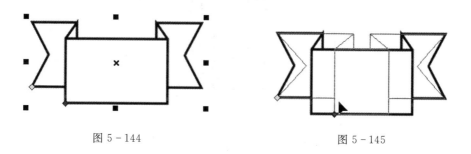的样式列表中的图形绘制出来后也会有控制节点，因为形状相对复杂，因此会有红色和黄色两个节点（如图 5-144 所示）。同样的方法利用"形状工具" 调节控制点可以修改标题图形的形状（如图 5-145 所示）。

图 5-144　　　　　　　　　　　图 5-145

### 5.8.5　标注形状工具

长按鼠标左键点击工具箱里的"形状工具组"，选择"标注形状工具"，然后点击其属性栏中的"完美形状"，在弹出的下拉样式列表中选择需要的形状（如图 5-146 所示），然后点击鼠标左键不放拖拽的方法绘制形状（如图 5-147 所示）。

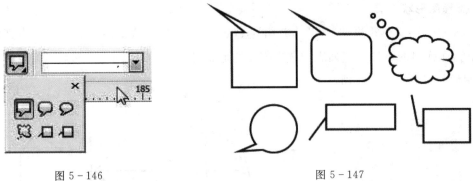

图 5 – 146                                          图 5 – 147

同样其属性栏"完美箭头" 👆 的样式列表中的图形绘制出来后也会有控制节点(如图 5 – 148 所示)。同样的方法利用"形状工具" 👆 调节控制点可以修改标注图形的形状(如图 5 – 149 所示)。

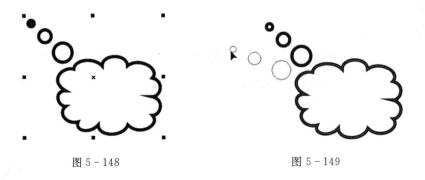

图 5 – 148                                          图 5 – 149

**案例演示**

用形状工具组绘制流程图,效果如图 5 – 150 所示。

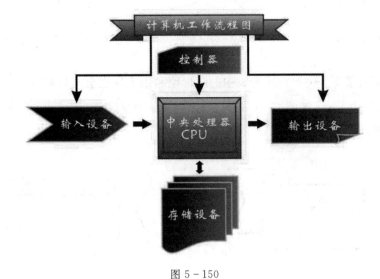

图 5 – 150

操作步骤如下:

(1)新建空白文档,然后设置文档名称"流程图",接着设置页面大小为 A4,页面方向设置为"横向"。

(2)选择工具箱里的"标题形状工具" 🔲,在其属性栏中的"完美形状" 🔳 中选择一个标题的形状,点击鼠标左键不放拖拽绘制,并结合"形状工具" 👆 调整修改,效果如图 5 – 151 所示。将其轮廓线的宽度设置为 1mm,轮廓线的颜色填充为(C:31,M:97,Y:100,K:2),标题内部填充渐变效果,选择"渐变填充"

■,在其面板中选择线性渐变,设置为双色渐变,颜色为(C:0,M:100,Y:100,K:0)到(C:0,M:20,Y:100,K:0),角度为90°,效果如图5-152所示。

图 5-151　　　　　　　　　　　　　　　　　　　　　　　图 5-152

(3)点击"文本工具"字输入流程图标题文字:"计算机工作流程图",将其填充为白色,字体的设置和字号的设置(如图 5-153 所示),把调整好的标题文字放置在标题图形的中间位置,效果如图5-154所示。

图 5-153　　　　　　　　　　　　　　　　　　　　　　　图 5-154

(4)分别绘制各个流程步骤形状图标。长按"形状工具组"后选择"流程图形状工具",在其属性栏中的"完美形状"中选择所需形状后拖拽绘制,将其轮廓线宽度设置为1mm,轮廓线的颜色填充为(C:20,M:0,Y:0,K:20),内部填充为线性渐变,颜色从(C:0,M:0,Y:0,K:90)到(C:60,M:0,Y:20,K:20),效果如图5-155所示。

(5)点击"文本工具"字输入文字:"控制器",将其填充为白色,字体的设置和字号的设置(如图5-156所示),把调整好的文字放置在上面绘制的图形的中间位置,效果如图5-157所示。

图 5-155　　　　　　　　　　图 5-156　　　　　　　　　　图 5-157

(6)长按"形状工具组"后选择"箭头形状工具",在其属性栏中的"完美形状"选择所需形状后拖拽绘制,将其轮廓线宽度设置为1mm,轮廓线的颜色填充为(C:0,M:40,Y:20,K:0),内部填充为线性渐变,颜色从(C:0,M:60,Y:60,K:40)到(C:0,M:100,Y:100,K:0),效果如图5-158所示。

(7)点击"文本工具"字输入文字:"输入设备",将其填充为白色,字体的设置和字号的设置如图5-159所示,把调整好的文字放置在上面绘制的图形的中间位置,效果如图5-160所示。

图 5-158　　　　　　　　　　图 5-159　　　　　　　　　　图 5-160

(8)长按"形状工具组"后选择"基本形状工具",在其属性栏中的"完美形状"选择所需形状后拖拽绘制,对其轮廓线的填充和内部线性渐变的填充同"第 2 步"标题形状的颜色一致,效果如图5-161所示。

(9)点击"文本工具"字输入文字:"中央处理器"和"CPU",将其填充为白色,字体的设置和字号的设置如图 5－162 所示,把调整好的文字放置在上面绘制的图形的中间位置,效果如图 5－163 所示。

图 5－161                    图 5－162                    图 5－163

(10)长按"形状工具组"后选择"基本形状工具",在其属性栏中的"完美形状"选择所需形状后拖拽绘制,对其轮廓线的填充和内部线性渐变的填充同"第 6 步"形状的颜色一致,效果如图5－164 所示。

(11)点击"文本工具"字输入文字:"输出设备",将其填充为白色,字体的设置和字号的设置如图 5－165所示,把调整好的文字放置在上面绘制的图形的中间位置,效果如图 5－166 所示。

图 5－164                    图 5－165                    图 5－166

(12)长按"形状工具组"后选择"流程图形状工具",在其属性栏中的"完美形状"中选择所需形状后拖拽绘制,对其轮廓线的填充和内部线性渐变的填充同"第 4 步"形状的颜色一致,效果如图 5－167所示。

(13)点击"文本工具"字输入文字:"存储设备",将其填充为白色,字体的设置和字号的设置如图 5－168所示,把调整好的文字放置在上面绘制的图形的中间位置,效果如图5－169所示。

图 5－167                    图 5－168                    图 5－169

(14)点击"排列"菜单下的"对齐与分布",对齐和调整已经绘制好的各个流程步骤形状图形的间距,效果如图 5－170 所示。

(15)绘制各流程步骤之间的流程指示箭头。和前面同样的方法使用"箭头形状工具"绘制,绘制好后放置在如图 5－171 所示的位置,将这些箭头图形填充为黑色。

(16)点击"贝塞尔工具"绘制其余的指示箭头,并点击其属性栏里的线条样式对绘制的折线添加箭头,设置绘制的折线的宽度为 1.5mm,效果如图 5－172 所示。流程图绘制完成。

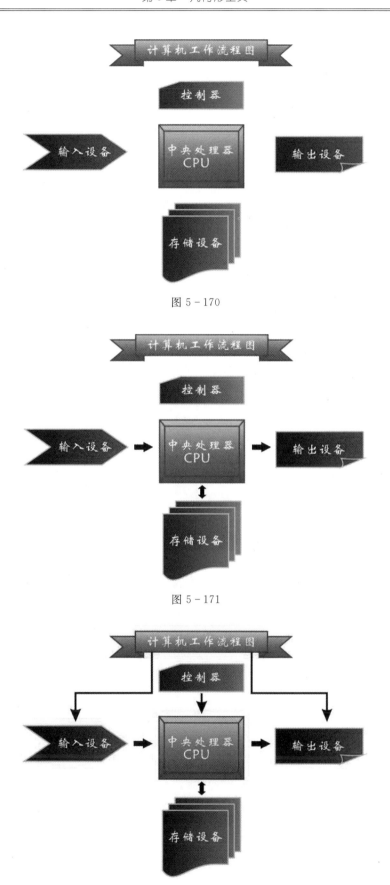

图 5 - 170

图 5 - 171

图 5 - 172

**本章思考与练习**

1. 使用矩形工具绘制手机效果图。

2. 使用图纸工具绘制围棋棋盘。

3. 使用星形工具绘制产品促销单。

# 第 6 章　填充图形

## 学习要点及目标

1. 掌握均匀填充工具的使用。
2. 掌握渐变填充工具的使用。
3. 掌握交互式填充工具的使用。
4. 掌握网状填充工具的使用。
5. 掌握滴管和应用颜色工具填充使用。

## 核心概念

1. 均匀填充。
2. 渐变填充。
3. 使用交互式填充工具。
4. 使用网状填充工具。
5. 使用滴管和应用颜色工具填充。

## 6.1　自定义调色板

### 6.1.1　通过对象创建调色板

　　点击工具箱的"矩形工具"□绘制出一个矩形,填充渐变颜色,效果如图6-1所示。然后选择点击菜单栏中的"窗口/调色板/通过选定的颜色创建调色板🖽"(如图6-2所示),在弹出的"另存为"面板中输入"文件名"为"七彩调色板",最后点击"保存"按钮(如图6-3所示),保存后的调色板会自动在软件界面右侧显示(如图6-4所示)。

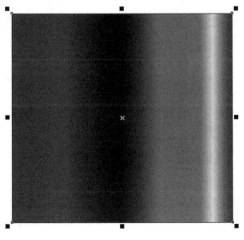

图 6-1　　　　　　　　　　　　　　　　　　　　图 6-2

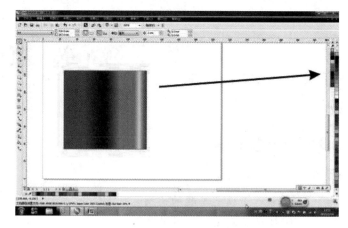

图 6－3　　　　　　　　　　　　　　　　　　图 6－4

### 6.1.2　通过文档创建调色板

现有一个文档（如图 6－5 所示），点击菜单栏"窗口/调色板/通过文档创建调色板 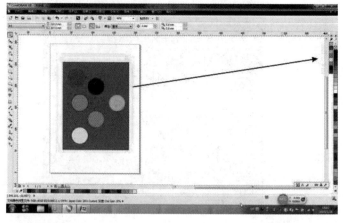"（如图 6－7 所示），在弹出的"另存为"面板中输入"文件名"为"1"，最后点击"保存"按钮（如图 6－8 所示），保存后的调色板会自动在软件界面右侧显示如图 6－9 所示。

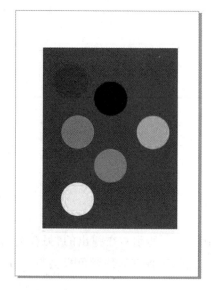

图 6－5

图 6－6

图 6－7

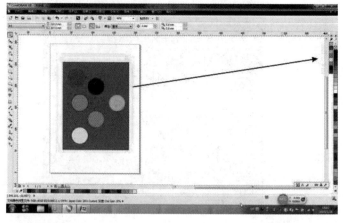

图 6－8

### 6.1.3　通过调色板编辑器新建调色板

点击菜单栏"窗口/调色板/调色板编辑器 "（如图 6 - 9 所示），弹出"调色板编辑器 "面板，如图 6 - 10 所示。点击"调色板编辑器 "面板中的"新建调色板 按钮，在弹出的对话框中输入文件名（如图 6 - 11 所示），点击保存即可。

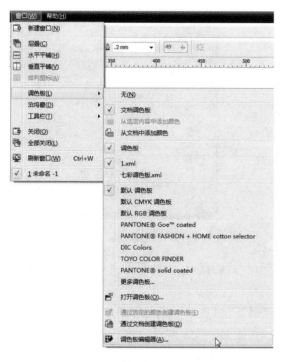

图 6 - 9

图 6 - 10

调色板编辑器选项介绍如下。

新建调色板 ：点击该按钮，弹出"新建调色板"对话框，接着输入"文件名"，即可将编辑好的调色板进行保存，如图 6 - 12 所示。

图 6 - 11

图 6 - 12

打开调色板 ：点击该按钮，弹出"打开调色板"对话框，接着在该对话框中选择一个需要打开的调色板，然后点击"打开"按钮（如图 6 - 13 所示），即可在"调色板编辑器"中将所选的调色板打开。

保存调色板■：在"调色板编辑器"对话框中编辑好一个新的调色板后，该按钮被激活，点击后即可将新编辑而成的调色板保存。

调色板另存为■：点击该按钮，弹出"另存为"对话框，在"文件名"中输入新的名称即可将原有的调色板另存为其他名称，如图 6 – 14 所示。

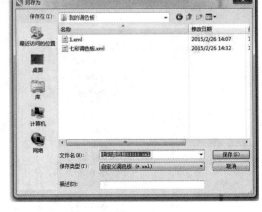

图 6 – 13                                    图 6 – 14

编辑颜色 编辑颜色(E) ：点击该按钮，即可弹出"选择颜色"对话框，在该对话框中可以对"调色板编辑器"对话框中所选的色样进行选择，如图 6 – 15 所示。

添加颜色 添加颜色(A) ：点击该按钮，弹出"选择颜色"对话框，在该对话框中选择一种颜色后，点击"确定"按钮，即可添加所选的颜色到对话框选定的调色板中，如图 6 – 16 所示。

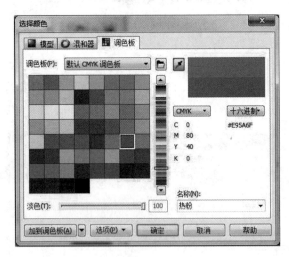
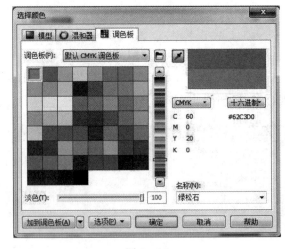

图 6 – 15                                    图 6 – 16

删除颜色 删除颜色(D) ：选择一种要删除的颜色，点击该按钮，弹出的对话框如图 6 – 17 所示，点击"是"按钮即可确认删除。

注意：按住 Shift 键或者 Ctrl 键在颜色选择区域中单击，可以选取多个连续排列或不连续排列的颜色。

将颜色排序 将颜色排序(S) ：此按钮是用来设置所选调色板的色样的颜色排序方式，点击该按钮后，可在下拉列表中选择一种颜色的排序方式，如图 6 – 18 所示。

重置调色板 重置调色板(R) ：点击此按钮，弹出的提示框如图 6 – 19 所示，然后点击"是"按钮即可将所选的调色板恢复原始设置。

图 6 - 17

图 6 - 19

图 6 - 18

## 6.2 均匀填充

"均匀填充"■是用来为图形填充一种单一颜色的填充方式,也可以直接点击默认调色板里的颜色填充。"均匀填充"有 3 种填充的方式,分别是"调色板"填充、"混合器"填充和"模型"填充,如图 6 - 20 所示。

### 6.2.1 调色板填充

绘制一个图形并选中(如图 6 - 21 所示),然后点击工具箱里的"填充工具"🖌,选择其中的"均匀填充"■,在弹出的"均匀填充"面板中选择"调色板"选项卡,然后在"调色板"中选择一种颜色(如图 6 - 22 所示),点击"确定"按钮即可对图形进行填充,如图 6 - 23 所示。

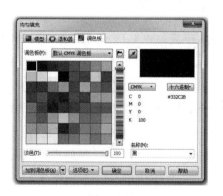

图 6 - 20

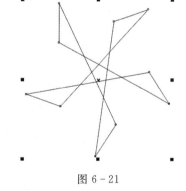

图 6 - 21

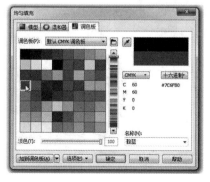

图 6 - 22

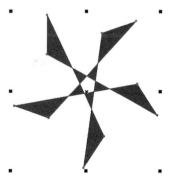

图 6 - 23

在"均匀填充"面板中拖拽色样右边的纵向颜色条上的矩形滑块可以对其他区域的颜色进行预览,如图 6-24 所示。

还有一种简单快速的均匀填充方式,先选中一个对象图形,然后直接用鼠标左键点击软件界面右边的调色板中的一种色样(如图 6-25 所示),即可对图形进行均匀填充,如图 6-26 所示。也可以用鼠标左键点击右边调色板中的一个色样,拖动不放到对象图形上后松开鼠标,即可把选中的颜色均匀填充到图形上。

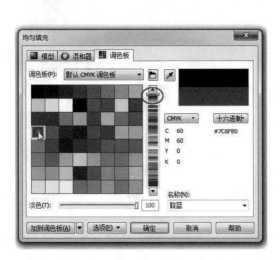

图 6-24

图 6-25

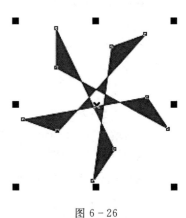

图 6-26

 小贴士:

使用鼠标左键单击调色板顶部的⊠按钮,可以清除掉图形内部填充的颜色;使用鼠标右键单击调色板顶部的⊠按钮,可以清除掉图形的轮廓线。

### 6.2.2　混合器填充

绘制一个图形并选中(如图 6-27 所示),然后点击工具箱里的"填充工具" ，选择其中的"均匀填充" ，在弹出的"均匀填充"面板中选择"混合器"选项卡(如图 6-28 所示),在"色环"上单击选择色彩的范围,接着在下面的色样列表单击选择一种颜色,点击"确定"按钮即可对图形进行均匀填充,如图6-29所示。

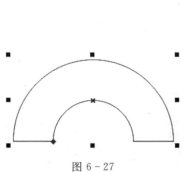

图 6-27

图 6-28

图 6-29

小贴士：

在"均匀填充"面板中选择填充的颜色时,如果将鼠标光标移出面板外,光标会变成滴管 ✎ 形状,可以自由移动在绘图窗口中取样颜色;如果点击"均匀填充"面板中间的"滴管" ⬚ 按钮,把光标移出面板后,不仅可以在绘图窗口中取样颜色,还可以对应用程序外的颜色进行取样。

混合器选项卡选项介绍如下。

模型:用于选择对象填充颜色的色彩模式,如图 6-30 所示。

色度:用于设置面板中颜色的显示范围和所显示色样之间的关系,如图 6-31 所示。

变化:用于设置显示色样的色调,如图 6-32 所示。

大小:用于设置所选颜色显示的列数,当数值设置越大,相邻两块色样间的颜色差异越小;反之,当数值越小时,相邻两块色样间的颜色差异越大,如图 6-33 所示。

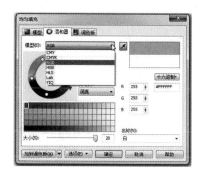
图 6-30

图 6-31

图 6-32

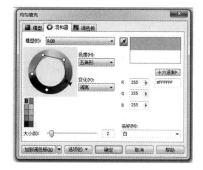

图 6-33

### 6.2.3 模型填充

绘制一个图形并选中(如图 6-34 所示),然后点击工具箱里的"填充工具" ⬚,选择其中的"均匀填充" ▦,在弹出的"均匀填充"面板中选择"模型"选项卡(如图 6-35 所示),在面板左边的颜色区域移动光标单击选择所需颜色,选择好一种颜色后,点击"确定"按钮即可对图形进行均匀填充,如图 6-36 所示。

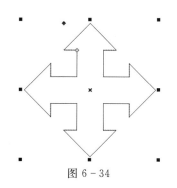
图 6-34

图 6-35

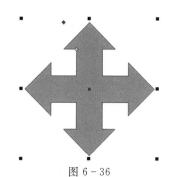
图 6-36

## 6.3　渐变填充

"渐变填充" ■可以给图形填充两种颜色或两种以上颜色产生的平滑渐进色彩效果。"渐变填充" ■分为："线性渐变"、"辐射渐变"、"圆锥渐变"和"正方形渐变"4种渐变效果。将其应用到绘图中可以为图形填充更为真实细腻的光感效果，还可以模拟一些物体表面的质感，创造出丰富的色彩变化效果。

### 6.3.1　使用填充工具进行填充

绘制一个对象并选中，点击工具箱里的"填充工具" ◊ ，选择其中的"渐变填充" ■，弹出"渐变填充" ■面板，如图6-37所示。

渐变填充面板选项介绍如下。

类型：用来选择一种渐变填充的方式，如图6-38所示。

 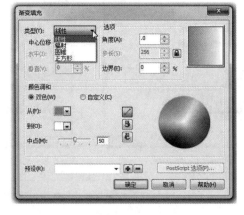

　　　　图 6-37　　　　　　　　　　　　　　　　　　图 6-38

中心位移：用来设置渐变填充的中心在水平和垂直方向上的位移，其中"线性渐变"不能设置此项，设置不同"中心位移"数值后的效果如图6-39所示。

角度：用来设置填充渐变颜色的倾斜角度，其中"辐射渐变"不能使用此项。可以在角度后输入数值，也可以直接在预览图上拖拽鼠标调整角度。不同角度的渐变填充效果对比如图6-40所示。

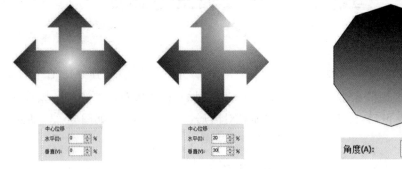 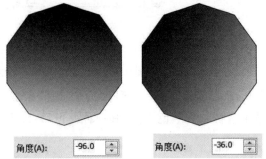

　　　　图 6-39　　　　　　　　　　　　　　　　　　图 6-40

步长：用来设置渐变的各颜色之间过渡数量，点击其后面的 🔒 图标可以对其解锁后进行数值输入。步长数值越大，渐变颜色间的过渡越自然越细腻；反之，步长数值越小，渐变颜色间的过渡就越生硬越粗糙。不同步长设置后对比效果如图6-41所示。

边界：用来设置颜色渐变过渡的范围，范围为0%到49%，数值越大范围越小；反之，数值越小范围越大。其中"圆锥渐变"不能使用此项。不同边界设置后对比效果如图6-42所示。

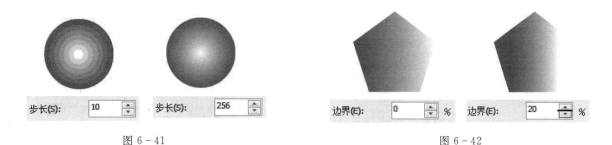

| 步长(S): | 10 | | 步长(S): | 256 | | 边界(E): | 0 | % | 边界(E): | 20 | % |
|---|---|---|---|---|---|---|---|---|---|---|---|

图 6 - 41　　　　　　　　　　　　　　　　　　　　　　　　图 6 - 42

双色:用于设置两种颜色之间产生的渐变填充效果。其中"从"是用来设置渐变的起始颜色,"到"是用来设置渐变的结束颜色,单击右边的下拉按钮可以从颜色选取器中挑选所需的颜色,如图 6 - 43 所示。

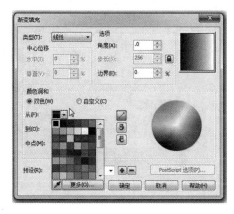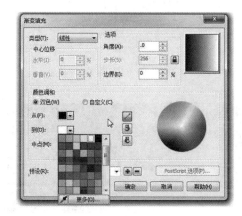

图 6 - 43

:根据色调的饱和度,沿直线变化来确定中间填充颜色。它由颜色开始到颜色结束,并穿过色轮。

:颜色从开始到结束,沿色轮逆时针旋转调和颜色。

:颜色从开始到结束,沿色轮顺时针旋转调和颜色。

预设:在下拉列表中包含系统预设的多种渐变的样式,可以自由选择填充,如图 6 - 44 所示。

:设置好渐变的颜色后,在"预设"中为该渐变颜色命名,然后按此按钮,可以将其保存为一种新的渐变填充样式,以后使用时可以直接在"预设"中选择填充。

自定义:用于设置两种或两种以上颜色之间产生的渐变填充效果。当选择了"自定义"后,可以在渐变的色条上任意位置双击添加色标,使用鼠标左键单击色标即可在右侧颜色样式中为所选色标选择颜色,如图 6 - 45 所示。

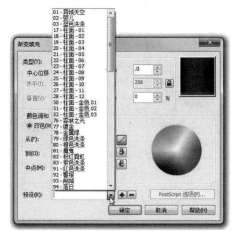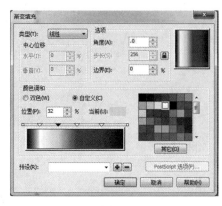

图 6 - 44　　　　　　　　　　　　　　　　　　　　　　　　图 6 - 45

位置:是指目前添加的颜色所处的位置。可以通过设置数值来精确定位,也可通过拖动颜色滑块来改变其位置。

当前:是指当前位置所处的颜色。

其他:单击此按钮,可以在弹出的"选择颜色"面板中设置所需颜色。

(1)线性渐变填充

"线性渐变填充"是指在两种或两种颜色之间产生的直线型的颜色渐变效果。

选择要填充的图形(如图6-46所示),点击"渐变填充"■,在弹出的"渐变填充"面板中的类型选择为"线性"渐变,选择"颜色调和"中的"自定义",单击渐变颜色条两端的小方块,出现一个虚线框,在虚线框中的任意位置双击鼠标左键,添加一个控制点;然后在右边的颜色选取器中单击所需的色样,即可设置控制点处的颜色,设置完成后点击"确定"按钮即可完成渐变填充,效果如图6-47所示。

图6-46　　　　　　　　　　图6-47

(2)辐射渐变填充

"辐射渐变填充"是指在两种或两种以上的颜色之间,产生以同心圆的形式由对象中心向外辐射生成的渐变效果。"辐射渐变填充"可以很好地表现球体的光线变化效果和光晕效果。

选择要填充的图形(如图6-48所示),点击"渐变填充"■,在弹出的"渐变填充"面板中的类型选择为"辐射"渐变,选择"颜色调和"中的"双色",再设置"从"的颜色为红色,"到"的颜色为白色(如图6-49所示),点击"确定"按钮,即可完成辐射渐变填充,效果如图6-50所示。

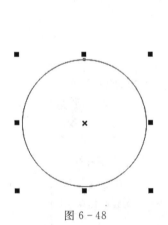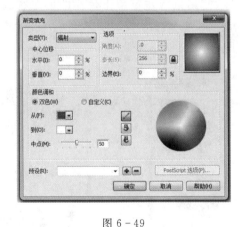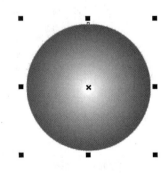

图6-48　　　　　　图6-49　　　　　　图6-50

(3)圆锥渐变填充

"圆锥渐变填充"是指在两种或两种以上的颜色之间产生的色彩渐变,是以模拟光线落在圆锥上的视觉效果,使平面的图形体现出空间立体感。

　　选择要填充的图形(如图 6-51 所示),点击"渐变填充" ■,在弹出的"渐变填充"面板中的类型选择为"圆锥"渐变,选择"颜色调和"中的"双色",再设置"从"的颜色为黑色,"到"的颜色为白色(如图 6-52 所示),点击"确定"按钮,即可完成圆锥渐变填充,效果如图 6-53 所示。

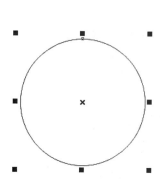

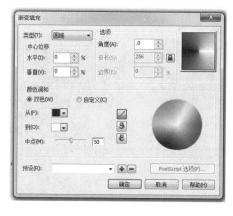

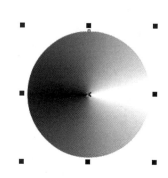

　　　　　图 6-51　　　　　　　　　　　　　　图 6-52　　　　　　　　　　　　　图 6-53

　　(4)正方形渐变填充

　　"正方形渐变填充"是指在两种或两种以上颜色之间,产生的以同心方形的形式从对象中心向外扩散的色彩渐变效果。

　　选择要填充的图形(如图 6-54 所示),点击"渐变填充" ■,在弹出的"渐变填充"面板中的类型选择为"正方形"渐变,选择"颜色调和"中的"双色",再设置"从"的颜色为黄色,"到"的颜色为白色(如图 6-55 所示),点击"确定"按钮,即可完成正方形渐变填充,效果如图 6-56 所示。

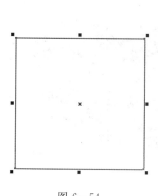

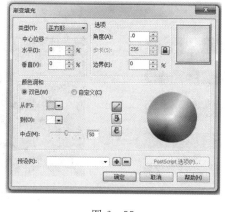

　　　　　图 6-54　　　　　　　　　　　　　　图 6-55　　　　　　　　　　　　　图 6-56

### 6.3.2　通过"对象属性"泊坞窗进行渐变填充

　　CorelDRAW X6 除了可以使用工具箱里的"填充工具" ◇ 中的"渐变填充" ■ 对图形进行填充以外,还可以通过"对象属性"泊坞窗来进行图形的渐变填充。

　　选中所要填充的图形后,选择点击菜单栏中的"窗口/泊坞窗/对象属性",或者按 Alt+Enter 键(如图 6-57 所示),开启"对象属性"的泊坞窗,如图 6-58 所示。在"对象属性"泊坞窗的"填充"列表中单击"渐变填充"按钮,在"类型"中选择需要的渐变类型按钮,其他设置同前面的"渐变填充"面板的操作一样。在"对象属性"泊坞窗中设置好需要的渐变属性后,即刻就会在工作区的图形中显示出渐变效果。

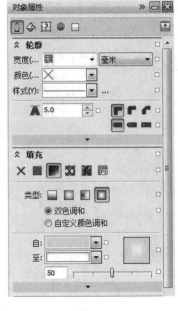

图 6-57               图 6-58

**案例演示**

使用填充工具制作希腊国旗,如图 6-59 所示。

操作步骤如下:

(1)新建空白文档,然后设置文档名称"希腊国旗",接着设置页面大小为 A4。

(2)点击工具箱里的"矩形工具"拖拽绘制出一个矩形,点击"填充工具"后选择"均匀填充",在弹出的"均匀填充"面板中选择"模型"选项卡,填充颜色设置为(C:89,M:71,Y:0,K:0),设置完后点击"确定"按钮,去除其轮廓线,效果如图 6-60 所示。

图 6-59               图 6-60

(3)绘制国旗左上角的"十字"部分。点击工具箱里的"矩形工具"拖拽绘制出一个矩形,点击"填充工具"后选择"均匀填充",在弹出的"均匀填充"面板中将填充颜色设置为白色,设置完后点击"确定"按钮;去除其轮廓线,再复制一个,旋转 90°后和之前绘制的矩形居中对齐,然后同时选中两个矩形放置在国旗左上角的位置,效果如图 6-61 所示。

图 6-61

（4）复制前面绘制好的矩形,拉长矩形的长度,放置在如图 6－62 所示的位置,再复制一次,等距放置在如图 6－63 所示的位置。

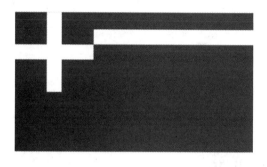

图 6－62　　　　　　　　　　　　　　　　　　　　图 6－63

（5）复制前一步的矩形,同样拉长矩形的长度和国旗长度相等,再等距放置在如图 6－64 所示的位置,再复制一次,等距放置在如图 6－65 所示的位置。希腊国旗则绘制完成。

图 6－64　　　　　　　　　　　　　　　　　　　　图 6－65

**案例演示**

制作手机播放器界面,如图 6－66 所示。

图 6－66

操作步骤如下:

（1）新建空白文档,然后设置文档名称"手机播放器界面",接着设置页面大小为 A4,页面方向设置为"横向"。

（2）首先绘制手机播放器左边的界面。点击工具箱里的"矩形工具"▢，拖拽绘制一个矩形，点击"形状工具"▷选中任意一个矩形角上的节点，按住鼠标左键不放拖动节点，把矩形调整为圆角矩形，设置矩形的轮廓线宽度为0.4mm，轮廓线的颜色填充为（C:0,M:0,Y:0,K:80），内部填充渐变效果，渐变效果的填充设置如图6-67所示。圆角矩形整体的填充效果如图6-68所示。

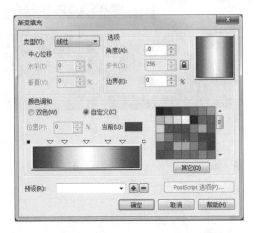

图6-67　　　　　　　　　　　　　　　　　图6-68

（3）点击"矩形工具"▢绘制一个矩形，去除其轮廓线，将其内部颜色填充为（C:0,M:0,Y:0,K:80），然后点击"透明度工具"，在其属性栏中的"透明度类型"设置为"标准"，"开始透明"设置为29，效果如图6-69所示。

**注意**："透明度工具"的使用方法请参阅"11.4透明效果"的相关知识讲解。

（4）点击"矩形工具"▢绘制一个矩形，还是使用"形状工具"▷将其调整为圆角矩形，并将圆角矩形填充为黑色，效果如图6-70所示，点击"贝塞尔工具"，按住Shift键绘制一条直线，将直线填充为（C:0,M:0,Y:0,K:70），放置在如图6-71所示的位置。

图6-69

图6-70

（5）绘制界面中的调节器。点击"矩形工具"▢绘制一个细长的矩形条，还是使用"形状工具"▷将其调整为圆角矩形，将圆角矩形内部颜色填充为（C:51,M:0,Y:96,K:0），去除其轮廓线，如图6-72所示；再点击"椭圆形工具"▢按住Ctrl键绘制一个小正圆形，将其内部颜色填充为（C:0,M:0,Y:20,K:0），去除其轮廓线，放置在绿色矩形一端，效果如图6-73所示。用相同的方法再绘制一个圆角矩形条，将其内部颜色填充为（C:0,M:0,Y:0,K:90），

图6-71

轮廓线的颜色填充为(C:0,M:0,Y:0,K:80),放置在前面绘制的两个图形后面(如图 6-74 所示),并将所绘制完成的 3 个图形按 Ctrl+G 键群组,群组后复制一个,放置在如图 6-75 所示的位置。

图 6-72

图 6-73

图 6-74

图 6-75

(6)用与(5)相同的方法绘制界面中间竖式的调节器,填充与(5)相同的颜色,效果如图 6-76 所示。把绘制好的 3 个图形群组后复制 7 个,对齐等分它们之间的间距,效果如图 6-77 所示;接着用"贝塞尔工具" 绘制"+"和"-",设置它们的线条宽度为 0.25mm,线条颜色填充为(C:0,M:0,Y:0,K:80),放置在如图 6-78 所示的位置。

图 6-76

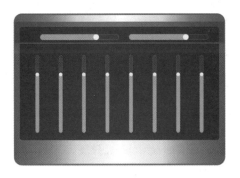

图 6-77

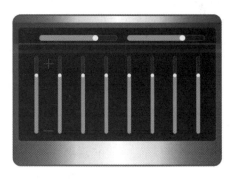

图 6-78

(7)绘制下部边沿上 3 个按钮。点击"矩形工具"绘制一个细长的矩形条,还是使用"形状工具"
,将其调整为圆角矩形,去除其轮廓线,将其内部填充为渐变效果,渐变的设置如图 6－79 所示,然后
点击"文本工具"字输入"ON/OFF",字体设置和字号的设置如图 6－80 所示,字体颜色填充为(C:0,
M:0,Y:0,K:50),居中放置在圆角矩形按钮上,效果如图 6－81 所示。绘制好的按钮群组后复制 2
个,把文字分别修改为"LOAD"和"RESET",最后对齐等分 3 个按钮之间的间距,放置在如图 6－82 所
示的位置。

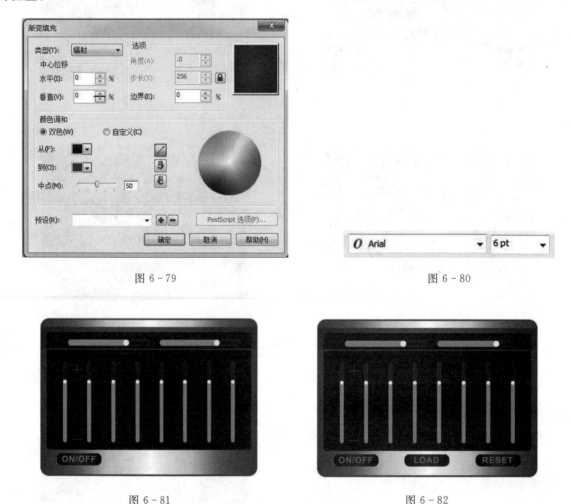

图 6－79

图 6－80

图 6－81

图 6－82

(8)为了增加播放器界面的质感,在左边绘制一个透明区域增加层次感。点击"矩形工具"绘制一
个矩形,在属性栏中只将左上角和左下角调整为圆角,其他两个角保持直角,去除其轮廓线,内部颜色填
充为白色,点击"透明度工具",其属性栏的设置如图 6－83 所示,最后的效果如图 6－84 所示,左边的
界面绘制完成。

图 6－83

(9)绘制中间的界面。使用"矩形工具"绘制一个矩形作为中间的主界面背景,矩形内部颜色填充
渐变效果,渐变的设置如图 6－85 所示,矩形的轮廓线宽度设置为 0.4mm,轮廓线的颜色填充为(C:0,
M:0,Y:0,K:80),效果如图 6－86 所示。

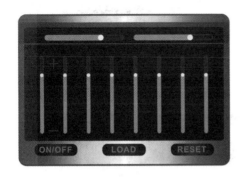

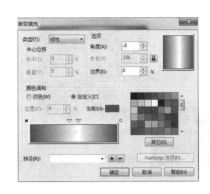

| 图 6-84 | 图 6-85 |

　　(10)使用"矩形工具"□绘制一个矩形,利用"形状工具"↖将其调整为圆角矩形,并将其内部颜色填充为黑色,如图 6-87 所示。点击"贝塞尔工具"绘制如图 6-88 所示的图形,将其内部颜色填充为(C: 0,M:0,Y:0,K:70),去除其轮廓线,将绘制好的图形进行复制,将复制好的图形选中,底边往上拖拽缩小一点,放置在前一个图形之上,将复制的图形填充为渐变效果,渐变的设置如图 6-89 所示,轮廓线的宽度设置为 0.25mm,轮廓线的颜色填充为白色,效果如图 6-90 所示。

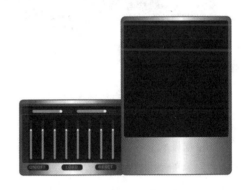

| 图 6-86 | 图 6-87 |

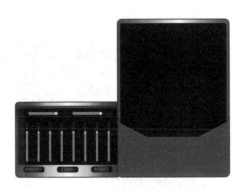

| 图 6-88 | 图 6-89 |

　　(11)绘制中间的播放器按钮。点击"椭圆形工具"○绘制一个椭圆形,将其内部颜色填充为(C:0, M:0,Y:0,K:60),去除其轮廓线,如图 6-91 所示;接着用同样的方法再绘制一个椭圆形,内部颜色填充为(C:0,M:0,Y:0,K:70),去除其轮廓线,放置在前一个椭圆形之上,如图 6-92 所示。继续用相同的方法再绘制一个更小一点的椭圆形放置在最前面,将其内部颜色填充渐变效果,渐变填充的设置如图6-93所示,将它的轮廓线填充为白色,效果如图 6-94 所示。

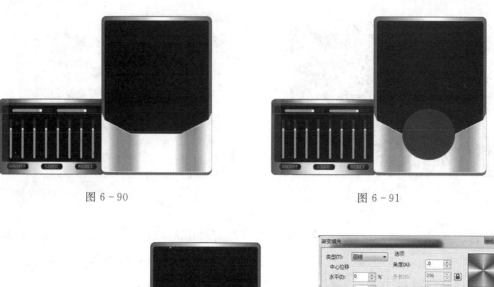

图 6 - 90　　　　　　　　　　图 6 - 91

图 6 - 92

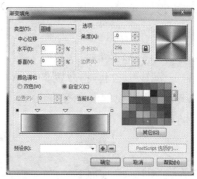

图 6 - 93

　　(12)点击"贝塞尔工具" 并按住 Shift 键,绘制一条 45°倾斜的线,将线条颜色填充为(C:0,M:0,Y:0,K:60),线条的宽度设置为 0.4mm;然后将其选中后水平和垂直镜像复制 3 条,放置在如图 6 - 95 所示的位置。点击"基本形状工具" ,在其属性栏中的"完美形状" 中选择"圆环"形状,拖拽绘制圆环图形,点击"形状工具" 调整圆环形状,将其内部颜色填充为(C:0,M:0,Y:0,K:90),去除其轮廓线,点击"透明度工具" 给圆环添加透明效果,透明度的设置如图 6 - 96 所示。将绘制好的圆环放在椭圆形按钮中间,整体效果如图 6 - 97 所示。

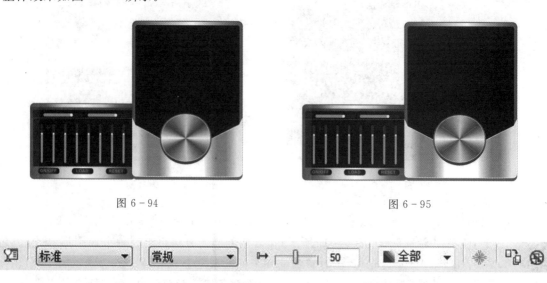

图 6 - 94　　　　　　　　　　　图 6 - 95

图 6 - 96

(13)点击"多边形工具"，在其属性栏将边数设置为 3 边,绘制出一个三角形,将三角形旋转 90°,放置在圆环的中心,将三角形内部颜色填充为(C:0,M:0,Y:0,K:90),去除其轮廓线;再将三角形复制一个并缩小,放置在前一个三角形之上,将小三角形的内部颜色填充为(C:0,M:0,Y:0,K:80),去除其轮廓线,效果如图 6-98 所示。

图 6-97

图 6-98

(14)还是使用"多边形工具"、"矩形工具"、"贝塞尔工具"绘制出按钮上的各个小图标,将它们的内部颜色都填充为(C:0,M:0,Y:0,K:60),都去除轮廓线,放置在如图 6-99 所示的位置。把所有绘制的"椭圆形按钮"相关的图形全部选中并按 Ctrl+G 键进行群组,接着点击"阴影工具",其属性栏的设置如图 6-100 所示,给"椭圆形按钮"添加阴影效果,如图 6-101 所示。

**注意**:"阴影工具"的使用方法请参阅"11.6 阴影效果"的相关知识讲解。

图 6-99

图 6-100

(15)使用"贝塞尔工具"绘制一条曲线和 4 条直线,将它们的颜色填充为(C:0,M:0,Y:0,K:80),效果如图 6-102 所示;接着使用"贝塞尔工具"和"基本形状工具"绘制一些小图标,将它们的内部颜色都填充为(C:0,M:0,Y:0,K:70),去除它们的轮廓线,放置在如图 6-103 所示的位置;再把左边界面中绘制好的"调节器"复制一个,调整一下大小,放置在中间界面的中间位置,效果如图 6-104 所示。

图 6-101

图 6-102

图 6 - 103　　　　　　　　　　　图 6 - 104

　　(16)点击"文本工具"字输入文字"03：28"，字体的属性设置如图 6 - 105 所示。选中文字后点击"形状工具"，调节文字字间距，点击文字下面的 图标往左移动，调节好后右键点击文字，在弹出的下拉菜单中选择"转换为曲线"，将文字转换为图形，填充渐变效果，渐变填充的设置如图 6 - 106 所示。将填充好的文字选中并垂直镜像复制一个，放置在之前的文字图形下面，给"镜像"后的文字图形使用"透明度工具"添加透明效果，透明度的属性设置如图 6 - 107 所示，整体效果如图 6 - 108 所示。使用"贝塞尔工具"绘制一条线段，线条的宽度为 0.4mm，填充为（C：0，M：0，Y：0，K：80），如图 6 - 109 所示，右键点击线条拖拽至黑色界面背景上松开鼠标，在弹出的下拉菜单中选择"图框精确剪裁内部"，将线条置入到如图 6 - 110 所示位置。

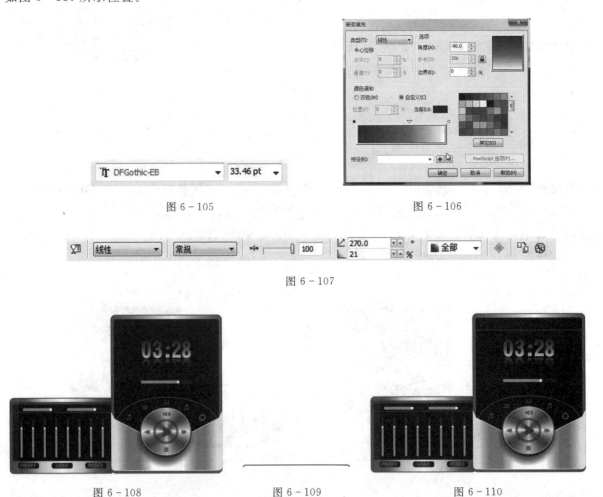

图 6 - 105　　　　　　图 6 - 106

图 6 - 107

图 6 - 108　　　　图 6 - 109　　　　图 6 - 110

(17)点击"文本工具"**字**输入文字"music",文字的设置如图6-111所示,放置在左上角的位置;接着绘制"音量"图标,使用"矩形工具"绘制矩形后并复制,排列对齐和等分它们之间的间距,效果如图6-112所示,将它们填充为渐变效果,渐变填充的设置如图6-113所示,效果如图6-114所示。使用"贝塞尔工具"绘制一条直线底对齐放置在下面,直线颜色填充为(C:0,M:0,Y:0,K:60),宽度设置为0.4mm,如图6-115所示;然后把左边界面里的"+"和"-"符号复制过来,放置在绘制好的"音量"两侧,如图6-116所示;最后再使用"贝塞尔工具"和"矩形工具"绘制放置在界面右上角的"最小化"、"放下还原"和"关闭"图标,整体效果如图6-117所示。

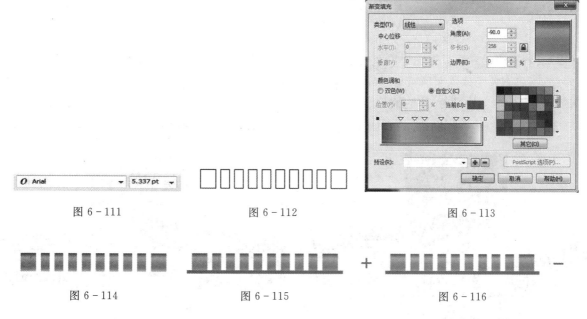

图6-111　　　　　　　　　图6-112　　　　　　　　　图6-113

图6-114　　　　　　　　　图6-115　　　　　　　　　图6-116

(18)绘制界面中增加光泽质感的部分。使用"矩形工具"绘制一个矩形,其属性栏设置如图6-118所示,将其内部颜色填充为白色,去除其轮廓线,点击"透明度工具",其属性栏设置如图6-119所示。完成后放置在界面的左边,调整一下叠放的顺序,将矩形放置在下部的银色面板的后面,效果如图6-120所示。将其复制一个后水平镜像,同样放置在银色面板之后,效果如图6-121所示。

图6-117

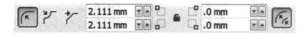

图6-118

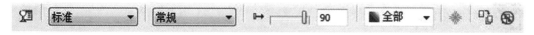

图6-119

图 6 – 120　　　　　　　　　　　　　　　　　　图 6 – 121

　　(19)绘制右边的界面。把左边界面的银色背景面板和黑色背景面板同时选中,复制一个后作为右边的界面背景;然后调整叠放顺序,将复制的两个背景放置在中间界面之后,效果如图 6 – 122 所示。使用"贝塞尔工具" 绘制小图标,将它们填充为白色,去除它们的轮廓线,对齐等分它们的间距,放置在如图 6 – 123 所示的位置;接着复制中间界面中的"关闭 X"图标,放置在右边界面的右上角,如图 6 – 124 所示。

图 6 – 122　　　　　　　　　　　　　　　　　　图 6 – 123

图 6 – 124

　　(20)使用"矩形工具" □ 和"形状工具" <sub></sub>绘制圆角矩形,将其轮廓线填充为(C:0,M:0,Y:0,K:70),内部颜色填充为(C:0,M:0,Y:0,K:60),使用"透明度工具" 添加透明效果,透明度属性设置如图 6 – 125 所示。复制中间界面中的三角形,将其内部填充为(C:0,M:0,Y:0,K:60),去除其轮廓线,放置在矩形中心并与矩形群组,放置在如图 6 – 126 所示的位置,复制三角形并旋转 90°;再使用"矩形工具" □绘制一个矩形,其内部颜色填充相同,去除其轮廓线,放置在三角形的下面,将三角形和矩形一起选中后放置在黑色背景右边区域;最后复制左边界面中的"光感"部分,水平镜像后放置到界面右边,整体效果如图 6 – 127 所示。

图 6 - 125

图 6 - 126

图 6 - 127

（21）点击"文本工具"**字**输入文字"Mobile phone music player interface"，文字设置如图 6 - 128 所示，复制一个；然后分别放置在中间界面的中间和右边界面的上部，效果如图 6 - 129 所示。

图 6 - 128

（22）最后绘制播放器界面的投影部分。把中间的播放器界面整体选中后往下移动，如图 6 - 130 所示；然后分别把 3 个界面最底层的界面背景选中后垂直镜像后各自复制成为 3 个投影，放置在各自的界面正下面，将它们的内部和轮廓线都填充为（C:0,M:0,Y:0,K:20）；接着点击"透明度工具" **丫** 为它们添加透明效果，左边界面和右边界面的透明度属性设置效果如图 6 - 131 所示，中间界面的透明度属性设置如图 6 - 132 所示，最后的整体效果如图 6 - 133 所示，手机播放器界面绘制完成。

图 6 - 129

图 6 - 130

图 6 - 131

图 6 - 132

图 6 – 133

## 6.4　填充图样、纹理和 PostScript 底纹

　　CorelDRAW X6 提供了多种预设的图样填充,可以直接把系统预设的这些图样填充到图形,也可以用绘制的对象或导入的图像创建图样进行填充。

### 6.4.1　使用填充工具中的图样填充

　　点击工具箱里的"填充工具" 后选择"图样填充" ,弹出"图样填充"的面板,如图 6 – 134 所示。"图样填充"分为"双色"、"全色"和"位图"填充 3 种形式。

　　(1)双色图样填充

　　"双色图样填充"是指为图形填充只有"前部"和"后部"两种颜色的图案样式。

　　绘制一个图形并将其选中,点击工具箱里的"填充工具" 后选择"图样填充" ,弹出"图样填充"的面板(如图 6 – 135 所示),选择"双色"按钮,点开图样下拉列表选中一种图样,在"前部"和"后部"的色样中设置所需颜色,完成设置后点击"确定"按钮,即可对图形填充一种双色图样,效果如图 6 – 136 所示。

图 6 – 134

图 6 – 135

图 6 – 136

　　在"图样填充"面板中点击"浏览"  按钮,会弹出"导入"对话框,如图 6 - 137 所示,然后在电脑里选择一张图片,点击"导入"按钮,即可自动地将选中的图片转换为双色的图样添加到预设的图样列表里,如图 6 - 138 所示。

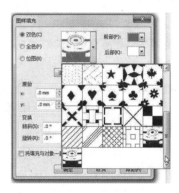

图 6 - 137　　　　　　　　　　　　　　　　　　　　图 6 - 138

　　小贴士:

　　在"图样填充"面板中,如果勾选了"镜像填充",就可以使填充后的图样产生镜像的效果,没有勾选"镜像填充"的效果如图 6 - 139 所示,勾选了"镜像填充"的效果如图 6 - 140 所示。

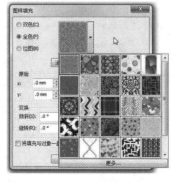

图 6 - 139　　　　　　　　　　　　　　　　　　　图 6 - 140

　　(2)全色图样填充

　　"全色图样填充"是指可以把矢量图案和线描样式生成图样进行填充的方式,系统中包含多种"全色填充"的图样可供选择,也可以下载或者创建图案进行填充。

　　绘制一个图形并将其选中,点击工具箱里的"填充工具" ◇ 后选择"图样填充" ▪ ,弹出"图样填充"的面板,如图 6 - 141 所示。选择"全色"按钮,点开图样下拉列表选中一种图样(如图 6 - 142 所示),完成设置后点击"确定"按钮,即可对图形填充一种全色图样,效果如图 6 - 143 所示。

图 6 - 141　　　　　　　　　　　　　　图 6 - 142　　　　　　　　　　　　图 6 - 143

**小贴士：**

"全色图样填充"和"双色图样填充"一样，也可以单击"图样填充"面板中的"浏览" 浏览(.)... 按钮，将其他图片载入到图案样式列表中，但区别的地方是，"全色填充图样"载入的图片可以完全保留图片原有的颜色，如图 6-144 所示。

（3）位图图样填充

"位图图样填充"是可以使用位图图像对图形进行填充的方式，填充后的图像属性取决于位图的大小、分辨率和深度。

图 6-144

绘制一个图形并将其选中，点击工具箱里的"填充工具" 后选择"图样填充" ，弹出"图样填充"的面板（如图 6-145 所示），选择"位图"按钮，点开图样下拉列表选中一种图样（如图 6-146 所示），完成设置后点击"确定"按钮，即可对图形填充一种位图图样，效果如图 6-147 所示。

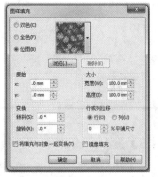
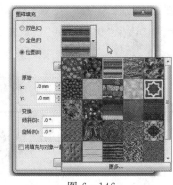
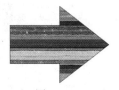

图 6-145                              图 6-146                              图 6-147

**小贴士：**

"位图图样填充"和"全色图样填充"一样，也可以单击"图样填充"面板中的"浏览" 浏览(.)... 按钮，将其他图片载入到图案样式列表中。

图样填充对话框选项介绍如下。

前部：填充图样所选择的前景颜色，此项只有在"双色"填充时才显示，可以点击右侧下拉图标，在列表中自定义所需颜色，如图 6-148 所示。

后部：填充图样所选择的背景颜色，此项只有在"双色"填充时才显示，可以点击右侧下拉图标，在列表中自定义所需颜色，如图 6-149 所示。

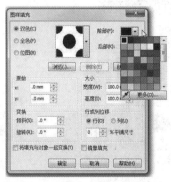
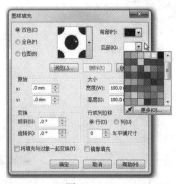

图 6-148                              图 6-149

原始：在"x"和"y"数值框中输入数值，可以使图样填充后相对于图形的位置发生水平和垂直方向的位移。

大小：在"宽度"和"高度"数值框中输入数值，可以调整填充图样单元图样的大小，输入不同数值后的图样效果对比，如图 6-150 所示。

变换：在"倾斜"和"旋转"数值框中输入数值，可以使填充的单元图样发生相应的倾斜或旋转，输入不同数值后的图样效果对比，如图 6-151 所示。

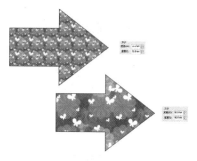

图 6-150

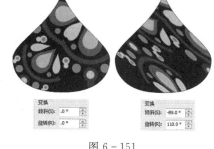

图 6-151

行或列位移：选择好"行"或者"列"，在下面的"平铺尺寸"框中输入百分比数值，可使图样产生错位的效果，输入不同数值后的图样效果对比，如图 6-152所示。

将填充与对象一起变换：勾选该项后，在对图形进行缩放、倾斜、选择等变换操作时，用于填充的图样也会随之发生变换，反之则保持不变。

镜像填充：勾选该项后，再选择图样进行图形填充时，图样会产生镜像的填充效果。

删除：从图样列表中选择一个图样，然后点击"删除"按钮，即可将选中的图样从列表中删除。

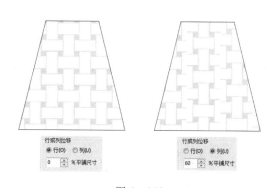

图 6-152

### 6.4.2　使用填充工具中的底纹填充

"底纹填充" ■ 是随机生成的纹理进行图形填充的方式，可赋予对象自然的外观。CorelDRAW X6 提供自带的多种底纹的图样，每一种底纹的样式都可以通过不同的属性设置产生不同的效果。

绘制一个图形并将其选中，点击工具箱里的"填充工具" ◇ 后选择"底纹填充" ■ ，弹出"底纹填充" ■ 面板（如图 6-153 所示）；接着在"底纹库"的下拉列表中选择一个样本，再在"底纹列表"中选择一种底纹，最后点击"确定"按钮，即可对图形进行底纹填充，如图 6-154 所示。

图 6-153

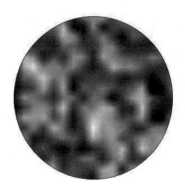

图 6-154

底纹填充对话框选项介绍如下。

底纹库:"底纹库"中有系统自带的多种底纹样本(如图 6-155 所示),选择不同的底纹样本就会在"底纹列表"中显示不同的底纹图样。

 **小贴士:**

可以修改底纹库中的底纹图样,还可以将修改后的底纹图样保存到另一个底纹库中。点击"底纹库"旁边的 ➕ 按钮,弹出"保存底纹"为面板,如图 6-156 所示;然后在"底纹名称"中输入底纹的名称,接着在"库名称"的下拉列表中选择保存后的位置,再点击"确定"按钮,即可保存自定义的底纹。

图 6-155

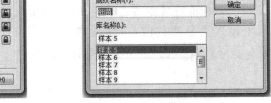

图 6-156

颜色选择器:打开"底纹填充"面板后,在"底纹列表"中任意选择一种底纹,即可在面板右下方相应地显示出底纹的颜色,不同的底纹效果对应不同的属性选项(如图 6-157 所示);然后任意选择一个颜色选项后的下拉列表,会显示相应的颜色选择器(如图 6-158 所示);再在其中选择一种颜色替换,会弹出"底纹颜色阴影"面板,如图 6-159 所示,替换的颜色如图 6-160 所示。更改完成后点击"确定"按钮即可将预设的颜色改成所选的颜色,填充后的对比效果如图 6-161 所示。

预览:对底纹图样的属性更改完后,可以点击"预览" **预览(V)** 按钮对更改后的图样效果进行查看,调整到满意的填充效果后,再点击"确定"。

图 6-157

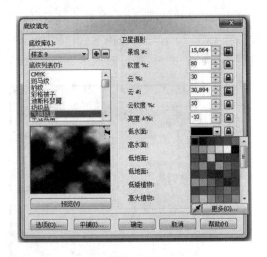

图 6-158

图 6 - 159　　　　　　　　　　　　　　　　　　　　　　　　图 6 - 160

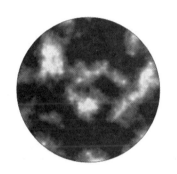

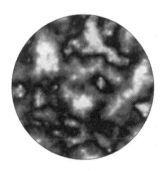

图 6 - 161

　　选项：在"底纹填充"面板的下方点击"选项" 选项(O)... 按钮，会弹出"底纹选项"面板，如图 6 - 162 所示，可以在其中设置"位图分辨率"和"最大平铺宽度"。

　　平铺：在"底纹填充"面板的下方点击"平铺" 平铺(T)... 按钮，会弹出"平铺"面板，如图 6 - 163 所示，即可对所选底纹进行参数设置，设置的方法同"图样填充"面板中相应选项的设置一样。

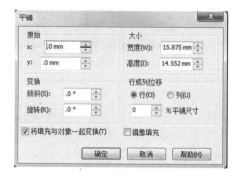

图 6 - 162　　　　　　　　　　　　　　　　　　　　　图 6 - 163

### 6.4.3　使用填充工具中的 PostScript 填充

　　"PostScript 填充"■是使用 PostScript 语言设计的特殊纹理填充，有些底纹非常复杂，因此打印或屏幕显示包含 PostScript 底纹填充的对象时，等待时间可能较长，并且一些填充可能不会显示，而只能显示字母"PS"，这种现象取决于对填充对象所应用的视图方式。

　　绘制一个图形并将其选中，点击工具箱里的"填充工具"◇后选择"PostScript 填充"■，弹出"PostScript 底纹"对话框，如图 6 - 164 所示。在左边的列表中选择所需底纹样式，勾选"预览填充"即可在右边的预览图框里看到填充效果，设置完成后点击"确定"按钮即可完成填充，效果如图 6 - 165 所示。

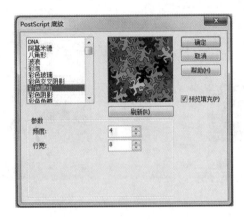

图 6 - 164                            图 6 - 165

不同的"PostScript 底纹"图样会有不同的参数设置，在"PostScript 底纹"面板中选择一种 PostScript 底纹图样，设置不同的参数对比效果如图 6 - 166 所示。

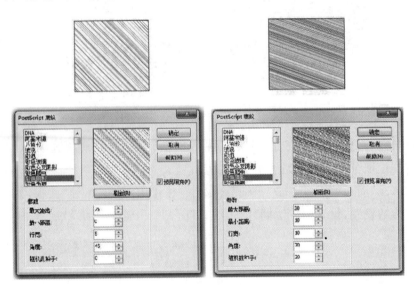

图 6 - 166

## 6.5　填充开放的曲线

默认状态下，CorelDRAW X6 只能填充闭合的图形，如果需要填充开放的曲线，那么需要更改工具选项设置。

绘制一个开放的曲线，如图 6 - 167 所示；然后点击属性栏中的"选项"图标，如图 6 - 168 所示，在左边选择"文档/常规"选项（如图 6 - 169 所示），在"常规"面板中勾选"填充开放式曲线"，然后点击"确定"即可对开放式曲线填充颜色，如图 6 -170所示。

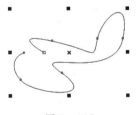

图 6 - 167

图 6 - 168

图 6 - 169

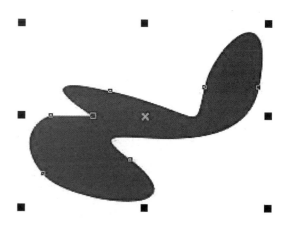

图 6 - 170

## 6.6 使用交互式填充工具

"交互式填充工具" 包含填充工具组中所有的填充工具的功能,通过对其属性栏的设置,可以对图形设置各种的填充效果,其属性栏选项会根据设置的填充类型的不同而有所变化。

属性栏选项介绍如下。

"交互式填充工具" 的属性栏如图 6 - 171 所示。

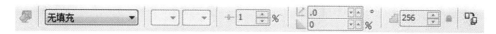

图 6 - 171

编辑填充 :用来更改图形当前的填充属性。选中一个填充图形,点击此按钮可以弹出相应的填充面板,可以更改填充面板中的相关参数,设置新的填充内容给图形填充。

填充类型:点击此按钮,下拉列表中提供了所有填充的类型,如图 6 - 172 所示。

填充中心点 :在"线性填充"属性栏中的"填充中心点"是用来调整两种颜色间的中心点,修改两种颜色间渐变所占的比例。其可以通过输入数值来进行设置中心点,也可以单击数值框后面的 调整,还可以直接在填充的图形上拖动线性控制线上的滑块进行调节,如图 6 - 173 所示。

图 6 - 172

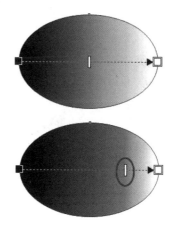

图 6 - 173

　　角度和边界 ⌊°□□□% :在"线性填充"属性栏中的"角度和边界",上面的数值框是用来调节渐变的角度,下面的数值框是用来调节渐变的边界,角度和边界都可以通过输入数值来进行设置,也可以通过数值框后的 ▦ 来进行调节;或者直接在图形上点击填充的线性控制线的两个端点,当光标变成十字型时按住鼠标左键拖拽调节,可以手动调整渐变的角度和边界距离,如图 6-174 所示。

图 6-174

　　复制属性 🗗:可以将另一个图形的填充属性完全复制到所需要填充的图形上。首先选中需要复制属性的对象,然后点击此按钮,当光标变成箭头形状 ➡ 时,即可直接点击想要取样的图形,完成属性的复制,如图 6-175 所示。

图 6-175

　　小型拼接 ▦:在"双色图样"属性栏点击此按钮,使图形填充的图样以小型图样拼接显示,如图6-176所示。

　　中型拼接 ▦:在"双色图样"属性栏点击此按钮,使图形填充的图样以中型图样拼接显示,如图6-177所示。

　　大型拼接 ▦:在"双色图样"属性栏点击此按钮,使图形填充的图样以大型图样拼接显示,如图6-178所示。

图 6-176　　　　　　　图 6-177　　　　　　　图 6-178

　　变换对象 ▦:在"双色图样"属性栏点击此按钮,可以变换对象的填充。

　　生成填充图块镜像 ▦:在"双色图样"属性栏点击此按钮,可以生成填充图块镜像。

创建图案：在"双色图样"属性栏点击此按钮，会弹出"创建图样"面板，如图 6-179 所示。在面板中设置所要创建的图样类型和分辨率级别后，点击"确定"按钮，然后框选所要创建为图样的对象后，会弹出如图 6-180 所示的面板，点击"确定"即可生成新的图样。

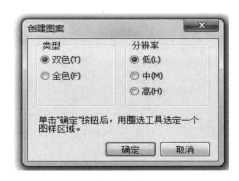

图 6-179　　　　　　　　　　　　　　　　　图 6-180

 **小贴士：**

（1）在线性控制线上双击鼠标左键，可以在此处添加一个线性控制点（双击控制线上的控制点，可以删除该控制点）。单击该控制点，使其成为选取状态，然后单击调色板中相应的颜色块，即可将该颜色应用到控制点所在的位置上，效果如图 6-181 所示。

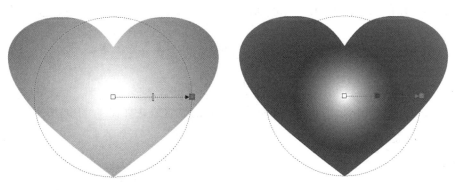

图 6-181

（2）在"双色填充"时，拖动图形上生成的控制点，可以调整图样的大小，也可以旋转或倾斜图样，如图 6-182 所示。

（3）"交互式填充工具"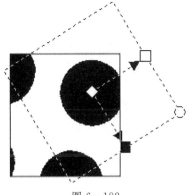无法去除图形的轮廓颜色，也无法填充图形的轮廓颜色。

（4）为图形上线性控制线两端的节点填充颜色除了通过属性栏设置的方法，还可以直接点击节点，然后在调色板中选择颜色为其填充。

图 6-182

## 6.7　使用网状填充工具

网状填充工具是利用网格的数量和网格中节点的位置来给图形填充比较复杂丰富的色彩效果的工具。在网格中不同的网点上可填充不同的颜色并定义颜色的扭曲方向，可以产生各异的效果。

### 6.7.1 创建及编辑对象网格

在工具箱中点击"椭圆形工具" ◯，绘制一个椭圆形并将其选中，点击"网状填充工具" ⊞，此时图形上会显示出网格，如图 6-183 所示。把光标移动到网格线上，光标变成 ▶ 形状时，在网格线上双击，可以添加一条经过该节点的网格线，如图 6-184 所示。

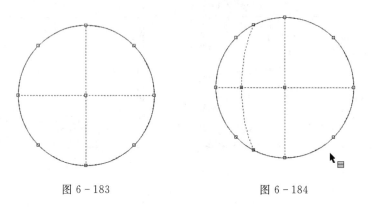

图 6-183                    图 6-184

如果在编辑网格的时候需要删除节点，可以选中节点，按 Delete 键删除，如果要删除多个节点，则可以框选住需要删除的多个节点后，按 Delete 键删除。

网状填充工具选项介绍如下。

"网状填充工具" ⊞ 的属性栏如图 6-185 所示。

图 6-185

网格大小 ⊞：用来指定网格的行和列的数量，不同的设置效果如图 6-186 所示。

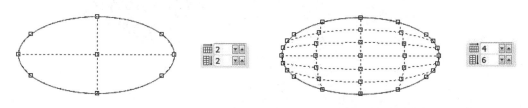

图 6-186

选取范围模式 矩形 ▾：点击此按钮，可以在下拉列表中选择"矩形"或"手绘"的框选方式。

添加交叉点 ：单击此按钮，可以在网格中添加一个交叉点。用鼠标在需要添加交叉点的位置单击，出现一个黑点，如图 6-187 所示；再点击此按钮，即可添加成功，如图 6-188 所示。

删除节点 ：选中需要删除的节点，如图 6-189 所示，点击此按钮可以删除所选节点，如图 6-190 所示。

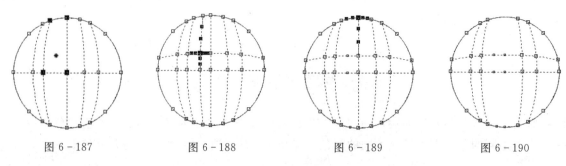

图 6-187          图 6-188          图 6-189          图 6-190

转换为线条 🖊:将所选节点处的曲线转换为直线,如图 6 - 191 所示。

转换为曲线 🖊:将所选节点对应的直线转换为曲线,转换为曲线后会出现两个控制柄,通过控制柄调节曲线形状,如图 6 - 192 所示。

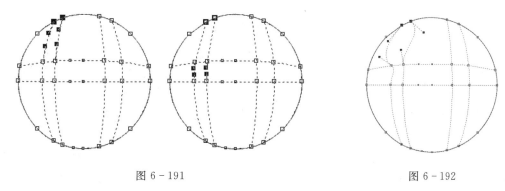

　　　　　　　　　图 6 - 191　　　　　　　　　　　　　　　图 6 - 192

尖突节点 🖊:点击此按钮,可以将所选的节点转换为尖突节点。

平滑节点 🖊:点击此按钮,可以将所选的节点转换为平滑节点,使曲线变得平滑。

对称节点 🖊:点击此按钮,节点两侧会出现相同的曲线形状。

平滑网状颜色 🔘:减少网状填充时颜色之间的硬边缘,使颜色间的过渡更加自然。

对网状填充颜色进行取样 🖊:选取填充的节点后,点击此按钮,在文档窗口对颜色进行取样。

网状填充颜色:为选点的节点选择填充的颜色,如图 6 - 193 所示。

透明度 🖊0 ✛:设置所选节点的透明度,拖动后面的滑块或者输入数值来调节节点颜色区域的透明度。

清除网状 🔘:清除图形中的网状填充。

### 6.7.2　为对象填充颜色

在绘制一些立体感较强的图形时,可以使用"网状填充工具"🔲 进行填充,表现出对象的质感和空间感。

选中要填充的节点,如图 6 - 194 所示,鼠标左键点击调色板中的色样选取颜色,即可对该节点的区域填充颜色,效果如图 6 - 195 所示。如需编辑节点区域填充的颜色,可以鼠标左键点击节点不放移动拖拽节点,即可扭曲颜色填充的方向,如图 6 - 196 所示。完整的填充效果如图 6 - 197 所示。

图 6 - 193

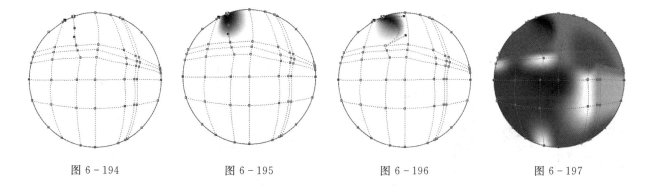

　　　图 6 - 194　　　　　　　　图 6 - 195　　　　　　　　图 6 - 196　　　　　　　　图 6 - 197

 小贴士:

编辑网格的方法同编辑曲线的方法相似。

## 6.8　使用滴管和应用颜色工具填充

　　"滴管工具"和"应用颜色工具"是辅助用户选取颜色和填充颜色的工具。

　　"滴管工具"包括"颜色滴管工具"和"属性滴管工具"，可以为图形快速地选择并复制对象属性，包括填充的颜色、线条的粗细设置、大小和效果等属性。使用"滴管工具"吸取图形中的填充属性后，将自动切换到"应用颜色工具"，将属性应用到其他图形上。

　　(1)颜色滴管工具

　　点击工具箱的"颜色滴管工具"，在被取样的图形上点击，如图 6－198 所示；再移动光标到需要填充的图形上，如图 6－199 所示，单击鼠标即可完成填充，效果如图 6－200 所示。如果要吸取图形的轮廓线颜色，则将光标移动到图形轮廓线上，待轮廓色样显示后即可点击，如图 6－201 所示；再移动到被填充的图像的轮廓线上，如图 6－202 所示，单击鼠标左键，即可完成轮廓线颜色的填充，如图6－203所示。

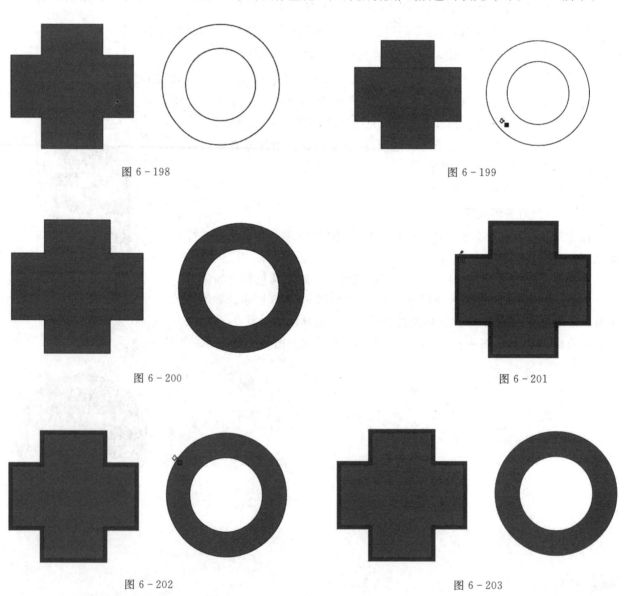

图 6－198　　　　　　　　图 6－199

图 6－200　　　　　　　　图 6－201

图 6－202　　　　　　　　图 6－203

颜色滴管工具选项介绍如下。

"颜色滴管工具"  的属性栏如图 6－204 所示。

图 6－204

选取颜色：单击此按钮，可以在文档窗口中进行颜色取样。

应用颜色：单击此按钮，可以将取样的颜色应用到其他图形上。

从桌面选择 从桌面选择：点击此按钮后，"颜色滴管工具" 不仅可以在文档窗口进行颜色取样，还可以在应用程序外进行颜色取样，此按钮必须在"选取颜色"模式下才能被使用。

1×1：单击此按钮后，取样颜色时是按照 1×1 像素区域内的平均颜色值进行取样的。

2×2：单击此按钮后，取样颜色时是按照 2×2 像素区域内的平均颜色值进行取样的。

5×5：单击此按钮后，取样颜色时是按照 5×5 像素区域内的平均颜色值进行取样的。

所选颜色 所选颜色：对前面点击取样颜色的显示。

添加到调色板 添加到调色板：单击此按钮，可以将取样的颜色添加到"文档调色板"中。

(2) 属性滴管工具

点击工具箱里的"属性滴管工具"，在其属性栏中分别点击"属性" 属性 按钮、"变换" 变换 按钮、"效果" 效果 按钮，然后分别在对应的下拉菜单中勾选需要复制的属性，如图 6－205、图 6－206、图 6－207 所示。勾选好后点击"确定"按钮，待光标变成滴管 形状时，即可在图形上进行属性取样，光标变成油漆桶形状时，单击想要应用这些属性的图形，即可进行属性应用。

图 6－205　　　　　　　　图 6－206　　　　　　　图 6－207

 小贴士：

在"属性" 属性 按钮、"变换" 变换 按钮和"效果" 效果 按钮的下拉菜单中勾选过的选项表示取样时，会被"属性滴管工具" 吸取；反之，未被勾选的选项对应的信息在取样时将不能被吸取。

属性应用

点击工具箱里的"基本形状工具"，绘制一个十字形并填充渐变效果，渐变填充的设置如图 6－208 所示，设置十字形的轮廓线宽度为 1.5mm，轮廓线的颜色为 (C：0，M：100，Y：60，K：0)，效果如图 6－209

所示。再绘制一个圆环,对圆环进行全色填充,设置圆环的轮廓线宽度为 0.5mm,轮廓线的颜色填充为黑色,效果如图 6-210 所示。点击工具箱里的"属性滴管工具" ，在其属性栏进行勾选设置,如图 6-211 所示;然后分别点击"确定"按钮,再将光标移动到"十字形"上点击对其勾选的属性进行取样,当光标变成"应用对象属性" ；接着移动光标到"圆环"上单击,即可完成属性的应用(如图 6-212 所示)。

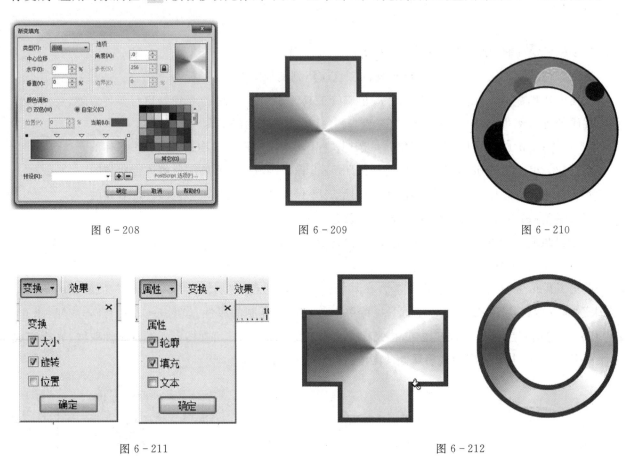

图 6-208　　　　　　　图 6-209　　　　　　　图 6-210

图 6-211　　　　　　　　　　　图 6-212

## 6.9　设置默认填充

在 CorelDRAW X6 中绘制的图形在默认情况下是没有填充的,只有黑色的轮廓线显示。如果要让绘制的图形、艺术效果和段落文本中应用新的默认的填充颜色,可以进行相应操作完成。

点击工具箱里的"选择工具" ，在页面空白区域单击,取消掉页面中的所有选取。按下 Shift+F11 快捷键,打开"更改文档默认值"面板,如图 6-213 所示。勾选对应的选项并确认,会弹出"均匀填充"面板,如图 6-214 所示。在面板中选择好默认填充的颜色后点击"确定",最后回到页面中随意绘制图形后,图形即可显示新的默认颜色的填充效果,如图 6-215 所示。

图 6-213

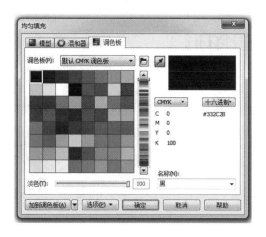

图 6 - 214

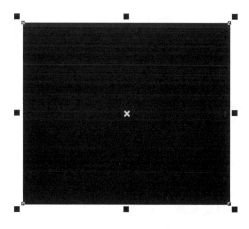

图 6 - 215

**本章思考与练习**

1. 绘制一张线描作品,使用填充工具为作品上色。

2. 使用填充工具绘制一幅原创人物装饰画。

3. 使用网状填充工具绘制一个逼真的水果。

# 第7章　编辑图形

**学习要点及目标**

1. 掌握编辑曲线对象。
2. 掌握切割图形。
3. 掌握修饰图形。
4. 掌握编辑轮廓线。
5. 掌握重新整形图形。
6. 掌握图框精确剪裁对象。

**核心概念**

1. 编辑曲线对象。
2. 切割图形。
3. 修饰图形编辑轮廓线。
4. 重新修整图形。
5. 图框精确裁剪对象。

## 7.1　编辑曲线对象

在 CorelDRAW 中用户绘制的图形不一定能满足用户的需求，通常都需要调整物体的形状，以获得满意的造形效果。通过学习本章，用户可以很熟练地掌握编辑图形形状、修饰图形、设置轮廓线、造形对象和精确剪裁对象等的方法。

### 7.1.1　添加和删除节点

在 CorelDRAW 中，可以通过添加节点，将曲线形状调整得更加精确；也可以通过删除多余的节点，使曲线更加平滑。

1. 添加节点

(1)在工作区中绘制一个图形(以心形为例)。选择绘制的心形形后，执行"排列/转换为典线"命令(快捷键 Ctrl＋Q)。这样，所绘对象就会转换为曲线。

(2)"形状工具"，在图形上需要添加节点的位置处单击鼠标左键。单击属性栏中"添加节点"按钮，即可完成增加节点(如图 7-1 所示)。

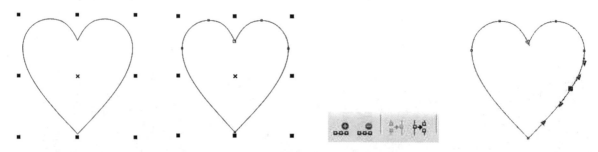

图 7-1

小贴士：

为对象添加节点的最简便方法是，直接使用形状工具在曲线上需要添加节点的位置，双击鼠标左键即可。

2.删除节点

方法1：直接使用"形状工具"双击曲线上需要删除的节点即可，如图7-2所示。

方法2：使用"形状工具"选中需要删除的对象，然后按下键盘上的 Delete 键，即可将该节点删除。

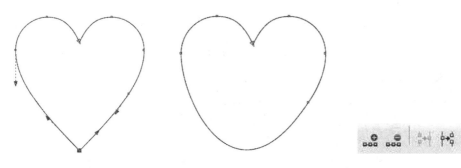

图7-2 删除对象节点

### 7.1.2 更改节点的属性

在 CorelDRAW 中，不同图形的节点具有不同的属性，根据具体情况选择或转换节点的类型，更好地调整对象的形状。节点分为3种类型：尖突节点、平滑节点和对称节点。

1.将节点转换为尖突节点

通常在线转急弯或突起时用到尖突节点，将节点转换为尖突节点后，尖突节点两端的控制点成为相对独立的状态。移动一个控制点时，不会影响另一个控制手柄点，从而在改变节点一侧线段的时候，可以对另外一侧的线段形状不产生影响。

(1)使用"基本形状工具" 绘制一个水滴形，并按下快捷键 Ctrl+Q 将对象转换为曲线。

(2)使用"形状工具"选取其中一个节点，然后在属性栏中单击"尖突节点" 按钮，再拖动其中的一个控制点，如图7-3所示。

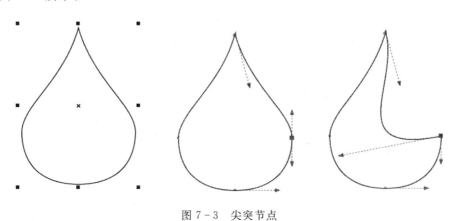

图7-3 尖突节点

2.将节点转换为平滑节点

调节平滑节点可以生成平滑的曲线，平滑节点两边的控制点是互相关联的，当移动其中一个控制点时，另外一个控制点也会随之移动。通过平滑节点连接线段将产生平滑过渡，保持曲线的形状。要将尖突节点转换成平滑节点，只需要在选取节点后，单击属性栏中的"平滑节点" 按钮即可，如图7-4所示。

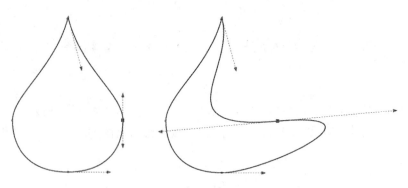

图 7-4　平滑节点

3. 将节点转换为对称节点

对称节点可以用来连接两条曲线,并使这两条曲线相对于节点对称。对称节点在平滑节点特征的基础上,使各个控制线的长度相等,从而使平滑节点两边的曲线率也相等。

节点转换为对称节点的操作方法如下:

(1)使用"贝塞尔工具"在绘图页面绘制一个图形,使用"形状工具"选取其中一个节点,然后单击"转换为曲线"(快捷键 Ctrl+Q)。

(2)双击曲线的中间位置,添加一个新的节点,然后向下拖动该节点。

(3)单击属性栏中的"对称节点"按钮,将该节点转换为对称节点,然后拖动该节点两端的控制点,效果如图 7-5 所示。

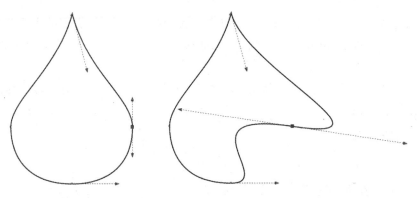

图 7-5　对称节点

4. 将直线转换为曲线

使用"转换为曲线"功能(快捷键 Ctrl+Q),可以将直线转换为曲线。使用"钢笔工具"绘制线段,然后用"形状工具"选取其中一个节点,单击属性栏中的"转换为曲线"按钮,该线条上出现两个控制点,拖动其中一个控制点,可以调整曲线的弯曲度,如图 7-6 所示。

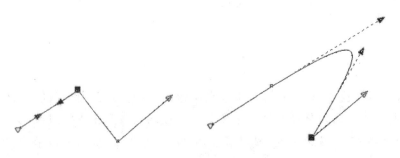

图 7-6　转换直线为曲线

5. 将曲线转换为直线

使用"转换为线条"功能,可以将曲线转换为直线。在如图 7 - 6 所示的曲线上使用"形状工具"选取其中一个节点,单击属性栏中的"转换为线条" 按钮,如图 7 - 7 所示。

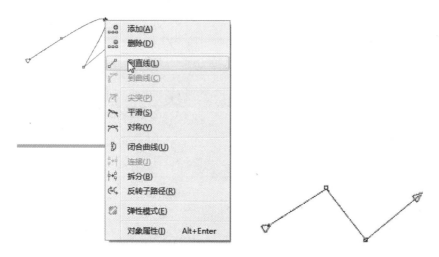

图 7 - 7　转换曲线为直线

### 7.1.3　闭合和断开曲线

选择要连接的两个节点,在工具属性栏上单击"连接两个节点"按钮,将同一个对象上断开的两个相邻节点连接成一个节点,从而使不封闭图形成为封闭图形。

1. 连接两个节点

使用"形状工具"(快捷键 F10),在按下 Shift 键的同时选取断开的两个相邻节点,如图 7 - 8 所示;单击属性栏中的"连接两个节点" 按钮,如图 7 - 9 所示。

2. 断开曲线

"断开曲线"功能,就是把一个节点分割成两个节点,从而断开曲线的连接,使图形由封闭变为不封闭状态。此外,还可以将由多个节点连接成的曲线分离成多条独立的线段。

使用"形状工具"(快捷键 F10),选取图形对象中需要分割的节点。单击属性栏中的"断开曲线" 按钮,然后移动其中一个节点,可以看到原节点已经分割为两个独立的节点,如图 7 - 10 所示。

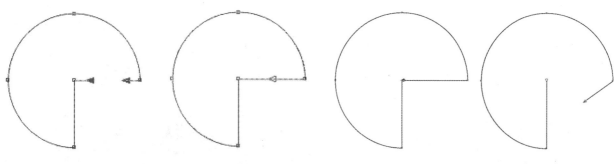

图 7 - 8　选取节点　　　　图 7 - 9　连接对象两个节点　　　　　　图 7 - 10　断开曲线

### 7.1.4　自动闭合曲线

使用"闭合曲线"功能,可以将绘制的开放式曲线的起始节点和终止节点自动闭合,形成闭合的曲线。自动闭合曲线的操作方法如下。

(1)使用"贝塞尔工具"在工作区中随意绘制一条开放式曲线。

(2)选择"形状工具",按住 Shift 键单击曲线的起始节点和终止节点,将它们同时选取,如图 7 - 11

所示。

（3）单击属性栏中的"闭合曲线"按钮，即可将该曲线自动闭合成为封闭曲线，如图7－12所示。

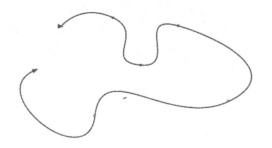
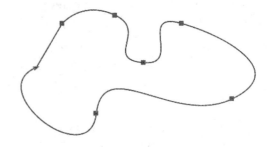

　　　图7－11　选择起始节点和终止节点　　　　　　图7－12　自动闭合曲线后的效果

## 7.2　切割图形

　　CorelDRAW允许用户将位图或矢量图一分为二，使用"刻刀工具"可以把一个对象分成几个部分。"刻刀工具"的属性栏设置各选项说明如下。

　　保留为一个对象：单击该按钮，可以使分割后的对象成为一个整体。

　　剪切时自动闭合：单击该按钮，可以将一个对象分成两个独立的对象。

　　保留为一个对象、剪切时自动闭合：同时单击这两个按钮，则不会把对象分割，而是将对象连成一个整体。

　　下面介绍如何分割对象。

　　（1）导入一张位图图片（快捷键Ctrl＋I）。

　　（2）选择"刻刀工具" ，并在其属性栏中单击分割效果的选项按钮，"保留为一个对象"和"剪切时自动闭合"。

　　（3）将鼠标光标放置在图片的边缘，"刻刀工具"的形状发生变化单击鼠标左键，将"刻刀工具"放置在要停止分割的位置，单击并移动鼠标，在图片的别一侧再次单击，被分割的位图就会沿着分割线分成两部分，如图7－13所示。

图7－13

　　（4）使用"刻刀工具"，用户还可以沿贝塞尔曲线切割图形。按住Shift键不放，在所选对象的边缘单击，确定贝塞尔曲线切割的起点；然后，与使用"贝塞尔工具"一样绘制曲线，最后以对象的边缘为终点，完成贝塞尔曲线切割图形的操作，如图7－14所示。

图 7 - 14

同样,可以使用"刻刀工具"切割矢量图。

## 7.3　修饰图形

在编辑图形时,还可以使用涂抹笔刷、粗糙笔刷、自由变换工具和删除虚拟线段工具对图形进行修饰,以满足用户编辑不同的图形需要。

### 7.3.1　涂抹笔刷

"涂抹笔刷" 工具可以创建复杂的曲线图形。"涂抹笔刷"工具可在矢量图形边缘或内部任意涂抹,以达到不规则变形的效果,其属性栏设置如图 7 - 15 所示。

图 7 - 15　属性栏设置

1."涂抹笔刷"工具的属性栏设置

笔尖大小:输入数值来设置涂抹笔刷的宽度。

水分浓度:可设置涂抹笔刷的力度,只需单击按钮,即可转换为使用已经连接好的压感笔模式。

斜移:用于设置涂抹笔刷、模拟压感笔的倾斜角度。

方位:用于设置涂抹笔刷、模拟压感笔的笔尖方位角。

2. 练习:"涂抹笔刷"

使用"选择工具"选取需要处理的对象。选择"形状工具",展开工具栏中的"涂抹笔刷",此时光标变为椭圆形状;然后在对象上按下鼠标左键并拖动鼠标,即可涂抹拖移处的部位,可重复操作,以达到用户需要的效果,如图 7 - 16 所示。

图 7 - 16　涂抹笔刷效果

### 7.3.2 粗糙笔刷

"粗糙笔刷" 工具是一种多变的扭曲变形工具,它可以改变矢量图形对象中曲线的平滑度,从而产生粗糙的边缘变形效果。

1. 粗糙笔刷的属性栏设置

选择"粗糙笔刷"工具,该工具的属性栏设置如图 7-17 所示。"粗糙笔刷"工具的属性栏设置与"涂抹笔刷"类似,只是在"尖突方向"的下拉列表中设置笔尖方位角时,需要在"为关系输入固定值"文字框中设置笔尖方位角的角度值。

图 7-17 属性栏设置

2. 练习:艺术画框

使用"选择工具"选取需要处理的对象,然后选择"形状工具",展开工具栏中的"粗糙笔刷"工具,单击鼠标左键并在对象边缘拖曳鼠标指针,即可使对象产生粗糙的边缘变形效果,如图 7-18 所示。

小贴士:

在使用粗糙笔刷工具时,如果对象没有转换为曲线,系统会弹出"转换为曲线"对话框,将对象转化为曲线。

图 7-18 粗糙的边缘变形效果

### 7.3.3 自由变换对象

"自由变换工具"的 3 种变换操作:对象自由旋转、自由角度镜像和自由调节。

1. 自由变换工具属性栏设置

在"形状工具"展开工具栏中选择"自由变换工具",在属性栏中会显示相对应的选项,如图 7-19所示。

图 7-19 自由变换工具的属性栏设置

自由旋转:使对象按自由角度旋转。

自由角度反射:使对象按自由角度镜像。

自由缩放:使对象任意缩放。

自由倾斜:使对象自由扭曲。

应用到再制:在旋转、镜像、调节和扭曲对象的同时再制对象。

相对于对象:在对象位置文本框中输入需要的参数,然后按下 Enter 键,将对象移动到指定的位置。

2. 自由旋转工具

"自由旋转工具" 可以将对象按任一角度旋转,也可以指定旋转中心点旋转对象。

(1)使用"选择工具"单击鼠标左键选中对象,如图 7-20 所示。

(2)在工具箱中按住"形状工具"不放,在展开工具栏中选择"自由变换工具",松开鼠标,然后在属性栏中单击"自由旋转工具"按钮。

(3)单击"应用到再制"按钮,然后拖动对象至适当的角度后释放鼠标,即可在旋转对象的同时对该对象进行再制,如图 7-21 所示。

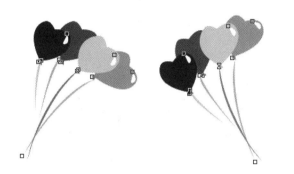

图 7-20　选中对象

图 7-21　自由旋转并再制对象

3. 自由角度反射工具

"自由角度反射工具" 可以将选择的对象按任一个角度镜像,也可以在镜像对象的同时再制对象。

使用"选择工具"选中对象,然后选中"自由变换工具",并在属性栏中单击"自由角度反射工具"按钮;然后在对象底部按住鼠标左键拖移,移动轴的倾斜度可以决定对象的镜像方向,确定后松开鼠标左键,即可完成镜像操作,如图 7-22 所示。

在工具箱中选择"自由变换工具",并在属性栏中单击"自由角度反射工具"按钮;再单击"应用到再制"按钮,然后拖动对象至适当的角度后释放鼠标,即可在自由镜像对象的同时再制该对象,如图 7-23 所示。

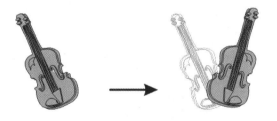

图 7-22　自由镜像对象

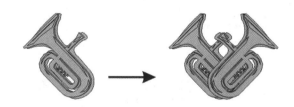

图 7-23　自由镜像并再制对象

4. 自由缩放工具

"自由缩放工具" 可以随意放大或缩小对象,也可以在缩放对象的同时复制对象。在自由变换工具属性栏中选择"自由缩放工具",然后在对象的任意位置上按住鼠标左键拖动,对象就会随着移动的位置进行缩放,缩放到所需的大小后松开左键,即可完成操作,如图 7-24 所示。

使用"自由缩放工具"制作皇冠:

(1)使用"选择工具"选中对象。

(2)选中"自由变换工具",并先后单击属性栏中的"自由缩放工具"和"应用到再制"按钮。

(3)在对象上按住鼠标左键拖动,调节对象到适当的大小后释放鼠标,如图 7-25 所示。

图 7-24　自由变换对象　　　　　　图 7-25　使用自由缩放工具制作皇冠

（4）保持对象的选中状态，单击属性栏中的"相对于对象"按钮，并在属性栏的"对象位置"文本框中输入数值，然后按下 Enter 键完成操作，效果如图 7-26 所示。

5. 自由倾斜工具

"自由倾斜工具"可以扭曲对象，该工具的使用方法与自由缩放工具相似。使用"自由倾斜工具"扭曲对象的效果如图 7-27 所示。

图 7-26　调整对象的位置　　　　　　图 7-27　自由扭曲对象

### 7.3.4　涂抹工具

"涂抹工具"涂抹图形对象的边缘，可以改变对象边缘的曲线路径，对图形进行需要的造形编辑。

在"形状工具"展开工具栏中选择"涂抹工具"，在属性栏中会显示它的相关选项，如图 7-28 所示。

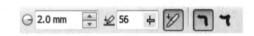

图 7-28　涂抹工具的属性栏

笔尖半径：用来设置涂抹笔刷的半径大小。

压力：用来设置对图形边沿的涂抹力度。

笔压：在连接了数字笔或绘图板绘图时，单击该按钮，可以应用绘画时的压力效果。

平滑涂抹：可以通过涂抹得到平滑的曲线。

尖状涂抹：可以通过涂抹得到有尖角的曲线。

选取"涂抹工具"后，在属性栏中设置好需要的笔尖半径和压力，然后单击"平滑涂抹"或"尖状涂抹"按钮，在图形对象的边缘按住并拖动鼠标，即可使图形边缘的曲线向对应的方向改变形状，如图 7-29 所示。

绘制的叶形　　　　　平滑涂抹　　　　　尖状涂抹

图 7-29　应用涂抹工具

### 7.3.5　转动工具

"转动工具"在图形对象的边缘按住鼠标左键不放，即可按指定方向对图形边缘的曲线进行转动，对图形进行需要的造形编辑。

图 7-30　转动工具的属性栏

在"形状工具"展开工具栏中选择"转动工具",在属性栏中会显示它的相关选项,如图 7 - 30 所示。

笔尖半径:用来设置转动图形边缘时的半径大小。

速度:用来设置转动变化的速度。

逆时针转动:可以使图形边缘的曲线按逆时针转动。

顺时针转动:可以使图形边缘的曲线按顺时针转动。

选取"涂抹工具"后,在属性栏中设置好需要的笔尖半径和速度,然后单击"逆时针转动"或"顺时针转动"按钮,在图形对象的边缘按住鼠标左键不动或在转动发生后拖动鼠标,即可使图形边缘的曲线向对应的方向进行转动,如图 7 - 31 所示。

绘制的水滴形　　　　　　　　　逆时针转动　　　　　　　　　顺时针涂抹

图 7 - 31　应用转动工具

### 7.3.6　吸引与排斥工具

"吸引工具" 和"排斥工具" 在对图形对象边缘的变化效果上是相反的,"吸引工具"可以将笔触范围内的节点吸引在一起,而"排斥工具"则是将笔触范围内相邻的节点分离开,分别产生不同的造形效果。

选取"吸引工具"后,在属性栏中设置好需要的笔尖半径和速度,然后在图形对象的边缘按住鼠标左键不动或在变化发生后拖动鼠标,即可使图形边缘的节点吸引聚集到一起,如图 7 - 32 所示。"排斥工具"的应用效果如图 7 - 33 所示。

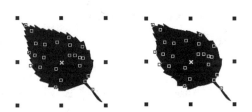 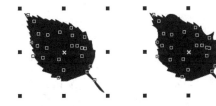

图 7 - 32　吸引工具应用效果　　　　　　　　　　　图 7 - 33　排斥工具应用效果

## 7.4　编辑轮廓线

用户在制作过程中,可以为绘制的矢量图、美术字和段落文本进行对象轮廓线宽度、颜色及样式的设置。通过编辑对象的轮廓属性,可以起到修饰对象和增加对象醒目度的作用。默认状态下,系统都为绘制的图形添加颜色为黑色、宽度为 0.2mm、线条样式为直线型的轮廓。

### 7.4.1　改变轮廓线的颜色

在 CorelDRAW 中设置轮廓颜色的方法有多种,用户可以使用调色板、"轮廓笔"对话框、"轮廓颜色"对话框和"颜色"泊坞窗来完成,下面分别介绍它们的使用方法。

#### 1. 使用调色板

使用"选择工具"选择需要设置轮廓色的对象,然后使用鼠标右键单击调色板中的色样,即可为该对象设置新的轮廓色,如图 7 - 34 所示。如果选择的对象无轮廓,则直接单击调色板中的色样,即可为对象添加指定颜色的轮廓。

图 7 - 34　添加轮廓和修改轮廓色

2. 使用"轮廓笔"对话框自定义轮廓颜色

(1)选取需要设置轮廓属性的对象,单击工具箱中的"轮廓笔" 按钮,在展开工具栏中单击"轮廓笔"选项,或者按下 F12 键,弹出"轮廓笔"对话框,如图 7 - 35 所示。

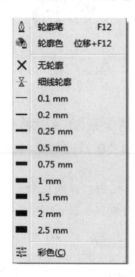

图 7 - 35　轮廓笔对话框

(2)在"宽度"下拉列表中选择适合的轮廓宽度;单击"颜色"下拉按钮,在展开的颜色选取器中选择适合的轮廓颜色,也可以单击"更多"按钮,在弹出的"选择颜色"对话框中自定义轮廓颜色,如图 7 - 36 所示;然后单击"确定"按钮,回到"轮廓笔"对话框。

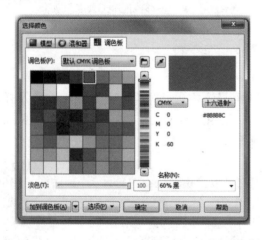

图 7 - 36　设置轮廓宽度和轮廓颜色

（3）在"样式"下拉列表中选择系统提供的轮廓样式。设置好后，单击"确定"按钮，效果如图7－37所示。

后台填充：能将轮廓限制在对象填充的区域之外。

随对象缩放：在对图形进行比例缩放时，其轮廓的宽度会按比例进行相应的缩放。

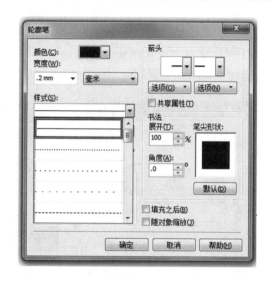 

图7－37　应用轮廓设置后的图形效果

**3. 使用"轮廓颜色"对话框**

如果只需要自定义轮廓颜色，而不需要设置其他的轮廓属性，可以在"轮廓笔"工具展开工具栏中选择"轮廓颜色"选项；然后在弹出的"轮廓颜色"对话框中自定义轮廓色，如图7－38所示。

**4. 使用"颜色"泊坞窗**

除了前面介绍的设置轮廓颜色的方法外，还可以通过"颜色"泊坞窗进行设置。选择"轮廓笔"工具，展开工具栏中的"彩色"选项，或者执行"窗口"/"泊坞窗"/"彩色"命令，打开如图7－39所示的"颜色"泊坞窗。在泊坞窗中拖动滑块设置颜色参数，或者直接在数值框中输入所需的颜色值，然后单击"轮廓"按钮，即可将设置好的颜色应用到对象的轮廓。

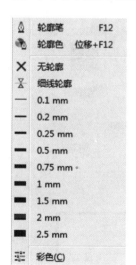 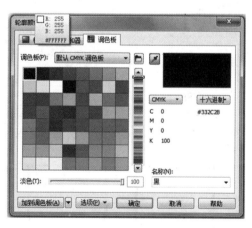

图7－38　使用轮廓颜色对话框自定义颜色　　　　　图7－39　颜色泊坞窗

小贴士：

在"颜色"泊坞窗中设置好颜色参数后，单击"填充"按钮，可以为对象内部填充均匀颜色。

### 7.4.2 改变轮廓线的宽度

要改变轮廓线的宽度,通过以下 3 种方法来完成。

(1)单击"轮廓笔"按钮,从展开工具栏中选择需要的轮廓线宽度,如图 7－40 所示。

(2)在属性栏的"轮廓宽度"选项中进行设置。在该选项下拉列表中可以选择预设的轮廓线宽度,也可以直接在该选项数值框中输入所需的轮廓宽度值。

按下"F12"键打开"轮廓笔"对话框,在该对话框的"宽度"选项中可以选择或自定义轮廓的宽度,并在"宽度"数值框右边的下拉列表中,可以选择数值的单位,如图 7－41 所示。

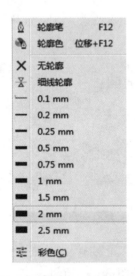

图 7－40　预设的轮廓宽度

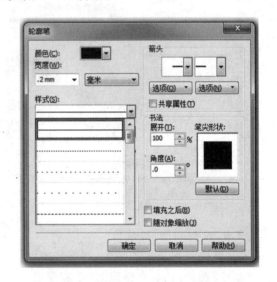

图 7－41　轮廓笔对话框中的宽度选项

### 7.4.3 改变轮廓线的样式

轮廓线不仅可以使用默认的直线,还可以将轮廓线设置为各种不同样式的虚线,并且用户还可以自行编辑线条的样式。选择需要设置轮廓线形状样式的对象,按下 F12 键打开"轮廓笔"话框,在其中就可以设置轮廓线的样式和边角形状。

在"样式"下拉列表中可以为轮廓线选择一种线条样式,单击"编辑样式"按钮,在打开的"编辑线条样式"对话框中可以自定义线条的样式,如图7－42所示。

在图 7－43 所示的"角"选项栏中,可以将线条的拐角设置为尖角、圆角或斜角样式。图 7－44 所示为分别设置这 3 种样式后的效果。

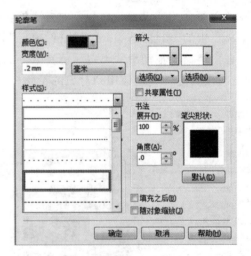

图 7－42　自定义线条样式

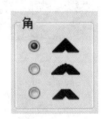

图 7－43　角选项栏

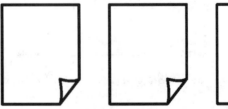

图 7－44　分别设置尖角、圆角或斜角后的效果

在图 7-45 所示的"书法"选项栏中,可以为轮廓线条设置书法轮廓样式。在"展开"数值框中输入数值,可以设置笔尖的宽度。在"角度"数值框中输入数值,可以基于绘图画面而更改画笔的方向。用户也可以在"笔尖形状"预览框中单击或拖动,手动调整书法轮廓样式,如图 7-46 所示。如图 7-47 所示是为对象应用书法轮廓样式前后的效果对比。

 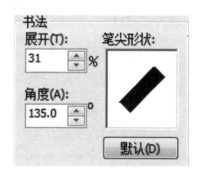

图 7-45　书法选项栏　　　　　　　图 7-46　手动调整书法轮廓样式

图 7-47　应用书法轮廓样式前后的效果对比

 **小贴士：**

"展开"选项的取值为 1~100,100 为默认设置。减小该选项值,可以使方形笔尖变成矩形,圆形笔尖变成椭圆形,以创建更加明显的书法效果。

### 7.4.4　清除轮廓线

要清除对象中的轮廓线,在选择对象后,直接使用鼠标右键单击调色板中的图标,或者在"轮廓笔"工具展开工具栏中选择"无轮廓"选项✖即可。

### 7.4.5　转换轮廓线

在 CorelDRAW 中,只能对轮廓线进行宽度、颜色和样式的调整。如果要为对象中的轮廓线填充渐变、图样或底纹效果,或者要对其进行更多的编辑,可以选择并将轮廓线转换为对象,以便能进行下一步的编辑。

选择需要转换轮廓线的对象,执行"排列/将轮廓转换为对象"命令,即可将该对象中的轮廓转换为对象。图 7-48 所示是转换为对象后的轮廓填充底纹后的效果。

## 7.5　重新整形图形

CorelDRAW X6 提供了功能强大的造形功能,运用这些命令,可以让用户制作出多种多样的图形开关。

为了实现对象的造形功能,执行"排列/造形"命令,为用户提供了一些改变对象形状的功能命令,也可以直接应用属性栏中与造形命令相对应的功能按钮,以便更快捷地使用这些命令,如图 7-49 所示。

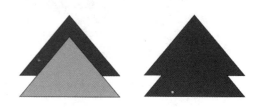

图 7-48　转换为对象后的轮廓填充底纹后的效果　　　　　图 7-49　造形功能按钮

### 7.5.1　合并图形

合并功能可以合并多个单一对象或组合的多个图形对象,还能合并单独的线条,但不能合并段落文本和位图图像。它可以将多个对象结合在一起,以此创建具有单一轮廓的独立对象。新对象将沿用目标对象的填充和轮廓属性,所有对象之间的重叠线都将消失。

使用框选对象的方法全选需要合并的图形,执行"排列/造形/合并"命令,或单击属性栏中的"合并"按钮即可,效果如图 7-50 所示。

图 7-50　对象的合并效果

 小贴士:

当用户使用框选的方式选择对象进行合并时,合并后的对象属性会与所选对象中位于最下层的对象保持一致。如果使用选择工具并按下 Shift 键加选的方式选择对象,那么合并后的对象属性会与最后选取的对象保持一致。

同样,通过"造形"泊坞窗也可以完成对象的合并操作。

选择用于合并的来源对象,执行"窗口/泊坞窗/造形"命令,开启"造形"泊坞窗,在下拉列表中选择"焊接"选项,如图 7-51 所示。勾选"保留原始源对象"和"保留原目标对象"复选框,然后单击"焊接到"按钮,当光标变成形状后单击目标对象,即可将对象合并,效果如图 7-52 所示。

图 7-51　造形泊坞窗中的焊接选项设置　　　　　图 7-52　对象合并效果

保留原始源对象:勾选此项后,在焊接对象的同时将保留来源对象。

保留原目标对象:勾选此项后,在焊接对象的同时将保留目标对象。

### 7.5.2　修剪图形

修剪命令用于将一个对象中多余的部分剪掉。在修剪对象前,必须决定要修剪目标对象以及来源对象。也就是说用户可以将来源对象修剪它后面的目标对象,还可以用后面的目标对象修剪来源对象。

执行"排列/造形/"修剪"命令或单击属性栏中的"修剪"按钮,在执行"修剪"命令时,根据选择对象的先后顺序不同,应用修剪命令后的图形效果也会相应不同,如图 7-53 所示。

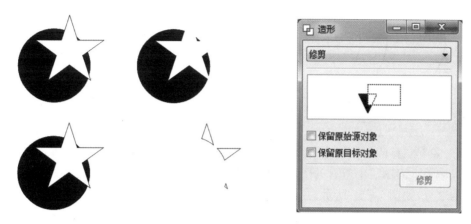

图 7-53　不同的修剪效果

### 7.5.3　相交图形

应用"相交"命令,可以得到两个或多个对象重叠的交集部分。选择需要相交的图形对象,执行"排列/造形/相交"命令或单击属性栏中的"相交"按钮,即可在这两个图形对象的交叠处创建新的对象,新对象以目标对象的填充和轮廓属性为准,效果如图 7-54 所示。

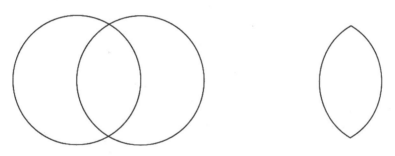

图 7-54　相交后生成的新对象效果

### 7.5.4　简化图形

"简化"功能可以减去两个或多个重叠对象的交集部分,保留原始对象。选择需要简化的对象后,单击属性栏中的"简化"按钮,简化后的图形效果如图 7-55 所示。

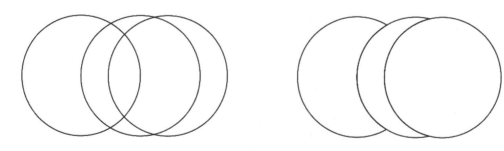

图 7-55

### 7.5.5　移除后面对象与移除前面对象

选择所有图形对象后,单击"移除后面对象"按钮,不仅可以减去最上层对象下的所有图形对象(包括重叠与不重叠的图形对象),还能减去下层对象与上层对象的重叠部分,而只保留最上层对象中剩余的部分,如图 7-56 所示。

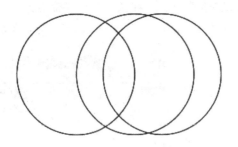

图 7-56　前减后效果

"移除后面对象"与"移除前面对象"命令在功能上恰好相反。选择所有图形对象后,单击"移除前面对象"按钮,可以减去上面图层中所有的图形对象,以及上层对象与下层对象的重叠部分,而只保留最下层对象中剩余的部分,如图 7-57 所示。

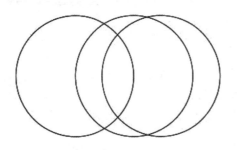

图 7-57　后减前效果

## 7.6　图框精确剪裁对象

"图框精确剪裁"命令实际上就是把一个对象作为物品,另一个对象作为容器,并把物品放置在容器中,作为精确的容器,可以是创建的矢量对象、美术字,但不能是位图和段落文本。

### 7.6.1　放置在容器中

将所选对象放置在容器中的操作步骤如下:

(1)用户可以使用矩形工具、椭圆工具、贝赛尔工具等绘制容器形状,如图 7-58 所示。按下 Ctrl+1 快捷键导入一个图形文件,如图 7-59 所示。

(2)保持导入对象的选中状态,执行"效果/图框精确剪裁/置于图文框内部"命令,使用鼠标对准绘制好的容器形状进行单击,就可以将对象放置到容器中。在默认情况下,目标对象将以容器对象的中心位置对齐,如图 7-60 所示。

图 7-58　绘制的外形　　　　　　图 7-59　导入的图像　　　　　图 7-60　将图像置于容器中

要用图框精确剪裁对象,还可以通过以下的操作方法来完成。

使用"选择工具"选择需要置入容器中的对象,在按住鼠标右键的同时将该对象拖动到目标对象上,释放鼠标后弹出如图 7-61 所示的命令菜单。在命令菜单中选择"图框精确剪裁到内部"命令,所选对象即被置入到目标对象中,效果如图 7-62 所示。

图 7-61　弹出的命令菜单　　　　　　　　　　　　　图 7-62　图形置入后的效果

### 7.6.2　提取内容

"提取内容"命令用于提取嵌套图框精确剪裁中每一级的内容。执行"效果/图框精确剪裁/提取内容"命令,或者在点选图框后,在图框下面出现的功能按钮栏上单击"提取内容"按钮,即可将置入到容器中的对象从容器中提取出来,如图 7-63 所示。

图 7-63　提取内容

### 7.6.3　编辑内容

将对象精确剪裁后,还可以进入容器内部,对容器内的对象进行缩放、旋转或位置等的调整,具体操作方法如下。

(1)使用"选择工具"选中图框精确剪裁对象,如图 7-64 所示,然后执行"效果/图框精确剪裁/编辑内容"命令,或在图框下面出现的功能按钮栏上单击"编辑内容"按钮,或者在图框对象上单击鼠标右键并选择"编辑内容"命令。

(2)进入容器内部后,目标对象以轮廓的形式显示,如图 7-65 所示。这时可以根据需要,对容器内的对象进行相应的编辑。如图 7-66 所示是调整内部对象的位置和大小并镜像对象后的效果。

图 7-64　选中对象　　　　　　　图 7-65　编辑状态　　　　　　　图 7-66　编辑内容

### 7.6.4  锁定图框精确裁剪的内容

用户不但可以对"图框精确剪裁"对象的内容进行编辑,还可以通过选择右键菜单中的"锁定 PowerClip 的内容"命令或单击功能按钮栏中的按钮,将容器内的对象锁定。锁定图框精确剪裁的内容后,在变换图框精确剪裁对象时,只对容器对象进行变换,而容器内的象不受影响(如图 7-67 所示)。要解除图框精确剪裁内容的锁定状态,可再次执行"锁定 PowerClip 的内容"命令。

图 7-67  移动锁定内容的
精确裁剪对象后的效果

### 7.6.5  结束编辑

在完成对图框精确剪裁内容的编辑后,执行"效果/图框精确剪裁/结束编辑"命令,或单击功能按钮栏中的按钮,或者在图框对象上单击鼠标右键,从弹出的命令菜单中选择"结束编辑"命令,即可结束内容的编辑。

 小贴士:

默认状态下,在 CorelDRAW X6 中绘制的图形都具有轮廓。如果容器对象具有轮廓,可在进行图框精确裁剪操作后,单击调色板中的按钮,取消容器对象中的轮廓。

**案例演示**

制作卡通瓢虫,如图 7-68 所示。

操作步骤如下:

(1)打开 CorelDRAW X6 新建文件设置名称为"卡通瓢虫",页面大小为 A4,如图 7-69 所示。

(2)绘制瓢虫的身体。首先选择"椭圆形工具",按住 Ctrl 键拖动鼠标左键绘制一个正圆形(如图 7-70 所示),然后将其进行复制,拖动到合适位置,如图 7-71 所示。选择"排列/造形/相交"勾选"保留原始对象"得到两个圆形的相交部分(如图 7-72、图 7-73 所示)。

图 7-68

图 7-69

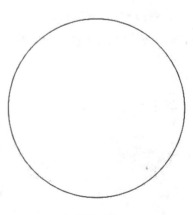

图 7-70

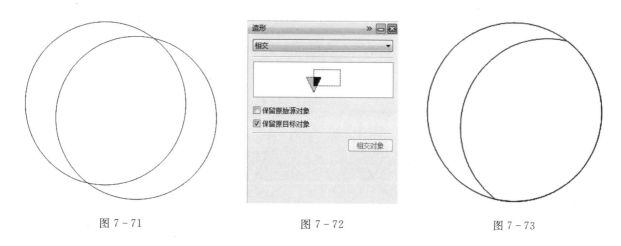

图 7－71　　　　　　　　　　　　　图 7－72　　　　　　　　　　　　　图 7－73

（3）绘制瓢虫身上的圆点。选择"椭圆形工具"在瓢虫身上画上若干大小不一的圆点，如图 7－74 所示）。同步骤（2）的方法，得到圆点与瓢虫身体相交的部分，如图 7－75 所示。

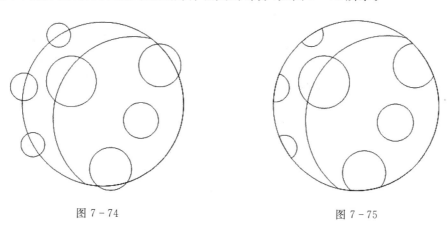

图 7－74　　　　　　　　　　　　　　　　　　　　　图 7－75

（4）绘制瓢虫的头部。选择"椭圆形工具"绘制一个正圆形放置到合适的位置，选择"排列/造形/修剪"勾选"保留原始对象"。点击瓢虫的身体修剪刚刚绘制的圆形部分得到瓢虫的头部形状，如图 7－76 所示。

（5）绘制瓢虫的眼睛。选择"椭圆形工具"绘制一个正圆形，在正圆形里绘制两个小正圆形作为瓢虫的眼珠（如图 7－77 所示）。选择"排列/造形/修剪"用眼睛部分修剪头部（如图 7－78 所示），将绘制完成的眼睛复制一个放到头部的左边，用瓢虫的头部修剪眼睛多余的部分，如图 7－79 所示。

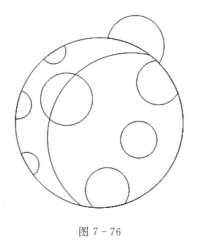

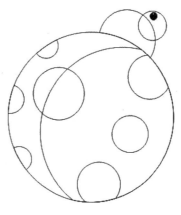

图 7－76　　　　　　　　　　　　　　　　　　　图 7－77

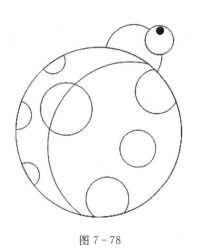

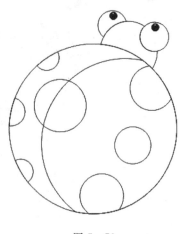

图 7-78                图 7-79

　　(6)绘制瓢虫的脚。选择"矩形工具"绘制一个矩形,在矩形工具的下端绘制一个小圆形,选择"排列/造形/焊接"将绘制完成的矩形和圆形焊接到成一个整体(如图 7-80 所示)。将焊接好的瓢虫的脚复制 6 个分别放置到瓢虫身体的两边(如图 7-81 所示)。选择""排列/造形/修剪"用瓢虫的身体分别修剪 6 个脚(如图 7-82 所示)。

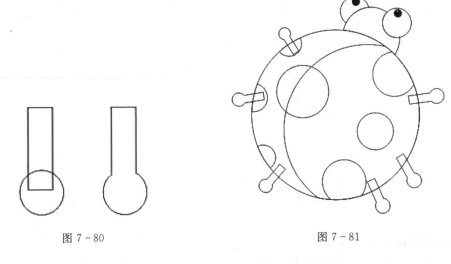

图 7-80                图 7-81

　　(7)瓢虫的造形绘制完成,填充上色(如图 7-82、图 7-83 所示)。

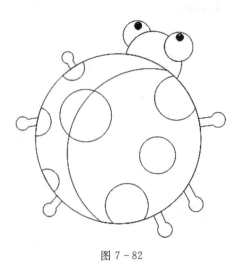

图 7-82                图 7-83

**本章思考与练习**

1. 运用贝塞尔工具和椭圆形工具,并结合本章所学的编辑曲线对象的方法,绘制出如图 7-84 所示的风景画。

2. 运用本章所学的相交、修剪命令,并结合绘图和填色工具,绘制出如图 7-85 所示插画人物。

图 7-84　绘制的风景画

图 7-85　绘制的插画人物

# 第 8 章　位图的编辑处理

1. 掌握导入与简单调整位图。
2. 掌握调整位图的颜色和色调。
3. 掌握调整位图的色彩效果。
4. 掌握校正位图色斑效果。
5. 掌握位图的颜色遮罩。
6. 掌握更改位图的颜色模式。
7. 掌握描摹位图。

1. 导入与简单的调整位图。
2. 调整位图的颜色和色调。
3. 调整位图的色彩效果。

为了实现特殊的图像效果,经常会插入一些位图,用户可以在当前文件中导入位图,不仅可以对位图进行裁切、描摹等操作,还可改变位图的色彩模式,调整图的色彩,以及对位图进行校正等操作,以方便后期批量印刷。

## 8.1　导入与简单调整位图

在 CorelDRAW X6 中,不仅可以绘制各种效果的矢量图形,还可以通过导入位图,并对位图进行编辑处理后,制作出更加完美的画面效果。

### 8.1.1　导入位图

导入位图是对位图进行编辑的基本操作,主要利用菜单栏进行操作。

(1)执行"文件/导入"命令(快捷 Ctrl+l)或单击属性栏中的"导入"按钮,弹出如图 8-1 所示的"导入"对话框,在文件列表框中单击需要导入文件的文件名。

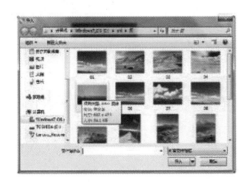

图 8-1　导入对话框

（2）单击"导入"按钮,此时光标变成 $\Gamma$ 状态,同时在光标后面则会显示该文件的大小和导入时的操作说明。

（3）在页面上按住鼠标左键拖出一个红色的虚线框,松开鼠标后,图片将以虚线框的大小被导入进来,如图 8-2 所示。

图 8-2　按指定大小导入位图

### 8.1.2　链接和嵌入位图

CorelDRAW X6 可以将 CorelDRAW X6 文件作为链接或嵌入的对象插入到其他应用程序中,也可以在其中插入链接或嵌入的对象。链接的对象与其源文件之间始终都保持链接,而嵌入的对象与其源文件之间是没有链接关系的,它是集成到活动文档中的。

链接位图与导入位图在本质上有很大的区别,导入的位图可以在 CorelDRAW X6 中进行修改和编辑,如调整图像的色调和为其应用特殊效果等,而链接到 CorelDRAW X6 中的位图却不能对其进行修改。如果要修改链接的位图,就必须在创建原文件的原软件中进行。

#### 1. 链接位图

要在 CorelDRAW X6 中插入链接的位图,可执行"文件/导入"命令,在弹出的"导入"对话框中选择需要链接到 CorelDRAW X6 中的位图,并选中"外部链接位图"复选框,然后单击"导入"按钮即可,如图 8-3所示。

图 8-3　链接位图设置及链接的图像

2. 嵌入位图

执行"编辑/插入新对象"命令,弹出如图 8-4 所示的"插入新对象"对话框。选中"由文件创建"单选项,勾选"链接"复选框,然后单击"浏览"按钮,在弹出的"浏览"对话框中选择需要嵌入 CorelDRAW X6 中的图像文件,如图 8-5 所示。

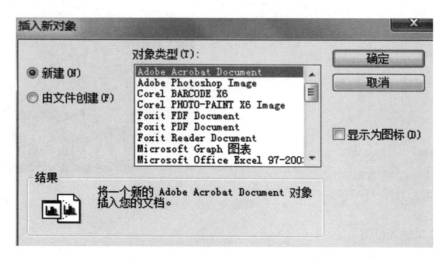

图 8-4　插入新对象对话框

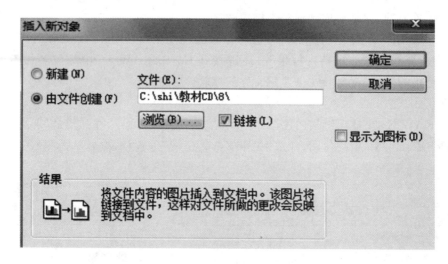

图 8-5　选择需要嵌入的图像文件

### 8.1.3　裁剪位图

在实际应用中,可以在导入位图时,选择"裁剪"功能对导入的位图大小进行调整,将不需要的部分裁剪掉。要裁剪位图,可以在导入位图时进行,也可以在将位图导入到当前文件后进行。

导入时位图裁剪的操作步骤如下:

(1)在"导入"对话框中,选择"导入"下拉列表中的"裁剪并装入"选项,弹出如图 8-6 所示的"裁剪图像"对话框。

(2)在"裁剪图像"对话框的预览窗口中,可以拖动裁剪框四周的控制点,控制图像的裁剪范围。在控制框内按下鼠标左键并拖动,可调整控制框的位置,被框选的图像将被导入到文件中,其余部分将被裁掉。

(3)"选择要裁剪的区域"选项栏,输入数值精确地调整裁剪框的大小。

(4)"全选"按钮,重新设置修剪选项参数。设置好后,光标将变成标尺形状,同时在光标右下角将显示图像的相关信息,此时单击鼠标即可导入图像,也可将图像按指定的大小进行导入,如图 8-7 所示。

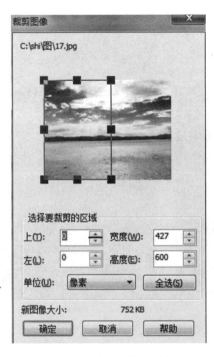

图 8-6　裁剪图像对话框　　　　　　　　　图 8-7　裁剪后导入图像

　　在将位图导入到当前文件中后,还可以使用"裁剪工具"和"形状工具"对位图进行裁剪。

　　"裁剪工具"可以将位图裁剪为矩形状。选择"裁剪工具",在位图上按下鼠标左键并拖动,创建一个裁剪控制框,拖动控制框上的控制点,调整裁剪控制框的大小和位置,使其框选需要保留的图像区域;然后在裁剪控制框内双击,即可将位于裁剪控制框外的图像裁剪掉,如图 8-8 所示。

图 8-8　裁剪图像前后的效果对比

　　使用"形状工具"可以将位图裁剪为不规则的各种形状。使用"形状工具"单击位图图像,此时在图像边角上将出现 4 个控制节点,接下来按照调整曲线形状的方法进行操作,即可将位图裁剪为指定的形状,如图 8-9 所示。

图 8 - 9　裁剪位图

### 8.1.4　重新取样位图

取样位图主要更改位图的分辨率和尺度。用固定分辨率重新取样可以在改变图像大小时用增加或减少像素的方法保持图像的分辨率。用变量分辨率重新取样可让像素的数目在图像大小改变时保持不变,从而产生低于或高于原图像的分辨率。

导入图像时重新取样位图的操作方法如下:

(1)使用"Ctrl+l"快捷键打开"导入"对话框,选择需要导入的图像后,在"导入"下拉列表中选择"重新取样并装入"选项,弹出"重新取样图像"的对话框,如图 8 - 10 所示。在"重新取样图像"对话框中,可更改对象的尺寸大小、解析度及消除缩放对象后产生的锯齿现象等,从而达到控制文件大小和图像质量的目的。

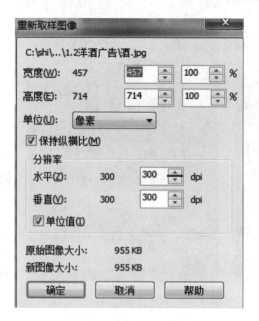

图 8 - 10　"重新取样图像"对话框

(2)用户也可以将图像导入到当前文件后,再对位图进行重新取样。

① 导入一张位图,然后执行"位图/重新取样"命令或者单击属性栏上的"重取样位图"按钮,弹出如

图 8-11 所示的"重新取样"对话框。

　　② "图像大小"选项栏文字框中输入图像大小的参数值;"分辨率"选项组文字框中设置图像的分辨率大小;"光滑处理"复选框,以最大限度地避免曲线外观参差不齐;"保持纵横比"复选框,并在宽度或高度文字框中输入适当的数值,从而保持位图的比例;"图像大小"的百分比文字框中输入数值,根据位图原始大小的百分比对位图重新取样。

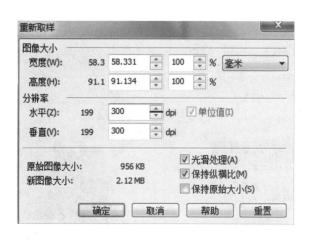

图 8-11　重新取样对话框

### 8.1.5　变换位图

　　导入到 CorelDRAW X6 中的位图,可以按照变换对象的方法,使用"选择工具"或"自由变换工具"等对位图进行缩放、旋转、倾斜和扭曲等变换操作。

### 8.1.6　编辑位图

　　选中一张位图,执行"位图/编辑位图"命令,或者单击属性栏上的"编辑位图"按钮即可将位图导入到 Corel PHOTO-PAINT 中进行编辑,如图 8-12 所示。编辑完成后单击标准工具栏中的按钮,并将图像保存,然后关闭 Corel PHOTO-PAINT,已编辑的位图将会出现在 CorelDRAW X6 的绘图窗口中。

图 8-12　Corel PHOTO-PAINT 工作窗口

### 8.1.7　矢量图形转换为位图

通过 CorelDRAW X6 将矢量图形转换为位图后，可以将特殊效果应用到对象。在转换过程中，还可以设置转换后的位图属性，如颜色模式、分辨率、背景透明度和光滑处理等参数。矢量图形向位图转换的操作步骤如下：

（1）打开需要转换的矢量图形文件，执行"位图/转换为位图"命令，系统将弹出如图 8-13 所示的"转换为位图"对话框。

（2）在"分辨率"下拉列表中选择适当的分辨率大小，也可直接在数值框中输入适当的数值。在"颜色模式"下拉列表中选择适当的颜色模式。单击确定按钮，即可将矢量图转换为位图，如图 8-14 所示。

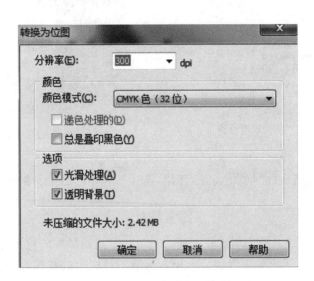

图 8-13　"转换为位图"对话框　　　　　　　图 8-14　转换为位图

 小贴士：

为保证转换后的位图效果，必须将"颜色"选择在 24 位以上，"分辨率"选择在 200dpi 以上。颜色模式决定构成位图的颜色数量和种类，因此文件大小也会受到影响。如果在"转换为位图"对话框中将位图背景设置为透明状态，那么在转换后的图像中，可以看到被位图背景遮盖住的图像或背景。

## 8.2　调整位图的颜色和色调

在 CorelDRAW X6 中，可以对位图进行色彩亮度、光度和暗度等方面的调整。颜色模式是组成图像颜色数量和类别的系统，颜色模式包括黑白、灰度、RGB、CMYK 等，将图像更改为另一种颜色模式后，位图的颜色结构也会变化。

### 8.2.1　高反差

"高反差"通过调整图像的亮度、对比度和强度，使高光区域和阴影区域的细节不被丢失，也可通过定义色调范围的起始点和结束点，在整个色调范围内重新分布像素值。

导入一张位图，执行"效果/调整/高反差"命令，弹出如图 8-15 所示的"高反差"对话框。

单击"高反差"对话框左上方的"显示预览窗口"按钮 ⓒ，可将对话框调整为如图 8-16 所示的显示方式，通过此种方式可直观地观察图像调整前后的效果变化。

单击"高反差"对话框左上方的"隐藏预览窗口"按钮，对话框显示如图 8 - 17 所示，视图窗口只显示图像调整后的最终效果。

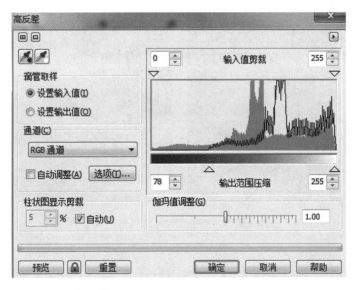

图 8 - 15　高反差对话框

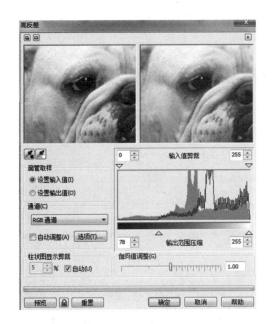

图 8 - 16　显示预览窗口

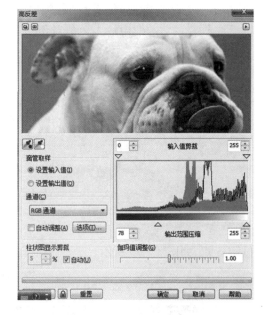

图 8 - 17　隐藏预览窗口

选中"设置输入值"单选按钮，设置最小值和最大值，颜色将在这个范围内重新分布。

选中"设置输出值"单选按钮，为"输出范围压缩"设置最小值和最大值。

"自动调整"复选框：勾选该复选框，在色阶范围内自动分布像素值。

"选项"按钮：单击该按钮，弹出"自动调整范围"对话框，在该对话框中可以设置自动调整的色阶范围。

对图像进行高反差调整的具体操作步骤如下：

(1)选中对象，然后执行"效果/调整/高反差"命令。

(2)选择"高反差"对话框上方的黑色吸管工具，然后在图像中最深的颜色上使用吸管单击，选择

白色吸管工具 ;接着在颜色最浅的地方使用吸管单击,单击"预览"按钮,即可发现图像的色调得到了改变,如图 8 - 18 所示。

图 8 - 18　使用吸管调整颜色色调

### 8.2.2　局部平衡

当需要对位图局部进行颜色调整时,执行"局部平衡"命令可以用来提高相邻边缘的对比度,从而形成强烈的明暗对比;也可以在此区域周围设置高度和宽度来强化对比度。按照下面的方法可以完成该操作。

(1)执行"效果/调整/局部平衡"命令,弹出"局部平衡"对话框,如图 8 - 19 所示。可以拖动"宽度"、"高度"滑块或者在文本框中输入数值对位图进行调整。

图 8 - 19　"局部平衡"对话框

(2)单击"局部平衡"对话框左上方的"显示预览窗口"按钮 或"隐藏预览窗口"按钮 来改变对话框的显示方式,如图 8 - 20 所示。

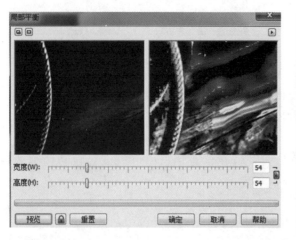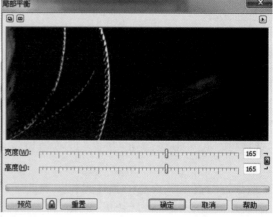

图 8 - 20　对话框显示方式

（3）单击"宽度"和"高度"选项右边的锁定按钮，可同时调整两个选项的数值。图 8 - 21 所示是对图像进行局部平衡调节前后的效果对比。

图 8 - 21　执行局部平衡命令的效果对比

### 8.2.3　取样/目标平衡

"取样/目标平衡"用于从图像中选取的色样来调整位图中的颜色值，可以从图像的暗色调、中间色调及浅色部分选取色样，并将目标颜色应用于每个色样中。

（1）执行"效果/调整/取样/目标平衡"命令，弹出如图 8 - 22 所示的"样本/目标平衡"对话框。

（2）选择"样本/目标平衡"对话框中的黑色吸管工具，然后单击图像中最深的颜色；选择中间色调吸管工具，在图像中的中间色调处使用吸管单击；选择白色吸管工具，在图像中的颜色最浅处单击，如图 8 - 23 所示。

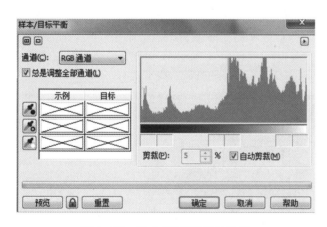

图 8 - 22　样本/目标平衡对话框

图 8 - 23　吸取颜色

通道下拉列表：用于显示当前图像文件的色彩模式，并可从中选取单色通道对单一的色彩进行调整。

黑色吸管工具：可以将图像中最暗处的色调值设置为单击处的色调值，图像中所有比该色调值更暗的像素都将以黑色显示。

中间色调吸管工具：可以使单击处的图像亮度成为图像中间色调的平均亮度。

白色吸管工具：可以将图像中最亮处的色调值设置为单击处的色调值，图像中所有比该色调值更亮的像素，都将以白色显示。

### 8.2.4　调合曲线

"调合曲线"命令用于改变图像中单个像素的值，包括改变阴影、中间色调和高光等方面，以精确地修改图像局部的颜色。

（1）执行"效果/调整/调合曲线"命令，弹出如图 8－24 所示的"调合曲线"对话框。

（2）在曲线编辑窗口中的曲线上单击鼠标左键，可以添加一个控制点。移动该控制点，以调整曲线的形状，然后单击"预览"按钮，可以观察调节后的色调效果，如图 8－25 所示。

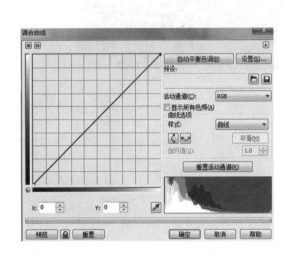

图 8－24  "调合曲线"对话框

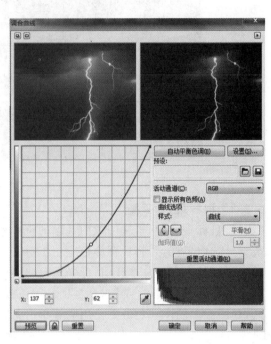

图 8－25  调合曲线对话框设置

### 8.2.5  亮度/对比度/强度

调整所有颜色的亮度及明亮区域与暗色区域之间的差异，执行"亮度/对比度/强度"命令，弹出如图 8－26 所示的"亮度/对比度/强度"对话框，设置亮度、对比度和强度参数。

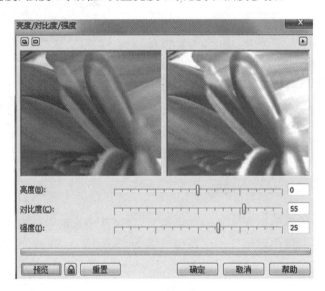

图 8－26  "亮度/对比度/强度"对话框

### 8.2.6  颜色平衡

"颜色平衡"中的范围区域包括阴影、中间色调、高光、保持亮度。通过图像颜色的混合效果，使图像的整体色彩平衡。执行"效果/调整/颜色平衡"命令，如图 8－27 所示，在弹出的"颜色平衡"对话框中，设置所需参数。

### 8.2.7 伽玛值

"伽玛值"的调整将影响对象中的所有颜色范围,但主要调整对象中的中间色调,对对象中的深色和浅色影响较小,可在较低对比度区域中强化细节而不会影响阴影或高光。

执行"效果/调整/伽玛值"命令,弹出如图 8-28 所示的"伽玛值"对话框,对参数进行设置。

图 8-27 "颜色平衡"对话框　　　　　　　　　图 8-28 "伽玛值"对话框

### 8.2.8 色度/饱和度/亮度

"色度/饱和度/亮度"命令可以调整位图中的色频通道,并更改色谱中颜色的位置,这种效果使用户可以更改所选对象的颜色和浓度,以及对象中白色所占的百分比。

执行"效果/调整/色度/饱和度/亮度"命令(快捷键 Ctrl+Shift+U),在打开的"色度/饱和度/亮度"对话框中进行参数设置,如图 9-29 所示。

### 8.2.9 所选颜色

"所选颜色"命令与"颜色平衡"类似,作用在于校正图像的不平衡问题和调整颜色。通过改变图像中的红、黄、绿、青、蓝和品红色谱的 CMYK 百分比来改变颜色。

执行"效果/调整/所选颜色"命令,弹出如图 8-30 所示的"所选颜色"对话框,对选项参数进行设置。

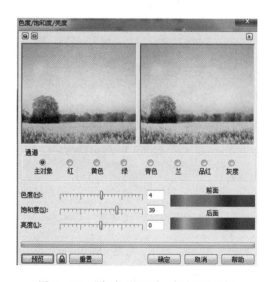

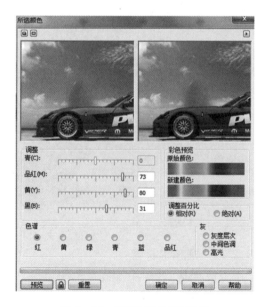

图 8-29 "色度/饱和度/亮度"对话框　　　　　　图 8-30 "所选颜色"对话框

### 8.2.10 替换颜色

"替换颜色"只适于位图,用一种位图颜色替换另一种位图颜色。根据设置的范围,可以替换一种颜色或将整个位图从一个颜色范围变换到另一颜色范围,还可以为新颜色设置色度、饱和度和亮度。

执行"效果/调整/替换颜色"命令,在开启的"替换颜色"对话框中进行选项设置,如图 8-31 所示。

图 8-31 "替换颜色"对话框图

### 8.2.11 取消饱和

"取消饱和"命令用于将位图中每种颜色的饱和度降到零,移除色调构成,并将每种颜色转换为与其相对应的灰度。这将创建灰度黑白相片效果,而不会更改颜色模型。

执行"效果/调整/取消饱和"命令,图像的前后效果对比如图 8-32 所示。

图 8-32 执行取消饱和命令的图像效果对比

### 8.2.12 通道混合器

"通道混合器"命令用于混合色频通道,以平衡位图的颜色。执行"效果/调整/通道混合器"命令,在弹出的"通道混合器"对话框中进行选项设置,图 8-33 所示为执行"通道混合器"命令前后的效果对比。

图 8-33　执行通道混合器命令的图像效果对比

## 8.3　调整位图的色彩效果

CorelDRAW X6 允许用户将颜色和色调变换同时应用于位图图像。用户可以变换对象的颜色和色调,以产生各种特殊的效果,例如,可以创建类似于摄影负片效果的图像或合并图像外观。

### 8.3.1　去交错

"去交错"命令用于从扫描或隔行显示的图像中删除线条。执行"效果/变换/去交错"命令,弹出"去交错"对话框,在其中选择扫描行的方式和替换方法,如图 8-34 所示。

图 8-34　"去交错"对话框设置及效果

### 8.3.2　反显

"反显"命令用于反转对象的颜色,反显对象会形成摄影负片的外观。执行"反显"命令变换图像颜色前后的效果对比如图 8-35 所示。

图 8-35　对象的反显效果

### 8.3.3 极色化

"极色化"命令可以将图像中的颜色范围转换成纯色色块,使图像简单化,常常用于减少图像中的色调值数量。

执行"效果/变换/极色化"命令,在开启的"极色化"对话框中进行参数设置,如图 8-36 所示为调整对象前后的效果对比。

图 8-36 极色化对话框及效果

## 8.4 校正位图色斑效果

"校正"命令可以通过更改图像中的相异像素来减少杂色。选取一个位图图像,执行"效果/校正/尘埃与刮痕"命令,弹出"尘埃与刮痕"对话框,进行参数设置,得到如图 8-37 所示的图像效果。

图 8-37 "尘埃与刮痕"对话框及效果

## 8.5 位图的颜色遮罩

在 CorelDRAW X6 中,用户可以利用为位图图像提供的颜色遮罩功能对位图中显示的颜色进行隐藏,使该处图像变为透明状态。遮罩颜色还能帮助用户改变选定的颜色,而不改变图像中的其他颜色,也可以将位图颜色遮罩保存到文件中,以便在日后使用时打开此文件。

使用位图颜色遮罩功能的操作步骤如下。

(1)导入一张位图,如图 8-38 所示,执行"位图/位图颜色遮罩"命令,弹出如图 8-39 所示的"位图颜色遮罩"泊坞窗。

(2)选择"隐藏颜色"单选项,在色彩条列表框中选中一个色彩条,并选取该色彩条,如图 8-40 所示。

（3）单击"颜色选择"按钮，使用光标在位图中需要隐藏的颜色上单击，在"位图颜色遮罩"泊坞窗中所选颜色条显示了刚才点选的颜色后，单击"应用"按钮，即可将位于所选颜色范围内的颜色全部隐藏，效果如图 8-41 所示。

（4）在泊坞窗中选中"显示颜色"单选项，并保持选取的颜色不变，然后单击"应用"按钮，即可将所选颜色以外的其他颜色全部隐藏，如图 8-42 所示。

图 8-38　导入位图　　　　　　图 8-39　"位图颜色遮罩"泊坞窗　　　　图 8-40　对色彩条进行选择

图 8-41　位图颜色遮罩效果　　　　　　　图 8-42　隐藏所选颜色以外的其他颜色

## 8.6　更改位图的颜色模式

颜色模式是组成图像颜色数量和类别的系统。常用的色彩模式包括 CMYK、RGB、灰度、HSB 和 Lab 模式等。这些颜色模式因表示颜色的原理和范围不同，所以分别应用不同领域。

### 8.6.1　黑白模式

黑白图像中的 1 个像素只有 1 位深度，因为该像素只可以为黑或者为白。位图的黑白模式与灰度模式不同，应用黑白模式后，图像只显示为黑白色。

执行"位图/模式/黑白"命令，打开"转换为 1 位"对话框，单击"确定"按钮即可，如图 8-43 所示。在"转换方法"下拉列表中有 7 种黑白效果，拖动"阈值"滑杆可以设置转换的强度，如图 8-44 所示。

线条图：产生高对比度的黑白图像。灰阶值低于高阈值的颜色将变成黑色，灰阶值高于高阈值的颜色将变成白色。

顺序：突出纯色，并使图像边缘变硬。

半色调：通过改变图像中黑白像素的图案来创建不同的灰度。

基数分布：应用计算并将结果分布到屏幕上，从而创建带底纹的外观。

Jarvis：对屏幕应用 Jarvis 算法，这种形式的偏差扩散适合于摄影图像。

Stucki：对屏幕应用 Stucki 算法，这种形式的偏差扩散适合于摄影图像。

Floyd-Steinberg：对屏幕应用 Floyd-Steinberg 算法，这种形式的偏差扩散适合于摄影图像。

图 8-43　转换为 1 位对话框

图 8-44　图像黑白模式不同效果

### 8.6.2　灰度模式

灰度色彩模式使用亮度（L）来定义颜色，颜色值的定义范围为 0～255。灰度模式是没有彩色信息的，可应用于作品的黑白印刷。应用灰度模式后，可以去掉图像中的色彩信息，只保留从 0 到 255 的不同级别的灰度颜色，因此图像中只有黑、白、灰的颜色显示。

执行"位图/模式/灰度"命令，即可将该图像转换为灰度效果，如图 8-45 所示。

图 8-45　将对象转换为灰度模式效果

### 8.6.3　双色模式

双色模式包括单色调、双色调、三色调和四色调 4 种类型，可以使用 1 到 4 种色调构建图像色彩，使用双色模式可以为图像构建统一的色调效果。

执行"位图/模式/双色"命令，弹出"双色调"对话框，在该对话框的"类型"下拉列表中可选择三色调的类型，如图 8-46 所示。在"三色调"对话框中，设置好参数后，单击"确定"按钮，图像效果如图 8-47 所示。

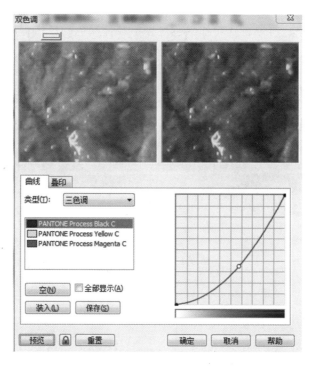

图 8-46　双色调对话框及类型列表

图 8-47　图像效果

### 8.6.4　调色板模式

调色板模式最多能够使用 256 种颜色来保存和显示图像。位图转换为调色板模式后,可以减小文件的大小。系统提供了不同的调色板类型,也可以根据位图中的颜色来创建自定义调色板。如果要精确地控制调色板所包含的颜色,还可以在转换时指定使用颜色的数量和灵敏度范围。

执行"位图/模式/调色板色"命令,弹出如图 8-48 所示的"转换至调色板色"对话框,该对话框包括以下几个选项。

1. 选项标签

平滑:设置颜色过渡的平滑程度。

调色板:选择调色板的类型,

递色处理的:选择图像抖动的处理方式。

颜色:在"调色板"中选择"适应性"和"优化"两种调色板类型后,可以在"颜色"文本框中设置位图的颜色数量。

2. 范围的灵敏度标签

在"范围的灵敏度"标签中,可以设置转换颜色过程中某种颜色的灵敏程度,如图 8-49 所示。

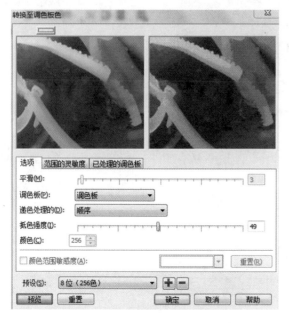
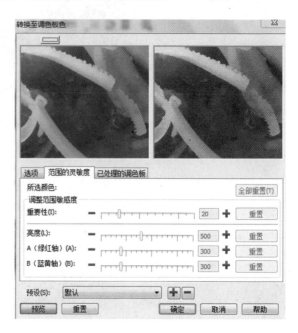

图 8-48　"转换至调色板色"对话框　　　　　　　图 8-49　范围的灵敏度标签

所选颜色:首先在"选项"标签的"调色板"下拉列表中选择"优化"类型,选中"颜色范围灵敏度"复选框,单击其右边的颜色下拉按钮,在弹出的颜色列表中选择一种颜色或单击按钮,吸取图片上的颜色,此时在"范围的灵敏度"标签内的"所选颜色"中即可将吸取的颜色显示出来。

重要性:用于设置所选颜色的灵敏度范围。

亮度:该选项用来设置颜色转换时亮度、绿红轴和蓝黄轴的灵敏度。

3. 已处理的调色板标签

展开"已处理的调色板"标签,可以看到当前调色板中所包含的颜色,如图 8-50 所示。

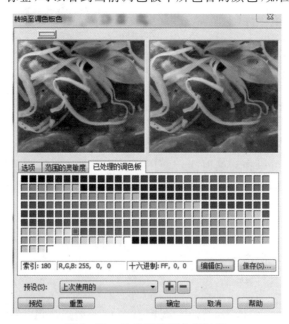

图 8-50　已处理的调色板标签

### 8.6.5　RGB 模式

RGB 色彩模式中的 R、G、B 分别代表红色、绿色和蓝色的相应值,三种色彩叠加形成了其他的色彩,也就是真彩色,RGB 颜色模式的数值设置范围为 0～255。在 RGB 颜色模式中,当 R、G、B 值均为 255 时,显示为白色;当 R、G、B 值均为 0 时,显示为纯黑色,因此也称之为加色模式。RGB 颜色模式的图像应用于电视、网络、幻灯和多媒体等领域。

执行"位图/模式/RGB 颜色"命令,即可将图像转换为 RGB 颜色模式。图 8 – 51 所示为图像在 RGB、Lab 和 CMYK 颜色模式下的显示效果。

图 8 – 51　图像在 RGB、Lab 和 CMYK 颜色模式下的显示效果

 **小贴士:**

如果导入的位图是 RGB 色彩模式的话,则此项命令不能执行。同理,其他的色彩模式也是如此。

### 8.6.6　Lab 模式

Lab 色彩模式是国际色彩标准模式,它能产生与各种设备匹配的颜色(如监视器、印刷机、扫描仪、打印机等的颜色),还可以作为中间色实现各种设备颜色之间的转换。

执行"位图/模式/Lab 颜色"命令,即可将图像转换为 Lab 颜色模式。

 **小贴士:**

Lab 色彩模式在理论上包括了人眼可见的所有色彩,它所能表现的色彩范围比任何色彩模式更加广泛。当 RGB 和 CMYK 两种模式互相转换时,最好先转换为 Lab 色彩模式,这样可减少转换过程中颜色的损耗。

### 8.6.7　CMYK

CMYK 色彩模式中的 C、M、Y、K,分别代表青色、品红、黄色和黑色的相应值,各色彩的设置范围可为 0%～100%,四色色彩混合能够产生各种颜色。在 CMYK 颜色模式中,当 C、M、Y、K 值均为 100 时,结果为黑色;当 C、M、Y、K 值均为 0 时,结果为纯白色。

CMYK 也叫做印刷色。印刷用青、品红、黄、黑四色进行,每一种颜色都有独立的色版,在色版上记录了这种颜色的网点。青、品红、黄三色混合产生的黑色不纯,而且印刷时在黑色的边缘上会产生其他的色彩。印刷之前,将制作好的 CMYK 文件送到出片中心出片,就会得到青、品红、黄、黑 4 张菲林。

 **小贴士:**

任何颜色的转换都会将位图转移为另外的颜色空间,所以在转换颜色模式时,会导致一些信息丢失。将 RGB 模式转换为 CMYK 模式尤为明显,因为 RGB 模式的颜色空间比 CMYK 模式颜色空间大。转换后高光部分可能会变暗,这些改变无法恢复。

## 8.7　描摹位图

CorelDRAW X6 中除了具备矢量图转位图的功能外,同时还具备了位图转矢量图的功能。通过描摹位图命令,即可将位图按不同的方式转换为矢量图形。在实际工作中,应用描摹位图功能,可以帮助用户提高编辑图形的工作效率,如在处理扫描的线条图案、徽标、艺术形体字或剪贴画时,可以先将这些图像转换为矢量图,然后在转换后的矢量图基础上做相应的调整和处理,即可省去重新绘制的时间,以最快的速度将其应用到设计中。

### 8.7.1　快速描摹位图

使用"快速描摹"命令,可以一步完成位图转换为矢量的操作。选择需要描摹的位图,然后执行"位图/快速描摹"命令,或者单击属性栏中的按钮,从弹出的下拉列表中选择"快速描摹"命令,即可将选择的位图转换为矢量图,如图8-52所示。

图 8-52　位图的快速描摹效果

### 8.7.2　中心线描摹位图

"中心线描摹"又称为笔触描摹,它使用未填充的封闭和开放曲线(如笔触)来描摹图像。此种方式适用于描摹线条图纸、施工图、线条画和拼版等。

"中心线描摹"方式提供了两种预设样式,一种用于技术图解,另一种用于线条画。用户可根据所要描摹的图像内容选择适合的描摹样式。

技术图解,可使用很细很淡的线条描摹黑白图解。

线条画,可使用很粗且很突出的线条描摹黑白草图。

选择需要描摹的位图,然后执行"位图/中心线描摹"命令,在展开的下一级子菜单中选择所需的预设样式,这里以选择"技术图解"为例,弹出如图8-53所示的"PowerTRACE"控件窗口,在其中调整跟踪控件的细节、线条平滑度和拐角平滑度,得到满意的描摹效果后,单击"确定"按钮,即可将选择的位图按指定的样式转换为矢量图,如图8-54所示。

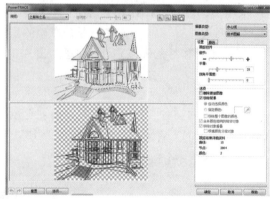

图 8-53　PowerTRACE 控件窗口(一)

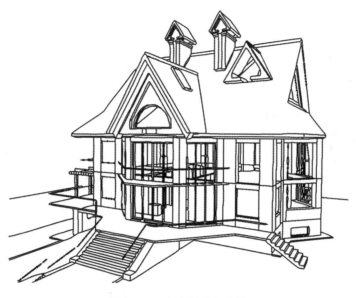

图 8 - 54　中心线描摹效果

### 8.7.3　轮廓描摹位图

"轮廓描摹"又称为填充描摹,使用无轮廓的曲线对象来描摹图像,它适用于描摹剪贴画、徽标、相片图像、低质量和高质量图像。

"轮廓描摹"方式提供了 6 种预设样式,包括线条画、徽标、详细徽标、剪贴画、低质量图像和高质量图像。

线条画:描摹黑白草图和图解,如图 8 - 55 所示。

徽标:描摹细节和颜色都较少的简单徽标,如图 8 - 56 所示。

详细徽标:描摹包含精细细节和许多颜色的徽标,如图 8 - 57 所示。

剪贴画:描摹根据细节量和颜色数而不同的现成的图形,如图 8 - 58 所示。

低质量图像:描摹细节不足(或包括要忽略的精细细节)的相片,如图 8 - 59 所示。

高质量图像:描摹高质量、超精细的相片,如图 8 - 60 所示。

图 8 - 55　线条画

图 8 - 56　徽标

图 8－57　详细徽标

图 8－58　剪贴画

图 8－59　低质量图像

图 8－60　高质量图像

　　选择需要描摹的位图,然后执行"位图/轮廓描摹"命令,在展开的下一级子菜单中选择所需的预设样式,然后在弹出的"PowerTRACE"控件窗口中调整描摹结果,如图 8－61 所示。调整好后,单击"确定"按钮即可。

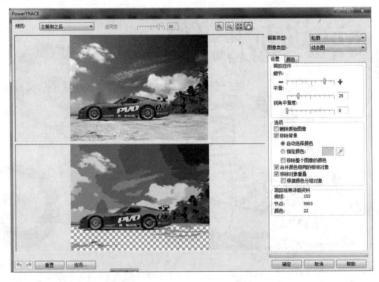

图 8－61　PowerTRACE 控件窗口

细节:控制描摹结果中保留的颜色等原始细节量。

平滑:调整描摹结果中的节点数,以控制产生的曲线与原图像中线条的接近程度。

拐角平滑度:控制描摹结果中拐角处的节点数,以控制拐角处的线条与原图像中的线条的接近程度。

删除原始图像:选中该复选框,在生成描摹结果后删除原始位图图像。

移除背景:在描摹图像时清除图像的背景。选择"指定颜色"单选项,可指定要清除的背景颜色。

跟踪结果详细资料:显示描摹结果中的曲线、节点和颜色信息。

在"颜色"标签中可以设置描摹结果中的颜色模式和颜色数量。

**本章思考与练习**

1. 运用颜色平衡和伽玛值命令修饰背景图,并结合图样填充和交互式填充工具等制作图形,绘制出如图 8 - 62 所示的笔记本电脑广告。

2. 运用本章所学的色度/饱和度/亮度和调和曲线等命令,绘制出如图 8 - 63 所示的房地产广告。

图 8 - 62　笔记本电脑广告

图 8 - 63　房地产广告

# 第9章　文本处理

**学习要点及目标**

1. 掌握文本工具的使用方法。
2. 掌握图文混排。

**核心概念**

1. 文本编辑。
2. 图文混排。

　　图形、色彩和文字是平面设计最基本的三大要素。文字能直观地反映出诉求信息，它的作用是任何元素不可替代的，本章将向用户详细讲解在 CorelDRAW X6 中输入文本和进行文字编辑的各种操作方法。通过学习本章的内容，用户可以了解掌握如何应用 CorelDRAW X6 的强大文本处理功能来编辑和处理文本。

## 9.1　添加文本

　　在 CorelDRAW X6 中，用户可以在作品中添加两种文本：美术文本与段落文本。美术文本用于添加较少的文字，可将其当作一个单独的图形，可以使用各种处理图形的方法对其进行修饰。段落文本用于添加较大篇幅的文本，可对其进行多样的编排。

### 9.1.1　添加美术字文本

　　选择工具箱中的"文本工具"字（快捷键 F8），在绘图页面内单击鼠标左键，出现输入文字的光标后，便可直接输入文字，所输入的文本就是美术文字（如图 9-1 所示）。

图 9-1　输入的横排的文字

　　通过属性栏设置文本属性。选取输入的文本后，属性栏中的"字体列表"用于设置字体；"字体大小列表"用于设置字体大小。单击属性栏中对应的字符效果按钮，可以为选择的文字设置粗体、斜体和下划线效果。

### 9.1.2　添加段落文本

　　选取"文本工具"字，在绘图页面区中按下鼠标左键并拖动鼠标，一个矩形的段落文本框就建立了，释放鼠标后，在文本框中将出现输入文字的光标，直接在文本框中输入段落文本，如图 9-2 所示。

图 9-2 段落文本框

小贴士：

调整文本框。段落文本只在文本框内显示，无论输入多少文字，文本框的大小都会保持不变，超出文本框容纳范围的文字都将被自动隐藏，此时文本框下方居中的控制点变为 ▼ 形状。要让隐藏的文字全部显示出来，可移动鼠标指针至隐藏按钮上，当光标变成上下剪头形状时，按下鼠标左键，并向下拖动鼠标，直到文字全部出现即可，如图 9-3 所示。

图 9-3 单击含有隐藏文本的手柄

### 9.1.3 转换文字方向

CorelDRAW X6 中输入的文本在默认状态下为横向排列。在编辑设计过程中，有时需要转换文字的排列方向，操作步骤如下：

使用"选择工具"选中需要转换的文本对象，保持文本对象的选中状态，在属性栏中单击"将文本更改为垂直方向"按钮 ▥，即可将文本由水平方向转换为垂直方向或由垂直方向转换为水平方面，如图 9-4 所示。

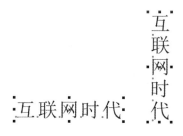

图 9-4 将文字由水平方向转换为垂直方向

### 9.1.4　贴入与导入外部文本

在 CorelDRAW X6 中加入其他文字处理程序（Word、PS）中的文字时，采用贴入或导入的方式来完成。

**1. 贴入文本**

（1）在其他文字处理程序中选取需要的文字，（如图 9-5 所示），选择快捷键"Ctrl+C"将文本进行复制。

（2）在 CorelDRAW X6 中，使用"文本工具"（快捷键 F8）在绘图页面上按住鼠标左键并拖动鼠标，创建一个段落文本框，然后按下快捷键"Ctrl+V"进行粘贴，此时将弹出如图 9-6 所示的"导入/粘贴文本"对话框。

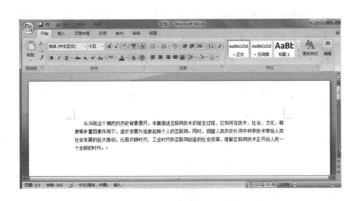

图 9-5　选择需要要贴入的文本

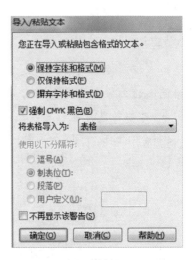

图 9-6　"导入/粘贴文本"对话框

（3）用户可以根据实际需要，选择其中的"保持字体和格式"、"仅保持格式"或"摒弃字体和格式"单选项，然后单击"确定"按钮，如图 9-7 所示。

"导入/粘贴文本"对话框中各选项的功能如下。

保持字体和格式：保持字体和格式可以确保导入和粘贴的文本保留其原来的字体类型，并保留项目符号、栏、粗体与斜体等格式信息。

仅保持格式：只保留项目符号、栏、粗体与斜体等格式信息。

摒弃字体和格式：导入或粘贴的文本将采用选定文本对象的属性，如果未选定对象，则采用默认的字体与格式属性。

将表格导入为：在其下拉列表中可以选择导入表格的方式，包括"表格"和"文本"。选择"文本"选项后，下方的"使用以下分隔符"选项将被激活，在其中可以选择使用分隔符的类型。

图 9-7　粘入文本

不再显示该警告：选取该复选框后，执行粘贴命令时将不会出现该对话框，软件将按默认设置对文本进行粘贴。

**2. 导入文本**

从 Word 办公软件中选取所要导入的内容和图片（如图 9-8 所示），点击菜单栏"编辑/选择性粘贴"（如图 9-9、9-10 所示）。在 Word 中已经编辑好的图片文本会整体不动地复制到文本中，如图 9-11 所示。如果还需要继续编辑也可以双击已经粘贴进来的文件，在文件上会弹出"Word"的编辑工具（如图 9-12 示）。编辑完毕后点击文本外部空白处就会自动回到 CorelDRAW X6 的编辑界面。

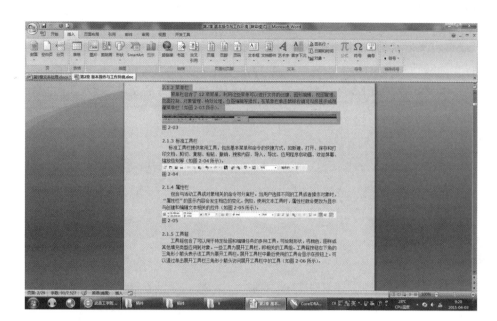

图 9 - 8

图 9 - 9

图 9 - 10

### 2.1.2 菜单栏

菜单栏包含了 12 项菜单，利用这些菜单可以进行文件的创建、图形编辑、视图管理、页面控制、对象管理、特效处理、位图编辑等操作，在菜单栏单击鼠标右键可选择显示或隐藏菜单栏（如图 2-03 所示）。

图 9 - 11

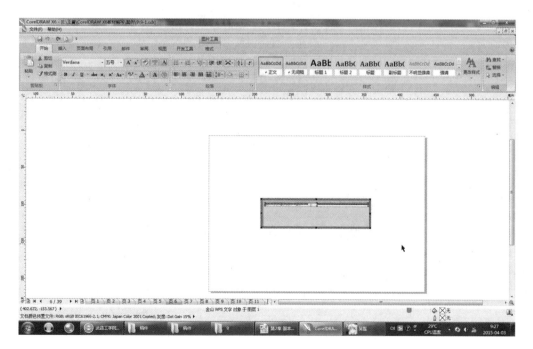

图 9 - 12

### 9.1.5　在图形内输入文本

在 CorelDRAW X6 中,还可将文本输入到自定义的图形对象中,其操作步骤如下。

(1)绘制一个几何图形或自定义形状的封闭图形。

(2)选择"文本工具",将光标移动到对象的轮廓线上,当光标变为 I▥ 形状时单击鼠标左键(如图9-13所示),此时在图形内将出现段落文本框,如图9-14所示。在文本框中输入所需的文字即可,如图9-15所示。

图9-13　光标状态　　　　　图9-14　出现的段落文本框　　　　　图9-15　在图形内输入的文字

## 9.2　选择文本

对文本对象进行编辑时,首先对文本进行选择,用户可选择绘图窗口中的全部文本、单个文本或部分文本。

### 9.2.1　选择全部文本

使用"选择工具"单击文本对象,则文本中的所有文字都将被选中,如图9-16所示。

按下 Shift 键的同时单击其他文本对象,这些文本对象都将被选中。若要取消其中一个文本对象的选择,则按下 Shift 键的同时再次单击该文本对象即可。

图9-16　选择全部文本

 小贴士:

执行"编辑/全选/文本"命令,可选择当前绘图窗口中所有的文本对象。使用"选择工具"在文本上双击,可以快速地从"选择工具"切换到"文本工具"。

### 9.2.2　选择部分文本

如果需要对一个文本对象中的部分文字进行编辑,必须先选择这部分文字后再进行编辑,操作步骤如下:

选择"文本工具",在需要选取的部分文字中,按照排列的前后顺序,在位于第一个位置的字符前按下鼠标左键并向后拖动鼠标,直到选择最后一个字符为止,松开鼠标后即可选择这部分文字,如图9-17所示。

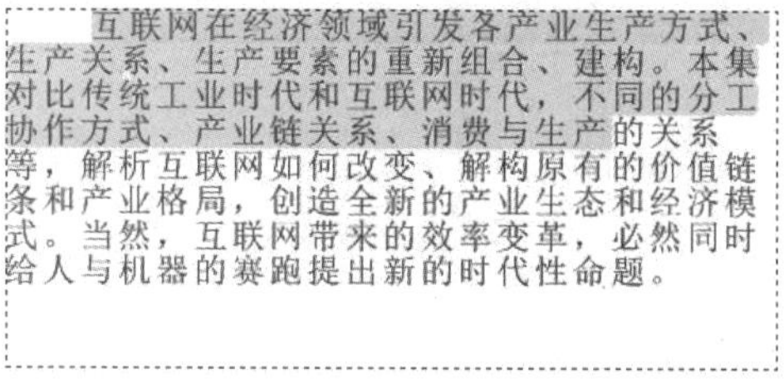

互联网在经济领域引发各产业生产方式、生产关系、生产要素的重新组合、建构。本集对比传统工业时代和互联网时代，不同的分工协作方式、产业链关系、消费与生产的关系等，解析互联网如何改变、解构原有的价值链条和产业格局，创造全新的产业生态和经济模式。当然，互联网带来的效率变革，必然同时给人与机器的赛跑提出新的时代性命题。

图 9-17　选择部分文本

## 9.3　设置美术字文本和段落文本格式

在设计中，通过对文本的编辑，可以实现各种各样的版式效果，这就需要更改文本的属性，如文本的字体、字号、文本颜色、间距及字符效果等。

### 9.3.1　设置字体、字号和颜色

设置字体、字体大小和颜色是在编辑文本时进行的最基本操作，其设置方法如下。

(1)按下 Ctrl+I 快捷键导入一张图片，如图 9-18 所示。

(2)使用“文本工具”在图像上输入“新年快乐”，按“Enter”回车键在第二行输入“Merry Christmas”文本，按下快捷键(Ctrl+K)把文字分散成独立的两行文字，如图 9-19 所示。

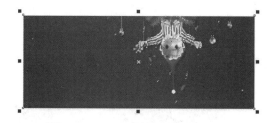

图 9-18　导入对象

圣诞快乐
Merry Christmas

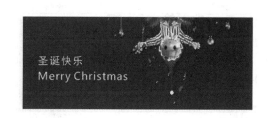

图 9-19　输入文本对象

(3)设置字体。使用“选择工具”分别选中上一步输入的文本对象，然后在属性栏的“字体列表”下拉菜单中为对象设置适当的字体，如图 9-20 和图 9-21 所示。

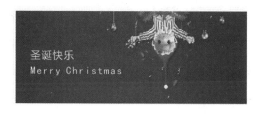

圣诞快乐
Merry Christmas

图 9-20　设置为微软雅黑字体

圣诞快乐

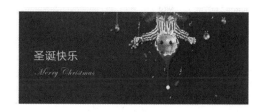

图 9-21　设置为 Edwardian Script ITC 字体

(4)设置字体大小。使文本处于选中状态，在属性栏的设置字体的下拉列表中为对象设置字体大小，如图 9-22 所示。

(5)设置文字颜色。选中文本“圣诞快乐”，按下 F11 键，打开“渐变填充”对话框，然后按照图 9-23 所示进行设置，填充效果如图 9-24 所示。

圣诞快乐
Merry Christmas

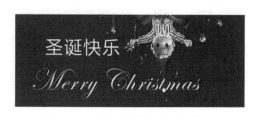

图 9-22　设置字体大小后的效果

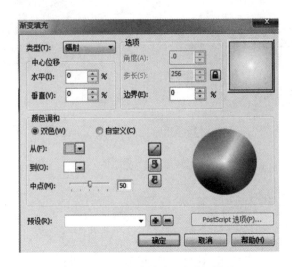

图 9-23 "渐变填充"对话框设置

图 9-24 填充效果

(6)选中文本"Merry Christmas",按下 Fll 键,打开"渐变填充"对话框,然后按照图 9-25 所示,为其应用辐射渐变填充,填充效果如图 9-26 所示。

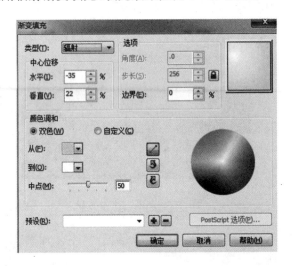

图 9-25 "渐变填充"对话框设置

图 9-26 填充效果

 小贴士:

与填充图形对象一样,除了可以为文本填充渐变色外,还可以为文本填充均匀色和各种图样、底纹等(如图 9-27 所示)。

位图图样填充　　　　　　底纹填充　　　　　PostScript 底纹填充

图 9-27 文字的不同填充效果

 小贴士:

选择文本对象后,用户也可以单击属性栏中的"字符属性"按钮 Ⓐ,可以在开启的"文本属性"泊坞窗的"字符"选项中,对文字的字体和字体大小等属性进行设置(如图 9-28 所示)。

### 9.3.2　设置文本的对齐方式

"文本属性"泊坞窗的"段落"选项,可以设置段落文本在水平和垂直方向上的对齐方式,如左对齐、右对齐、居中和两端调整。

(1)选取一个段落文本,执行"文本/文本属性"命令,打开"文本属性"泊坞窗,在该泊坞窗中展开"段落"选项(如图 9-29 所示)。

(2)单击"段落"选项中第一排对应的对齐按钮,可选择文本在水平方向上与段落文本框对齐的方式(如图9-30所示),分别选择"居中"、"右对齐"、"两端调整"选项后,段落文本的对齐效果(如图 9-31 所示)。

图 9-28　字符属性

图 9-29　段落选项

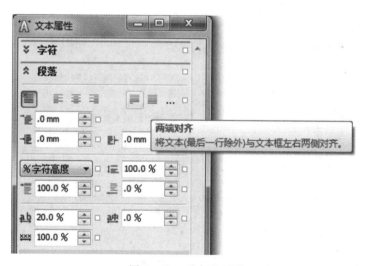

图 9-30　对齐选项图

互联网在经济领域引发各产业生产方式、生产关系、生产要素的重新组合、建构。本集对比传统工业时代和互联网时代,不同的分工协作方式、产业链关系、消费与生产的关系等,解析互联网如何改变、解构原有的价值链条和产业格局,创造全新的产业生态和经济模式。当然,互联网带来的效率变革,必然同时给人与机器的赛跑提出新的时代性命题。

互联网在经济领域引发各产业生产方式、生产关系、生产要素的重新组合、建构。本集对比传统工业时代和互联网时代,不同的分工协作方式、产业链关系、消费与生产的关系等,解析互联网如何改变、解构原有的价值链条和产业格局,创造全新的产业生态和经济模式。当然,互联网带来的效率变革,必然同时给人与机器的赛跑提出新的时代性命题。

互联网在经济领域引发各产业生产方式、生产关系、生产要素的重新组合、建构。本集对比传统工业时代和互联网时代,不同的分工协作方式、产业链关系、消费与生产的关系等,解析互联网如何改变、解构原有的价值链条和产业格局,创造全新的产业生态和经济模式。当然,互联网带来的效率变革,必然同时给人与机器的赛跑提出新的时代性命题。

图 9-31　对齐选项为居中、右对齐和全部调整的效果

（3）单击"图文框"选项中的"垂直对齐"下拉按钮，在展开的下拉列表中，可选择文本在垂直方向上与段落文本框的对齐方式（如图9-32所示），分别选择"居中垂直对齐"、"上下垂直对齐"选项后，段落文本的对齐效果如图9-33所示。

图9-32　垂直对齐选项

图9-33　居中垂直对齐和上下垂直对齐效果

### 9.3.3　设置字符间距

在文字配合图形进行编辑的过程中，经常需要对文本间距进行调整，以达到构图上的平衡和视觉上的美观。在CorelDRAW X6中，调整文本间距的方法有使用"选择工具"调整和精确调整两种，下面分别进行介绍。

1. 使用"选择工具"调整文本间距

使用"选择工具"选择文本对象，在文本框的右下角会出现两个控制符号，拖曳指向右边控制符号，可调整文本的字间距；拖曳指向下边控制符号，则可调整文本的行间距（如图9-34所示）。

图9-34　调整文本间距

2. 精确调整文本间距

使用"选择工具"只能大致调整文本的间距，要对间距进行精确调整，可通过"文本属性"泊坞窗来完成，具体操作步骤如下。

（1）选取文本对象，执行"文本/文本属性"命令，弹出"文本属性"泊坞窗，展开"段落"选项，拖动滚动条，显示出字符和段落间距选项（如图9-35所示）。

（2）在"行距"百分比数值框中，输入所需的行距值（200），按下Enter键，即可调整段落中文本的行间距。在"字符间距"百分比数值框中，输入所需的字间距值（100），按下Enter键，即可调整文本的字间距（如图9-36所示）。

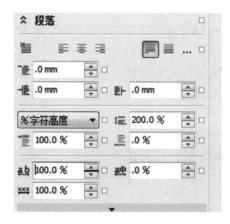

图 9-35　文本属性泊坞窗设置　　　　　　　　　　图 9-36　精确调整字行间距

### 9.3.4　移动和旋转字符

使用"文本工具"将文字光标插入到文本中,并选择需要调整的文字内容,然后展开"文本属性"泊坞窗中"字符"选项的扩展选项,在其中即可对文字旋转的角度及文字在水平或垂直方向上位移的距离进行设置(如图 9-37 所示)。

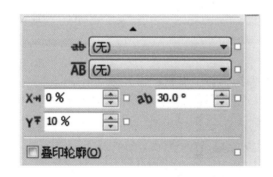

图 9-37　设置字距效果及效果

字符角度:用于设置字符旋转的角度。

字符水平位移:用于设置字符在水平方向上位移的距离。

字符垂直位移:用于设置字符在垂直方向上位移的距离。

使用"形状工具"移动字符的位置:

(1)使用"形状工具"单击文本对象,使其处于选取状态。

(2)单击需要调整的字符前的节点,此时该节点由空心变为实心状态,按下鼠标左键拖动该节点,即可移动该字符的位置(如图 9-38 所示)。

## DRAW　　D RAW

图 9-38　单独调整某个字符

　小贴士:

按下 Shift 键的同时,点选需要调整的部分字符节点,拖动鼠标可移动多个字符的位置。按下 Ctrl 键的同时拖动字符节点,可使字符在水平方向上移动。

### 9.3.5　设置字符效果

无论是美术字,还是段落文本,可以根据文字内容,为文字添加相应的字符效果,以达到区分、突出文字内容的目的。

与更改文本样式的方法相同,用户可通过"文本属性"泊坞窗来更改文本属性。

执行"文本/文本属性"命令(Ctrl+T),打开"文本属性"对话框,根据需要对文本属性进行设置(如图9-39所示)。

**1. 下划线**

用于为文本添加下划线的效果。在"下划线"选项的下拉列表中选择线型,用户可以选择6种预设的下划线样式。点选不同的样式选项,可以为所选文本应用对应的下划线效果,如图9-40所示。

图9-39　文本属性泊坞窗　　　　　图9-40　不同的下划线效果

**2. 删除线**

用于为文本添加删除线的效果。该下拉列表选项与添加删除线后的效果如图9-41所示。

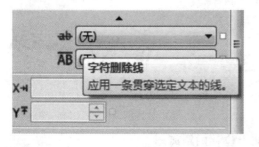

图9-41　删除线选项及其效果

**3. 上划线**

用于为文本添加上划线的效果。该下拉列表选项与添加上划线后的效果(如图9-42所示)。

图9-42　上划线选项及其效果

**4. 大写文本**

该选项用于编辑英文内容时设置大小写调整。在单击弹出的下拉列表中选择需要的选项,即可为所选的英文文本进行相应大小写设置。选择不同大写选项后的效果如图9-43所示。

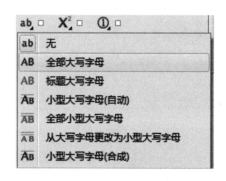

图 9-43　大写选项及其效果

5. 文本上下标

在输入一些数学或化学的公式,就需要设置字符的下标和上标,其效果如图 9-44 所示。

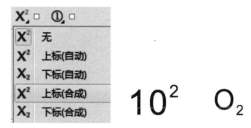

图 9-44　位置选项及其效果

## 9.4　设置段落文本的其他格式

为了活跃版面的形式,在 CorelDRAW X6 中编排段落文本时,可以对文本进行首字下沉、项目符号、段落缩进、对齐方式、文本栏及链接文本的设置。

### 9.4.1　设置缩进

文本的段落缩进,可以改变段落文本框与框内文本的距离。用户可以缩进整个段落,或从文本框的右侧或左侧缩进,还可以移除缩进格式,而不会删除文本或重新输入文本。设置文本段落缩进的操作方法如下。

选择段落文本后,执行"文本/文本属性"命令,打开"文本属性"泊坞窗,展开"段落"选项,显示出缩进选项设置(如图 9-45 所示)。在"首行"数值框中以输入 10 为例,然后按下 Enter 键,段落文本的首行缩进效果如图 9-46 所示。

首行缩进:缩进段落文本的首行。

左行缩进:创建悬挂式缩进,缩进除首行之外的所有行。

右行缩进:在段落文本的右侧缩进。

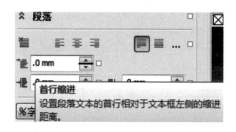

图 9-45　缩进选项　　　　　　　　图 9-46　段落文本的首行缩进效果

### 9.4.2　自动断字

断字功能用于当某个单词不能排入一行时,将该单词拆分。CorelDRAW X6 具有自动断字功能,当使用自动断字功能时,CorelDRAW X6 将预设断字定义与自定义的断字设置结合使用。

**1. 自动断字**

选择段落文本对象,然后执行"文本/使用断字"命令,即可在文本段落中自动断字,效果如图 9 - 47 所示。

**2. 断字设置**

除了使用自动断字功能外,用户还可以自定义断字设置。例如指定连字符前后的最小字母数及指定断字区,或者使用可选连字符指定当单词位于行尾时的断字位置,还可以为可选连字符创建定制定义,以指定在 CorelDRAW X6 中输入单词时,在特定单词中插入连字符的位置。

选中段落文本,执行"文本/断字设置"命令,在开启的"断字"对话框中选中"自动连接段落文本"复选框,当激活该对话框中的所有选项后,即可进行设置,(如图 9 - 48 所示)。

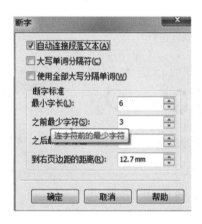

图 9 - 47　使用断字命令的效果　　　　图 9 - 48　断字对话框

大写单词分隔符:在大写单词中断字。

使用全部大写分隔单词:断开包含所有大写字母的单词。

最小字长:设置自动断字的最短单词长度。

之前最少字符:设置要在前面开始断字的最小字符数。

之后最少字符:设置要在后面开始断字的最小字符数。

到右页边距的距离:用于选择断字区。如果某个单词超出了右页边距所指定的范围,那么系统会将该单词移动到下一行。

**3. 插入可选连字符**

选择文本对象,并使用"文本工具"在单词中需要放置可选连字符的位置处单击,然后执行"文本/插入格式化代码/可选的连字符"命令,或者按下(Ctrl＋－)快捷键,即可插入可选连字符。在插入可选连字符后,如果单词在此处断开,就会在字母断开处添加一个"."连字符。

### 9.4.3　添加制表位

用户可以在段落文本中添加制表位,以设置段落文本的缩进量,同时可以调整制表位的对齐方式。在不需要使用制表位时,还可以将其移除。

选中段落文本对象,执行"文本/制表位"命令,开启如图 9 - 49 所示的"制表位设置"对话框,在其中即可自定义制表位。

要添加制表位,可在"制表位位置"对话框中单击"添加"按钮,然后在"制表位"列表中新添加的单元格中输入值,再单击"确定"按钮即可,(如图 9 - 50 所示)。

图 9-49　制表位设置对话框　　　　　　　　　　图 9-50　添加的制表位

要更改制表位的对齐方式,可单击"对齐"列表中的单元格,然后从列表框中选择对齐选项(如图9-51 所示)。

要设置带有后缀前导符的制表位,可单击"前导符"列中的单元格,然后从列表框中选择"开"选项即可(如图 9-52 所示)。

图 9-51　对齐列表框　　　　　　　　　　图 9-52　前导符列表框

要删除制表位,在单击选中需要删除的单元格后,单击"移除"按钮即可。

要更改默认前导符,可单击"前导符选项"按钮,开启如图 9-53 所示的"前导符设置"对话框,在"字符"下拉列表框中选取所需的字符,然后单击"确定"按钮即可。在"前导符设置"对话框的"间距"数值框中输入一个值,可更改默认前导符的间距。

图 9-53　前导符设置对话框

### 9.4.4　设置项目符号

在菜单中执行"文本/项目符号"命令,打开"项目符号"对话框,如图 9-54 所示。其为用户提供了丰富的项目符号样式,通过对项目符号进行设置,就可以在段落文本的句首添加各种项目符号(如图9-55

所示）。

　　显示/隐藏项目符号：选择该项可以激活下面的选项。

　　字体：下拉列表中选择项目符号的字体。

　　符号：下拉列表中选择系统提供的符号样式。

　　大小：数值框中输入适当的符号大小值。

　　基线位移：数值框中输入数值，设置项目符号相对于基线的偏移量。

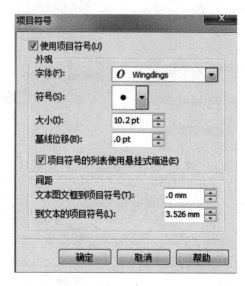

图 9-54　"项目符号"对话框

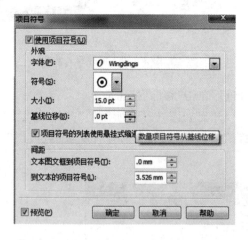

图 9-55　项目符号参数设置及效果

### 9.4.5　设置首字下沉

　　在段落中设置首字下沉可以放大句首字符，使版面更加活跃。设置首字下沉的具体操作步骤如下：使用"选择工具"选择已创建的段落文本，单击属性栏中的"显示/隐藏首字下层"按钮 ▤ 即可（如图 9-56 所示）。

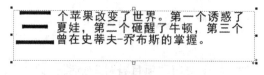

图 9-56　段落首字下沉效果

另通过"首字下沉"对话框,对首字下沉的字数和间距等参数进行设置,其操作方法如下。

(1)选择段落文本后,执行"文本/首字下沉"命令,开启"首字下沉"对话框,选中"使用首字下沉"复选框。

(2)在"下沉行数"数值框中输入需要下沉的字数量,在"首字下沉后的空格"数值框中输入一个数值,设置首字距后面文字的距离。设置好后,效果如图 9-57 所示。

(3)选中"首字下沉使用悬挂式缩进"复选框,效果如图 9-58 所示。

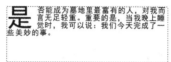

图 9-57　下沉参数设置及效果

图 9-58　悬挂缩进式首字下沉

### 9.4.6　设置分栏

文本栏是指按分栏的形式将段落文本分为两个或两个以上的文本栏,使文字在文本栏中进行排列。

(1)选择一个段落文本,执行"文本/栏"命令,弹出"栏设置"对话框,在"宽度"和"栏间宽度"列的数值上单击鼠标,在出现输入数值的光标后,可以修改当前文本栏的宽度和栏间宽度。其参数设置及修改后的效果如图 9-59 所示。

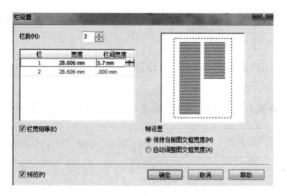

图 9-59　修改文本栏宽度和栏间距后的效果

(2)使用"文本工具"拖动段落文本框,可以改变栏和装订线的大小,也可以通过选择手柄的方式来进行调整(如图 9-60 所示)。

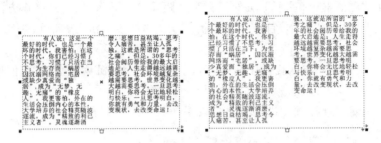

图 9-60　更改栏和装订线的大小

### 9.4.7　链接段落文本框

在 CorelDRAW X6 中,可以通过链接文本的方式,将一个段落文本分离成多个文本框链接。文本框链接可移动到同个页面的不同位置,也可以在不同页面中进行链接,它们之间始终是互相关联的。

1. 多个对象之间的链接

如果段落文本中的文字过多,超出了绘制的文本框所能容纳范围,文本框下方将出现 ▼ 标记,说明文字未被完全显示,此时可将隐藏的文字链接到其他的文本框中。此方法在进行文字量很大的排版工作中很有用,尤其是多页面排版的时候。

经过链接后的文本可以被联系在一起,当其中一个文本框中的内容增加的时候,多出文本框的内容将自动放置到下一个文本框中。如果其中一个文本框被删除,那么其中的文字内容将自动移动到与之链接的下一个文本框中。创建链接文本的具体操作方法如下。

(1)使用“选择工具”选择文本对象,移动光标至文本框下方的制点上,鼠标指针将变成 ↕ 形状,如图 9-61 所示。

(2)单击鼠标左键,光标变成 ▤ 形状后,在页面上的其他位置按下鼠标左键拖曳出一个段落文本框,此时被隐藏的部分文本将自动转移到新创建的链接文本框中,如图 9-62 所示。

(3)在新创建的链接文本框下方的控制点上单击,在下一个位置按下鼠标左键并拖动鼠标,可创建文本的下一个链接,如图 9-63 所示。

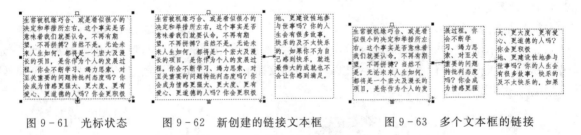

图 9-61　光标状态　　　　图 9-62　新创建的链接文本框　　　　图 9-63　多个文本框的链接

要调整链接文本框的大小,可通过以下的操作步骤来完成。

(1)选取其中一个链接文本框,单击属性栏中“对象大小”选项右边的“锁定比率”按钮,取消该按钮的激活状态,以将其设置为不成比例缩放。

(2)在“对象大小”数值框中,输入文本框的宽度和高度值,然后按下 Enter 键,即可调整文本框的大小(如图 9-64 所示)。

图 9-64　变换链接大小

(3)使用同样的方法调整其他链接文本框的大小,使它们具有相同的文本框大小,效果如图 9-65 所示。

图 9-65　相同的链接大小

用户还可以通过"对齐和分布"功能,将链接文本框按一定的方式对齐和分布,其操作方法与对齐和分布图形对象相似。图 9-66 所示为将文本垂直居中对齐和对齐页面中心的效果。另外,用户还可以对链接文本框进行群组和解组的操作。

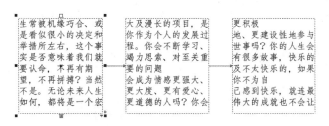

图 9-66　链接文本的对齐和分布效果

2. 文本与外形之间的链接

文本还可链接到绘制的图形对象中,具体操作方法如下。

(1)使用"选择工具"选择文本对象,移动光标至文本框下方的控制点上,光标变成↕形状。

(2)单击鼠标左键,光标变成▤形状,将光标移动到图形对象上时将成为➡形状,然后单击该对象,即可将文本链接到图形对象中(如图 9-67 所示)。

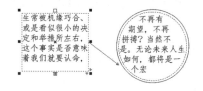

图 9-67　文本与图形之间的链接效果

3. 解除文本链接

要解除文本链接,可以在选取链接的文本对象后,按下 Delete 键删除即可。删除链接后,剩下的文本框仍然保持原来的状态(如图 9-68 所示)。

图 9-68　删除链接后

 小贴士:

删除文本链接后,链接文本框中的文字会自动转移到剩下的段落文本框中,调整文本框的大小后,即可使文字完全显示。

　　另外,在选取所有的链接对象后,可执行"文本/段落文本框/断开链接"命令,将链接段开。断开链接后,文本框之间是相互独立的。

## 9.5　书写工具

　　CorelDRAW X6 中的书写工具可以完成对文本的辅助处理,如帮助用户更正拼写和语法方面的错误、同义词和语言方面的识别,以及进行校正功能的设置等。此外书写工具还可以自动更正错误,并能帮助改进书写样式。

### 9.5.1　拼写检查

　　执行"文本/书写工具/拼写检查"命令,打开"书写工具"对话框(如图9-69所示)。

　　在"拼写检查器"标签中可以检查所选文本内容中拼错的单词、重复的单词及不规则的以大写字母开头的单词。

图9-69　执行拼写检查命令

　　替换为:显示系统字典中最接近所选单词的拼写建议。

　　替换:显示系统字典中最接近所选单词的所有拼写建议。

　　检查:在该选项下拉列表中可以选择所要检查的目标,包括"文档"和"选定的文本"。

　　自动替换:单击该按钮,自动替换有拼写错误的单词。

　　跳过一次:单击该按钮,可忽略所选单词中的拼写错误。

　　全部跳过:单击该按钮,可以忽略所有单词中的拼写错误。

　　撤销:单击该按钮,撤销上一步操作。

　　关闭:完成拼写检查后,单击该按钮,关闭"书写工具"对话框。

### 9.5.2　语法检查

　　"语法检查"命令可以检查整个文档或文档的某一部分语法、拼写及样式错误。

　　执行"文本/书写工具/语法检查"命令,开启"书写工具"对话框,使用建议的新句子替换有语法错误的句子,然后单击"替换"按钮,在弹出的"语法"对话框中单击"是"按钮,即可完成替换,效果如图9-70所示。

图9-70　替换句子的效果

### 9.5.3 同义词

同义词允许用户查找的选项有多种,如同义词、反义词和相关单词等。执行"文本/书写工具/同义词"命令,开启如图9-71所示的"同义词"标签。

执行"同义词"命令,会在文档中替换及插入单词,用"同义词"建议的单词替换文档中的单词时,"插入"按钮会变为"替换"按钮。

图9-71 同义词标签

### 9.5.4 快速更正

"快速更正"命令可自动更正拼错的单词和大写错误,使用该命令的具体操作方法如下。

执行"文本/书写工具/快速更正"命令,开启"选项"对话框中的"快速更正"选项设置,如图9-72所示。选取需要更正的选项,然后单击"确定"按钮,更正后的文本对象效果如图9-73所示。

图9-72 选项对话框中的快速更正面板

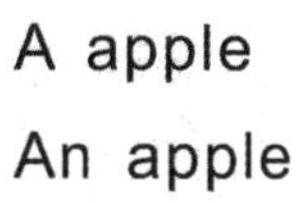

A apple

An apple

图9-73 文本对象更正效果

### 9.5.5 语言标记

当用户在应用拼写检查器、语法检查或同义词功能时,CorelDRAW X6将根据指定给它们的语言来检查单词、短语和句子,这样可以防止外文单词被标记为拼错的单词。

执行"文本/书写工具/语言"命令,即可开启如图9-74所示的"文本语言"对话框,用户可以为选定的文本进行标记。

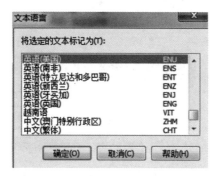

图9-74 所示的文本语言对话框

### 9.5.6 拼写设置

执行"文本/书写工具/设置"命令，即可开启如图 9-75 所示的"选项"对话框，用户可以在"拼写"选项中进行拼写校正方面的相关设置。

执行自动拼写检查：可以在输入文本的同步进行拼写检查。

错误的显示：可以设置显示错误的范围。

显示：可以设置显示 1～10 个错误的建议拼写。

将更正添加到快速更正：可以将对错误的更正添加到快速更正中，方便对同样的错误进行替换。

显示被忽略的错误：可以显示在文本的输入过程中被忽略的拼写错误等。

图 9-75   选项对话框的拼写面板

## 9.6   查找和替换文本

通过"查找和替换"命令，可以查找当前文件中指定的文本内容，同时还可以将查找到的文本内容替换为另一指定的内容。

### 9.6.1 查找文本

当需要查找当前文件中的单个文本对象时，可以执行"查找文本"命令来查找指定的文本内容，其具体操作方法如下。

执行"编辑/查找并替换/查找文本"命令，弹出"查找下一个"对话框，在"查找"文本框中输入需要查找的文本内容，然后单击"查找下一个"按钮，即可在选定的文本对象中查找到相关的内容（如图 9-76 所示）。

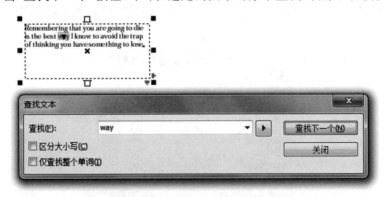

图 9-76   查找下一个对话框及查找完成效果

### 9.6.2　替换文本

当用户在编辑文本时出现了错误，可以使用"替换文本"命令对错误的文本内容进行替换，而不用对其进行逐一更改。替换文本的具体操作方法如下。

执行"编辑/查找并替换/替换文本"命令，在弹出的"替换文本"对话框中，分别设置查找和替换的文本内容（如图 9－77 所示）。设置完成后单击"全部替换"按钮，即可将当前文件中查找到的文字全部替换为指定的内容，如图 9－78 所示。

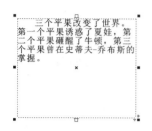
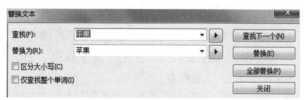
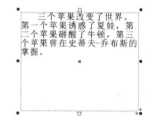

图 9－77　设置查找和替换的文本　　　　　　　　　　　　　　　图 9－78　替换效果

## 9.7　编辑和转换文本

在处理文字的过程中，除了可以直接在绘图窗口中设置文字属性外，还可以通过编辑文本对话框来完成。在编辑文本时，可以根据版面需要，将美术文本转换为段落文本，以方便编排文字，或者为了在文字中应用各类填充或特殊效果，而将段落文本转换为美术文本。用户也可以将文本转换为曲线，以方便对字形进行编辑。

### 9.7.1　编辑文本

选择文本对象后，执行"文本/编辑文本"（快捷键 Ctrl＋Shift＋T）命令，即可在开启的"编辑文本"对话框中更改文本的内容，设置文字的字体、字号、字符效果、对齐方式，更改英文大小写及导入外部文本等，图 9－79 所示是设置文本的效果。

图 9－79　编辑文本对话框的设置效果

### 9.7.2　美术文本与段落文本的转换

美术字与段落文本之间为什么需要转换呢？原因很简单，美术字和段落文本的属性有区别，有的效果美术字能够制作出来，而用段落文本却制作不出来。输入的美术文本与段落文本之间可以相互转换。要将美术文本转换为段落文本，选中文本后，在文本上单击鼠标右键，从弹出的命令菜单中选择"转换为段落文本"命令（快捷键 Ctrl＋F8）即可（如图 9－80 所示）。

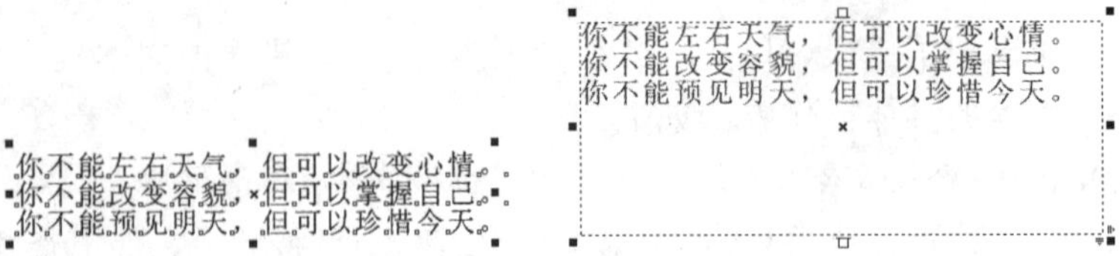
你不能左右天气，但可以改变心情。
你不能改变容貌，但可以掌握自己。
你不能预见明天，但可以珍惜今天。
你不能左右天气，但可以改变心情。
你不能改变容貌，但可以掌握自己。
你不能预见明天，但可以珍惜今天。

图 9－80　将美术文本转换为段落文本

### 9.7.3　文本转换为曲线

在实际创作中，系统提供的字体会有局限性；在这种情况下，设计师往往会在输入文字的字体基础上，对文字进行进一步的创意性编辑。在 CorelDRAW X6 中将文字转换为曲线后，转换为曲线后的文字，属于曲线图形对象，也就不具备文本的各种属性，即使在其他计算机上打开该文件时，也不会因为缺少字体而受到影响，因为它已经被定义为图形而存在。

将文本转换为曲线的方法很简单，只需选择文本对象后，执行“排列/转换为曲线”命令（快捷键 Ctrl＋Q）即可。图 9－81 所示即将文本转换为曲线并进行形状上的编辑后所制作的特殊字形效果。

Chenjing

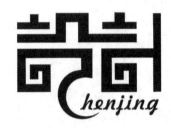

图 9－81　编辑文字外形后的效果

## 9.8　图文混排

通常在排版设计中，都少不了同时对图形图像和文字进行编排。怎样通过排版处理，在有限范围内能使图形图像与文字达到规整、有序的排版效果，是专业排版人员必须掌握的技能。下面为读者介绍在 CorelDRAW X6 中进行图文混排的几种常用方法。

### 9.8.1　沿路径排列文本

为了使文字与图案造形更紧密地结合到一起，通常会应用将文本沿路径排列的设计方式。

使文字沿路径排列，可以通过以下的操作方法来完成。使用“贝塞尔工具”绘制一条曲线路径，输入文本，（如图 9－82 所示）执行“文本/使文本适合路径”命令，当鼠标变成I图标时，将鼠标放置路径上面，然后用户就可以看到文字已经变为绕路径走向了，如图 9－83 所示。

爱护环境，从我做起！

图 9－82　绘制曲线和输入文本

爱护环境，从我做起！

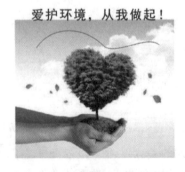

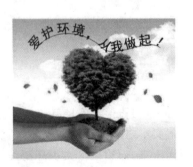

图 9－83　文字绕路径走向

在文字绕路径之后,路径会影响图形的效果,因此要将路径隐藏,路径隐藏的方法为:单击"轮廓工具"右边的小三角,在"轮廓展开工具栏"中选择"无轮廓"工具按键即可(如图 9-84 所示)。

如果想要让路径与文本分离,执行"排列/拆分在/路径上的文本"命令,可以将文字与路径分离。分离后的文字仍然保持之前的状态。

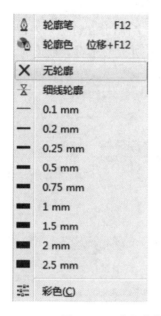

图 9-84　路径隐藏

选择沿路径排列的文字与路径,可以在如图 9-85 所示的属性栏中修改其属性,以改变文字沿路径排列的方式。

图 9-85　路径文本属性栏

文字方向:在下拉列表中,可以选择文本在路径上排列的方向。图 9-86 所示是选择不同方向后的排列效果。

与路径距离:在文本框中,可以设置文本沿路径排列后两者之间的距离,如图 9-87 所示。

偏移:在文本框中,可以设置文本起始点的偏移量,如图 9-88 所示。

水平镜像:可以使文本在曲线路径上水平镜像,如图 9-89 所示。

垂直镜像:可以使文本在曲线路径上垂直镜像,如图 9-90 所示。

图 9-86　文本按不同的方向排列　　　　图 9-87　文本与路径的距离　　　　图 9-88　文本起始点的偏移

图 9-89　水平镜像文本　　　　图 9-90　垂直镜像文本

### 9.8.2　插入特殊字符

执行"插入符号字符"命令,可以添加作为文本对象的特殊符号或作为图形对象的特殊字符,下面分别介绍它们的操作方法。

#### 1. 添加作为文本对象的特殊字符

选择"文本工具",将光标插入到文本对象中需要添加符号的位置,接着执行"文本/插入符号字符"命令,开启"插入字符"泊坞窗。从"字体"列表框中为符号选择字体,并在符号列表框中选择所需的符号;然后单击"插入"按钮或者双击选中符号,即可在当前位置插入所选的字符。插入符号对象的效果如图 9-91 所示。

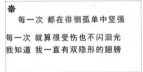

图 9-91　插入符号

#### 2. 添加作为图形对象的特殊字符

执行"文本/插入符号字符"命令,开启"插入字符"泊坞窗,从中选择所需的符号并设置字符大小;然后单击"插入"按钮或者双击选取的符号,即可插入作为图形对象的特殊字符(如图 9-92 所示)。

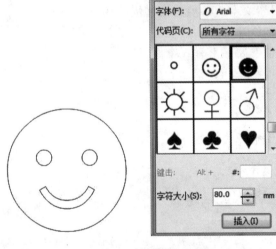

图 9-92　插入选定字符

### 9.8.3　段落文本环绕图形

文本沿图形排列,是指在图形外部沿着图形的外框形状进行文本的排列。要使文本绕图排列,可通过以下的操作步骤来完成。

(1)在绘图窗口中输入用于排列的段落文本,然后按下 Ctrl+1 键,在绘图窗口中导入一幅图像(如图 9-93 所示)。

图 9-93　输入段落文本及导入的图像

(2)使用"选择工具"将图像移动到文本框上并调整好合适的大小后,在图像上单击鼠标右键,从弹出的命令选项中选择"段落文本换行"命令,文字的排列效果如图 9-94 所示。

(3)保持图像的选取状态,单击属性栏中的"文本换行"按钮,弹出如图 9-95 所示的下拉列表,在其中可以对换行属性进行设置。图 9-96 所示为分别选择"文本从左向右排列"、"文本从右向左排列"和"上/下"选项后的排列效果。

图 9-94　文本绕图像排列的效果　　　　　　　　图 9-95　段落文本换行下拉列表

图 9-96　文本从左向右排列、文本从右向左排列和上/下排列效果

案例演示

名片设计制作,如图 9-97 所示。

图 9-97

操作步骤如下:

(1)打开 CorelDRAW X6"创建新文档"对话框,设置文件名称为"名片设计",设置页面大小 90mm× 55mm,如图 9-98 所示。

图 9-98

(2)为页面设置辅助线。垂直辅助线的设置为"5mm 和 85mm",水平辅助线的设置为"5mm 和 45mm"(如图 9-99 所示)。

(3)将企业标志复制粘贴到当前页面中,并选择"移动工具"放置到合适的位置(如图 9-100 所示)。

(4)制作名片底纹。将企业标志复制一个,进行等比例放大,颜色填充为浅灰色。用鼠标右键将浅灰色标志拖动到页面中,松开鼠标选择"图框精确裁剪内部",点击鼠标右键选择"编辑 power clip",将浅灰色标志放置到合适的位置后,再次点击鼠标右键选择"结束编辑"(如图 9-101 所示)。

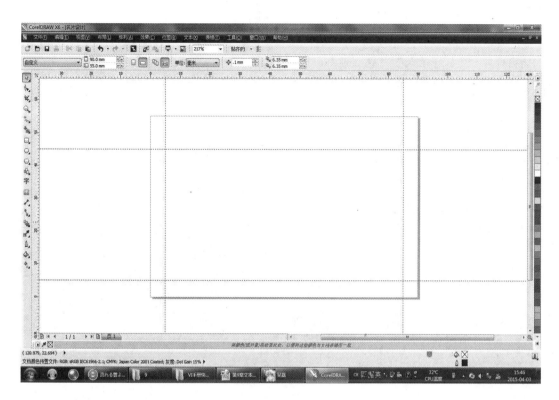

图 9 - 99

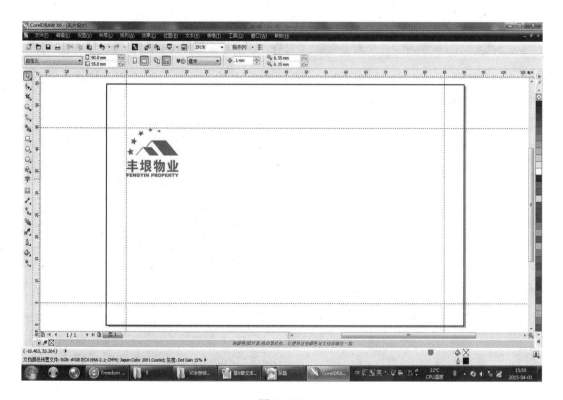

图 9 - 100

　　(5)选择文本工具。在页面适当的位置单击鼠标左键，输入文本。选择"文本/文本属性"为文字设置
"字下加双细线"(如图 9 - 102)。

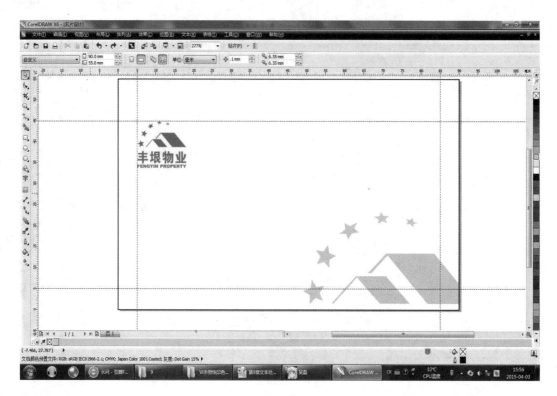

图 9 - 101

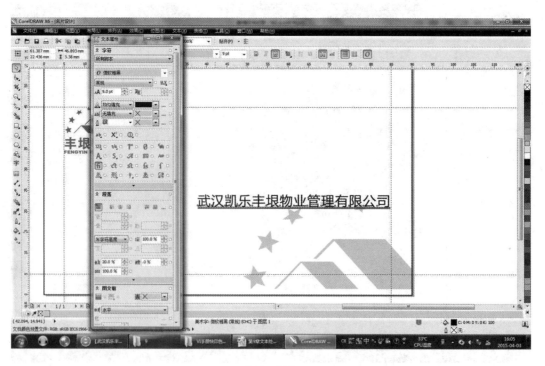

图 9 - 102

　　(6)选择文本工具,绘制一个 47mm×13mm 的文本框。在页面中输入名片持有人的相关信息,在属性栏对文字字体和字号进行设置。名片绘制完成如图 9 - 103 所示。

图 9-103

**本章思考与练习**

1. 运用文本工具和形状工具进行调节,绘制出如图 9-104 所示的艺术文字。

2. 制作一张具有个性的个人名片。

3. 运用椭圆工具创建文本框,文本工具创建段落文本,导入素材对其进行文本绕排处理,绘制出如图 9-105 所示的杂志内页设计。

图 9-104 所示的花纹文字

图 9-105 杂志内页设计

# 第10章　表　　格

**学习要点及目标**

1. 掌握表格创建的使用方法。
2. 掌握文本表格互转的使用方法。
3. 掌握表格设置的使用方法。
4. 掌握表格操作的使用方法。

**核心概念**

1. 创建表格。
2. 文本表格互转。
3. 表格设置。

## 10.1　创建表格

### 10.1.1　表格工具创建

单击工具箱中的"表格工具"▦，当光标变成 ⊞，在绘图区域按住鼠标左键拖曳，即可创建表格（如图 10-1所示）。创建表格后，可以在属性栏中修改表格的行数和列数，还可以将单元格进行合并、拆分等。在绘制过程中按住 Ctrl 键，可绘制出长宽相等的表格（如图 10-2 所示）。

图 10-1

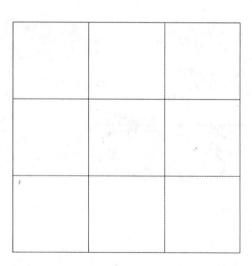

图 10-2

### 10.1.2　菜单命令创建

执行"表格/创建新表格"菜单命令，弹出"创建新表格"对话框，在对话框中可以对将要创建的表格进行"行数"、"栏数"、"高度"、"宽度"的设置,设置好后单击"确定"按钮即可创建表格(如图 10 - 3 所示)。

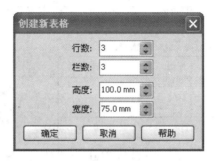

图 10 - 3

 小贴士:

　　还可以通过文本创建表格,单击工具箱中的"文本工具",输入段落文本(如图 10 - 4 所示)。执行"表格/将文本转换为表格"菜单命令,弹出"将文本转换为表格"的对话框(如图 10 - 5 所示);接着勾选"逗号",单击"确定"按钮,即可创建表格(如图 10 - 6 所示)。

姓名,部门,基本工资
张1,行政部,2000
李2,财务部,2500
王3,技术部,3000

| 姓名 | 部门 | 基本工资 |
|---|---|---|
| 张1 | 行政部 | 2000 |
| 李2 | 财务部 | 2500 |
| 王3 | 技术部 | 3000 |

图 10 - 4　　　　　　　　　　图 10 - 5　　　　　　　　　　图 10 - 6

## 10.2　文本表格互转

### 10.2.1　表格转换为文本

　　执行"表格/创建新表格"菜单命令,弹出"创建新表格"对话框,分别设置"行数"、"栏数"、"高度"、"宽度",单击"确定"按钮(如图 10 - 7 所示)。

图 10 - 7

　　在表格的单元格内输入文本(如图 10-8 所示),执行"表格/将表格转换为文本"菜单命令,弹出"将表格转换为文本"的对话框(如图 10-9 所示);接着勾选"用户定义"选项,再输入符号"@",最后单击"确定"按钮,转换后的效果如图 10-10 所示。

| 周一 | 周二 | 周三 | 周四 | 周五 | 周六 | 周日 |
|---|---|---|---|---|---|---|
| 26 | 27 | 28 | 29 | 30 | 31 | 1 |
| 2 | 3 | 4 | 5 | 6 | 7 | 8 |
| 9 | 10 | 11 | 12 | 13 | 14 | 15 |
| 16 | 17 | 18 | 19 | 20 | 21 | 22 |
| 23 | 24 | 25 | 26 | 27 | 28 | |

图 10-8

图 10-9

```
周一@周二@周三@周四@周五@周六@周日
26@27@28@29@30@31@1
2@3@4@5@6@7@8
9@10@11@12@13@14@15
16@17@18@19@20@21@22
23@24@25@26@27@28@
```

图 10-10

 小贴士:

　　用户在表格的单元格中输入文本,可以使用"表格工具"⊞单击该单元格,当单元格中显示文本插入光标时,即可输入文本(如图 10-11 所示);还可以使用"文本工具"**字**单击该单元格,当单元格显示文本插入光标和文本框时,即可输入文本(如图 10-12 所示)。

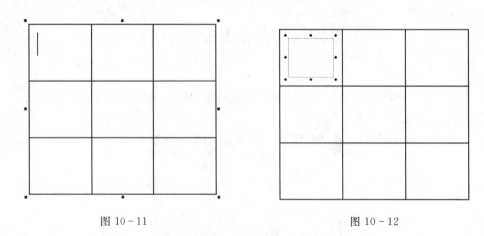

图 10-11　　　　　　　　　　　　　　图 10-12

## 10.2.2　文本转换为表格

　　选中前章节 10.2.1 中转换后的文本,执行"表格/将文本转换为表格"菜单命令,弹出"将文本转换为表格"的对话框(如图 10-13 所示);接着勾选"用户定义"选项,在空白处输入"@"符号;最后单击"确定"

按钮,文本再次转换为表格(如图 10－14 所示)。

图 10－13

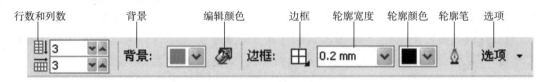

图 10－14

## 10.3　表格设置

### 10.3.1　表格属性设置

选择工具箱中的"表格工具" ，属性栏中会出现表格工具的属性栏(如图 10－15 所示)。

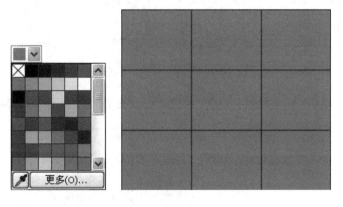

图 10－15

表格属性栏介绍如下。

行数和列数:设置表格的行数和列数。

背景:设置表格背景的填充颜色(如图 10－16 所示)。

图 10－16

编辑颜色:单击该按钮可以打开"均匀填充"对话框,更改当前填充颜色的属性(如图 10－17 所示)。

边框:用于调整显示在表格内部和外部的边框。单击该按钮,可以在下拉列表中选择所要调整的表格边框,默认为外部(如图 10－18 所示)。

轮廓宽度:单击该选项按钮,可以设置表格的轮廓宽度(如图 10－19 所示)。

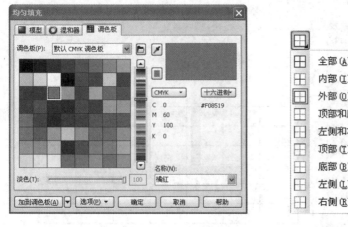

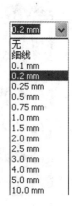

图 10 - 17　　　　　　　　　　　图 10 - 18　　　　　　　　图 10 - 19

轮廓颜色:单击该按钮,可以在打开的颜色挑选器中选择一种颜色作为表格的轮廓色。

轮廓笔:单击该按钮可以打开"轮廓笔"对话框,在该对话框中可以设置表格轮廓的各种属性。

小贴士:

为表格设置多种属性,具体操作如下:

单击工具箱中的"表格工具"🔲,在绘图页面绘制表格,并填充表格背景色。单击"边框"按钮⊞,在下拉列表中选择"全部",依此将轮廓宽度、轮廓颜色进行设置(如图 10 - 20 所示)。单击"轮廓笔"按钮,打开"轮廓笔"对话框(如图 10 - 21 所示),在"样式"选项列表中为表格的轮廓选择不同的线条样式。单击"确定"按钮,即可将该线条样式设置为表格轮廓的样式(如图 10 - 22 所示)。

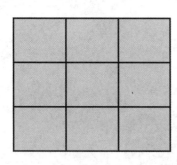

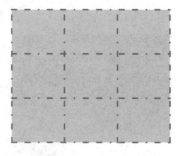

图 10 - 20　　　　　　　　　图 10 - 21　　　　　　　　图 10 - 22

选项:单击该按钮,可以在下拉列表中设置"在键入时自动调整单元格大小"或"单独的单元格边框"(如图 10 - 23 所示)。

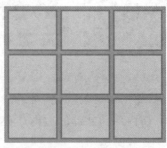

图 10 - 23

在键入时自动调整单元格大小:勾选该选项后,在单元格内输入文本时,单元格的大小会随输入的文字的多少而变化;若不勾选该选项,当文字输满单元格时,继续输入的文字会被隐藏。

单独的单元格边框:勾选该选项时,可以在数值框中输入数字,设置"水平单元格间距"和"垂直单元格间距",默认情况下是同步修改数值,激活"锁头"图标,可分别设置数值。

### 10.3.2 选择单元格

在处理表格的过程中,首先选择需要处理的表格、单元格、行或列,具体的选择方法如下。

#### 1. 选择单元格

使用"表格工具"在需要选择的单元格中单击,然后执行"表格/选择/单元格"命令(如图 10-24 所示),或按下 Ctrl+A 快捷键即可。此外,还可以通过"表格工具"选中表格,移动光标到要选择的单元格中,待光标变为加号形状时,单击鼠标左键即可选中该单元格(如图 10-25 所示)。如果拖拽光标可将光标经过的单元格进行连续选择(如图 10-26 所示)。

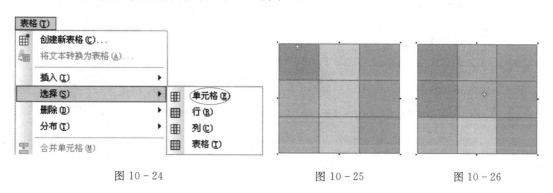

图 10-24　　　　图 10-25　　　　图 10-26

#### 2. 选择行

使用"表格工具"在需要选择的行中单击,然后执行"表格/选择/行"命令即可(如图 10-27 所示);也可以将表格工具光标移动到需要选择的行左侧的表格边框上,当光标变为状态时单击鼠标即可(如图 10-28 所示)。

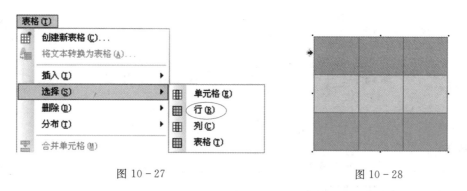

图 10-27　　　　图 10-28

#### 3. 选择列

使用"表格工具"在需要选择的列中单击,然后执行"表格/选择/列"命令即可(如图 10-29 所示);也可以将表格工具光标移动到需要选择的列上方的表格边框上,当光标变为状态时单击鼠标即可(如图 10-30 所示)。

#### 4. 选择表格

使用工具箱中的"表格工具",将光标插入到单元格中,然后执行"表格/选择/表格"命令(如图 10-31 所示),或者按下"Ctrl+A+A"快捷键即可。也可以将表格工具光标移动到表格的左上角,当光标变为状态时,单击鼠标即可选中表格中的所有内容(如图 10-32 所示)。

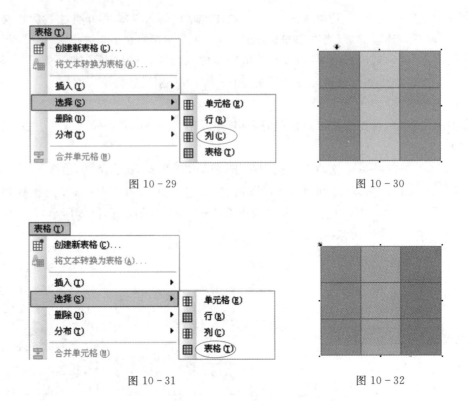

图 10 - 29　　　　　　　　　　　　图 10 - 30

图 10 - 31　　　　　　　　　　　　图 10 - 32

小贴士：

　　使用"表格工具" 选中表格,移动光标到要选择的单元格中,待光标变为加号形状 时,单击鼠标左键选中该单元格,然后按下 Ctrl 键可以增加或减少对其他单元格的选择。

### 10.3.3　单元格属性栏设置

　　选中单元格后,属性栏中会出现"表格工具"属性栏(如图 10 - 33 所示)。

水平拆分单元格
页边距　合并单元格　垂直拆分单元格
撤销合并

图 10 - 33

　　单元格属性栏参数介绍如下。

　　页边距:指定所选单元格内的文字到四个边(顶部、底部、左侧、右侧)的距离。单击该按钮,弹出设置面板(如图 10 - 34 所示),单击中间"锁定边距"按钮,解除锁定即可对其他三个选项进行不同的数值设置(如图 10 - 35 所示)。

图 10 - 34　　　　　　　　　　　图 10 - 35

合并单元格:选中要合并的单元格,单击该按钮可以将多个单元格合并为一个单元格,也可按 Ctrl＋ M 快捷键(如图 10－36 所示)。

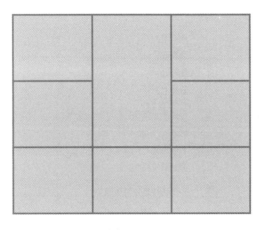

图 10－36

水平拆分单元格:选中要拆分的单元格,单击该按钮,弹出"拆分单元格"对话框,选择的单元格将按 照该对话框中设置的行数进行拆分(如图 10－37 所示),最终效果如图 10－38 所示。

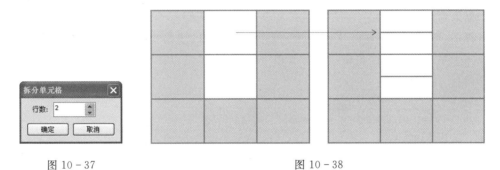

图 10－37        图 10－38

垂直拆分单元格:选中要拆分的单元格,单击该按钮,弹出"拆分单元格"对话框,选择的单元格将按 照该对话框中设置的栏数进行拆分(如图 10－39 所示),最终效果如图 10－40 所示。

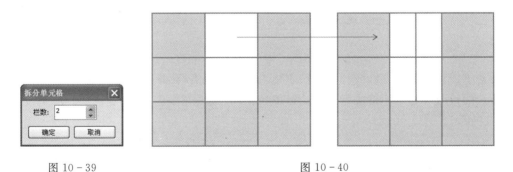

图 10－39        图 10－40

撤销合并:该按钮与"合并单元格"按钮配合使用,单击该按钮,可以将当前单元格还原到没有合并之 前的状态(只有选中执行过合并命令的单元格,该按钮才可用)。

小贴士:

选择一个或多个单元格,单击"表格"菜单命令,在菜单下的子命令中同样可以对表格执行"合并单元 格"、"拆分为行"、"拆分为列"以及"拆分单元格"的命令(如图 10－41 所示)。

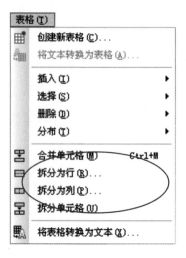

图 10-41

## 10.4  表格操作

### 10.4.1  插入命令

在绘图过程中，可以根据图形或文字编排的需要，在绘制的表格中插入行或列。具体操作：选中任意一个单元格或多个单元格，执行"表格/插入"菜单下的子命令，可以在单元格上、下、左、右插入行或列（如图 10-42 所示）。

图 10-42

行上方：选中任意一个单元格或行，执行"表格/插入/行上方"菜单命令，可以在所选单元格或行的上方插入行，插入的行与所选单元格或行所在的行属性相同，如填充颜色、轮廓宽度、高度、宽度等属性相同（如图 10-43 所示）。

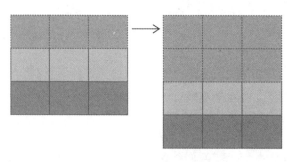

图 10-43

行下方：选中任意一个单元格或行，执行"表格/插入/行下方"菜单命令，可以在所选单元格或行的下方插入行，插入的行与所选单元格或行所在的行属性相同（如图 10 - 44 所示）。

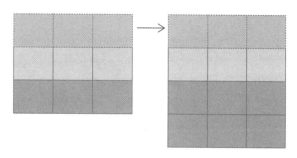

图 10 - 44

列左侧：选中任意一个单元格或列，执行"表格/插入/列左侧"菜单命令，可以在所选单元格或列的左侧插入列，插入的列与所选单元格或列所在的列属性相同（如图 10 - 45 所示）。

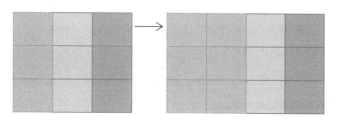

图 10 - 45

列右侧：选中任意一个单元格或列，执行"表格/插入/列右侧"菜单命令，可以在所选单元格或列的右侧插入列，插入的列与所选单元格或列所在的列属性相同（如图 10 - 46 所示）。

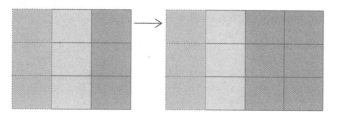

图 10 - 46

插入行：选中任意一个单元格或行，执行"表格/插入/插入行"菜单命令，弹出"插入行"对话框（如图10 - 47 所示）。接着设置相应的"行数"，再勾选"在选定行上方"或"在选定行下方"，最后单击"确定"按钮，即可插入行（如图 10 - 48 所示）。

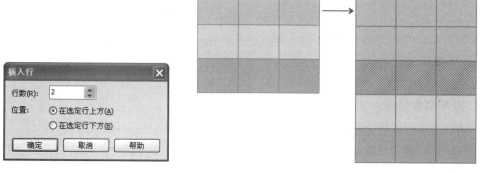

图 10 - 47　　　　　　　　　　　　　　　　图 10 - 48

插入列：选中任意一个单元格或列，执行"表格/插入/插入列"菜单命令，弹出"插入列"对话框（如图10-49所示）。接着设置相应的"栏数"，再勾选"在选定列左侧"或"在选定列右侧"，最后单击"确定"按钮，即可插入列（如图10-50所示）。

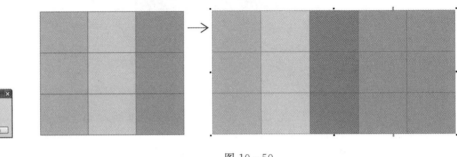

图 10-49　　　　　　　　　　　　　图 10-50

 小贴士：

选择单元格后，执行"表格/插入"菜单中的"行上方"、"行下方"、"行左侧"或"行右侧"命令时，插入的行数或列数由所选的行数或列数多少来决定。例如，选择2行单元格时，将会在表格中插入2行（如图10-51所示）。插入行或列的属性（如填充颜色、轮廓宽度等）与临近的行或列的属性相同。

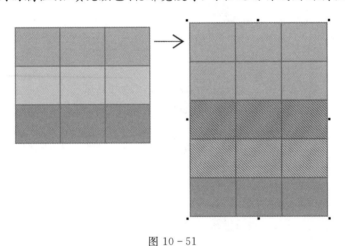

图 10-51

### 10.4.2　删除单元格

使用"表格工具"  将要删除的单元格选中，然后按 Delete 键，即可完成删除。也可以选中任意一个单元格或多个单元格，然后执行"表格/删除"菜单命令，在该命令的列表中执行"行"、"列"或"表格"子菜单命令（如图10-52所示），即可对选中单元格所在的行、列或表格进行删除。

图 10-52

### 10.4.3　移动边框位置

创建表格后，可以将表格中的行或列移动到该表格中的其他位置。具体操作：当使用"表格工具" 选中表格时，移动光标至表格边框处，待光标变为垂直箭头、水平箭头或倾斜箭头时，按住鼠标左键拖曳，可以改变该边框的位置（如图10-53～图10-55所示）。

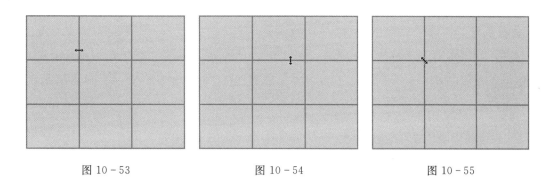

图 10 - 53　　　　　　图 10 - 54　　　　　　图 10 - 55

小贴士:

　　将行或列移动到其他表格中,可选中要移动的一行或一列单元格,按下 Ctrl＋X 快捷键进行剪切,然后在另一个表格中选择一行或一列单元格,按下 Ctrl＋V 快捷键进行粘贴,此时弹出"粘贴行"或"粘贴列"对话框(如图 10 - 56、图 10 - 57 所示)。选择好要插入的位置后,单击"确定"按钮即可。

　　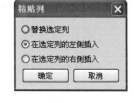

图 10 - 56　　　　　　图 10 - 57

### 10.4.4　分布命令

　　使用"表格工具" 选中表格中所有的单元格,然后执行"表格/分布/行均分"菜单命令(如图 10 - 58 所示),可将表格中所有分布不均的行调整为均匀分布(如图 10 - 59 所示);执行"表格/分布/列均分"菜单命令,可将表格中所有分布不均的列调整为均匀分布(如图 10 - 60 所示)。

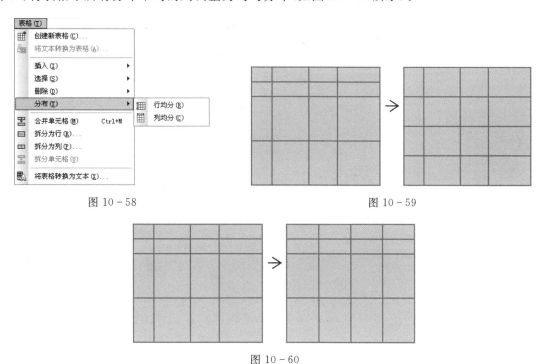

图 10 - 58　　　　　　　　　　图 10 - 59

图 10 - 60

### 10.4.5　填充表

#### 1. 填充单元格

使用"表格工具" 选中表格中的任意一个或多个单元格,然后在调色板上单击鼠标左键,即可为选中的单元格填充颜色(如图 10-61 所示)。也可以单击工具栏中的"填充工具" ,弹出填充颜色对话框(如图 10-62 所示)。选择相应对话框为所选中单元格填充"均匀填充、渐变填充、图样填充或底纹填充"等填充效果(如图 10-63 所示)。

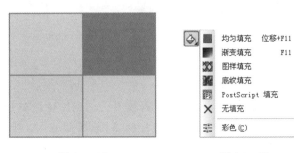

图 10-61　　　　　　　　图 10-62　　　　　　　　图 10-63

#### 2. 填充表格轮廓

使用"表格工具" 选中表格中的任意一个单元格或整个表格,通过设置属性栏"轮廓颜色"中的颜色进行表格轮廓颜色的填充。还可以使用"表格工具" 选中表格中的任意一个单元格或整个表格,然后在调色板中单击鼠标右键,同样可以为表格填充轮廓颜色(如图 10-64 所示)。

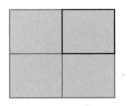

图 10-64

### 本章思考与练习

1. 按照书上创建表格的相关步骤制作如图 10-65 所示的挂历。
2. 按照书上创建表格的相关步骤为企业制作如图 10-66 所示的产品数据表格。

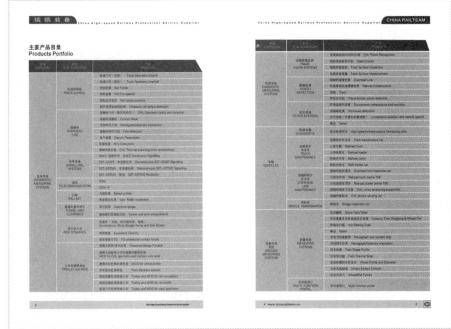

图 10-65　　　　　　　　　　　　　　图 10-66

# 第 11 章 特殊效果的编辑

**学习要点及目标**

1. 掌握调和效果的使用方法。
2. 掌握轮廓图效果的使用方法。
3. 掌握变形效果的使用方法。
4. 掌握透明效果的使用方法。
5. 掌握立体化效果的使用方法。
6. 掌握阴影效果的使用方法。
7. 掌握封套效果的使用方法。
8. 熟悉透视效果的使用方法。
9. 熟悉透镜效果的使用方法。
10. 熟悉斜角效果的使用方法。

**核心概念**

1. 调和效果。
2. 轮廓图效果。
3. 透明效果。
4. 立体化效果。
5. 阴影效果。
6. 透视效果。

CorelDRAW X6 拥有丰富的特殊效果编辑功能,这些特殊效果的应用可以创建出异彩纷呈的图形效果。交互式工具可以为对象添加调和、轮廓图、变形、透明、立体化、阴影、封套、透视、透镜、斜角效果。本章针对这些功能将做详细讲解。

## 11.1 调和效果

调和效果称为混合效果,是 CorelDRAW 中用途最广泛的工具之一,用于创建两个或多个对象之间的形状或颜色上的过渡,可以用来增强图形和艺术文字的效果。

### 11.1.1 创建调和效果

要在对象之间创建调和效果,可通过以下的操作步骤来完成。

1. 直线调和

在页面工作区使用"椭圆形工具" ⬡ 绘制大小不同的两个对象(如图 11-1 所示)。在工具箱中选择"调和工具" ⬚ ,将光标移动到起始对象,按住鼠标左键不放向终止对象进行拖拽,两个对象之间会出现起始控制柄和结束控制柄(如图 11-2 所示),鼠标松开后,即可在两个对象之间创连调和效果(如图 11-3所示)。

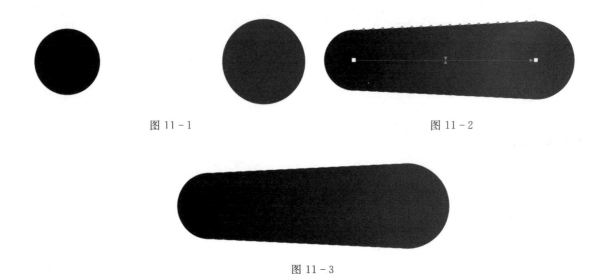

图 11 - 1                                         图 11 - 2

图 11 - 3

小贴士：

在使用调和工具时对象的形状、位置、大小会影响中间系列对象的形状变化,两个对象的颜色也决定中间系列对象的颜色渐变范围。

2. 曲线调和

在页面工作区绘制两个音乐符号(如图 11 - 4 所示)。在工具箱中选择"调和工具" ,将光标移动到起始对象上,按住 Alt 键不放;然后按住鼠标左键不放向终止对象拖拽出曲线路径,两个对象之间会出现起始控制柄和结束控制柄(如图 11 - 5 所示),鼠标松开后,即可在两个对象之间创连调和效果(如图 11 - 6所示)。

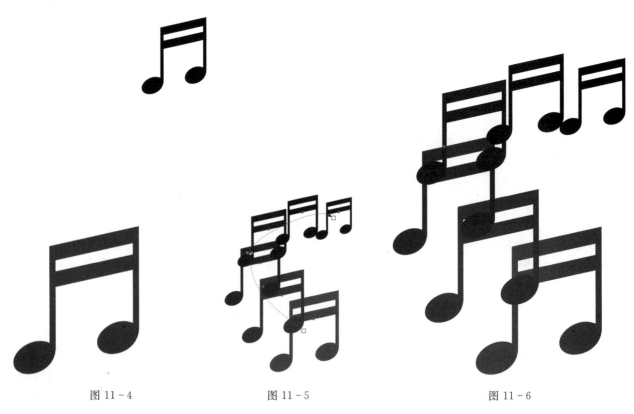

图 11 - 4                      图 11 - 5                           图 11 - 6

3．复合调和

　　绘制 3 个不同的几何对象，填充不同颜色（如图 11－7 所示）；然后单击"调和工具"，将光标移动到最外沿翅膀对象作为起始对象，按住鼠标左键不放向中间粉色翅膀对象拖拽直线调和（如图 11－8 所示）。

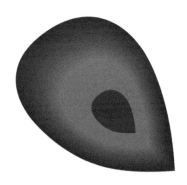

图 11－7　　　　　　　　　　　　　　　　　　图 11－8

　　在空白处单击取消直线路径的选择，然后选择中间粉色翅膀并按住鼠标左键向内边紫色翅膀对象拖拽，完成 3 个对象间的直线调和（如图 11－9 所示），最终效果如图 11－10 所示。如果需要创建曲线调和，可以按照曲线调和步骤，按住 Alt 键选中心形向圆形拖拽出曲线路径，松开鼠标创建曲线调和。

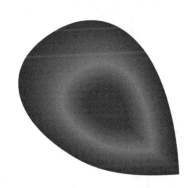

图 11－9　　　　　　　　　　　　　　　　　　图 11－10

 小贴士：

　　在属性栏"调和步长"的文本框里输入数值，可以按照用户设计需要调整数值。数值越大调和效果越细腻自然。

11.1.2　控制调和对象

　　在对象之间创建调和效果后，可以在属性栏中进行调和参数设置（如图 11－11 所示），也可以执行"效果/调和"菜单命令。

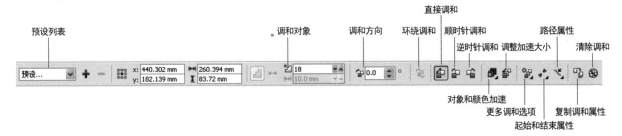

图 11－11

调和工具属性栏参数介绍如下。

预设列表：系统提供的预设调和样式，可以在该选项下拉列表中选择预设样式（如图 11－12 所示）。单击"添加预设"按钮 ✚ 可以将当前选中的调和对象另保存为预设；单击"删除预设"按钮 ━ 可以将不需要的调和样式删除。

调和对象：包含调和步长与调和间距设置。"调和步长" 🖿 用于设置调和效果中的调和步长数和形状之间的偏移距离。激活该图标，可以在后面"调和对象"文本框 🖿 18 中输入相应的步长数。"调和间距" 🖿 用于设置路径中调和步长对象之间的距离。激活该图标，可以在后面"调和对象"文本框 🖿 4.892 mm 中输入相应的步长数，"调和间距"只用于曲线路径。

图 11－12

调和方向 ⟳0.0 ° ：用于设置调和效果的角度。

环绕调和 🖿：按调和方向在对象之间产生环绕式的调和效果，该按钮只有在为调和对象设置了调和方向后才能使用。

直接调和 🖿：直接在所选对象的填充颜色之间进行颜色过渡（如图 11－13 所示）。

图 11－13

顺时针调和 🖿：使对象上的填充颜色按色谱中顺时针方向进行颜色过渡（如图 11－14 所示）。

图 11－14

逆时针调和 🖿：使对象上的填充颜色按色谱中逆时针方向进行颜色过渡（如图 11－15 所示）。

图 11－15

对象和颜色加速：单击该按钮，弹出"加速"选项，拖动"对象"和"颜色"滑块，可以调整形状和颜色上的加速效果（如图 11－16 所示）。激活"锁头"图标可以同时调整"对象"和"颜色"；解锁后可以分别调整"对象"和"颜色"。

图 11－16

调整加速大小 🖿：可以调整调和对象的大小改变速率。

更多调和选项：单击该图标，在弹出的下拉选项中进行"映射节点"、"拆分"、"熔合始端"、"熔合末端"、"沿全路径调和"、"旋转全部对象"操作（如图 11－17 所示）。

映射节点:将起始形状的节点映射到结束形状的节点上。

拆分:将选中的调和对象拆分为两个独立的调和对象。

熔合始端:熔合拆分或复合调和的始端对象。

熔合末端:熔合拆分或复合调和的末端对象。

沿全路径调和:沿整个路径进行调和,用于包含路径的调和对象。

旋转全部对象:沿曲线旋转所有对象,用于包含路径的调和对象。

起始和结束属性:用于重新设置调和效果的起始点和终止点。单击该图标,会弹出下拉选项(如图 11 - 18 所示)。

图 11 - 17　　　　　　　　图 11 - 18

具体操作如下:

(1)在绘图窗口绘制用于应用调和效果的图形,将其填充为所需的颜色并取消外部轮廓(如图 11 - 19 所示)。

图 11 - 19

(2)选择已调和对象后,单击属性栏中"起点和结束对象属性"按钮,在其下拉列表中选择"新终点"命令,此时光标变为◀状态,在绘制的多边形上单击鼠标左键,即可重新设置调和的末端对象(如图 11 - 20 所示)。

**注意:**在执行"新终点"命令时,新的终点图形必须调整到原调和效果中末端对象的上层。

图 11 - 20

(3)选择已调和对象后,单击属性栏中"起点和结束对象属性"按钮,在其下拉列表中选择"新起点"命令,此时光标变为▶状态,在绘制的水滴形上单击鼠标左键,即可重新设置调和的起始端对象(如图 11 - 21所示)。

**注意:**在执行"新起点"命令时,新的起点图形必须调整到原调和效果中起点对象的下层。

图 11 - 21

### 11.1.3　沿路径调和

创建调和效果后,可以通过应用"路径属性"功能,使调和对象按照指定的路径进行调和。

具体操作如下:

(1)使用"贝塞尔工具"绘制一条曲线(如图 11-22 所示)。

图 11-22

(2)选中调和对象,单击属性栏中的"路径属性"按钮，在其下拉列表中选择"新路径"选项(如图 11-23 所示)。

(3)当光标变为时,单击绘制的曲线(如图 11-24 所示)。

图 11-23　　　　　　　　　　　图 11-24

(4)执行"效果/调和"命令,弹出"混合"泊坞窗(如图 11-25 所示)。在该泊坞窗中勾选"沿全路径调和"复选框,将步长改为"13",单击"应用"按钮(如图 11-26 所示)。

图 11-25　　　　　　　　　　　图 11-26

(5)使用鼠标右键单击调色板上的区按钮,隐藏曲线,最终效果如图 11-27 所示。

图 11-27

### 11.1.4　复制调和属性

当绘图窗口中有两个或两个以上的调和对象时,使用"复制调和属性"功能,可以将其中一个调和对象中的属性复制到另一个调和对象中,得到具有相同属性的调和效果。

具体操作为:选中需要复制调和的对象(如图 11 - 28 所示),单击属性栏中的"复制调和属性"按钮，当光标变为➡时,单击另一个调和对象,即可将其调和属性复制到对象上(如图 11 - 29 所示)。

图 11 - 28

图 11 - 29

### 11.1.5　拆分调和对象

对象应用调和效果后,可以通过菜单命令将其分离为独立个体。选择调和对象后,执行"排列/拆分调和群组"命令或按下 Ctrl＋K 键拆分群组对象(如图 11 - 30 所示)。此外,在调和对象上单击鼠标右键,弹出的命令中选择"拆分调和群组"命令,也可以完成拆分调和对象的操作(如图 11 - 31 所示)。

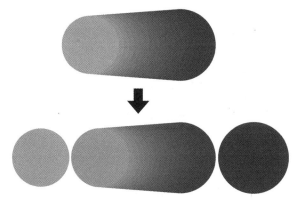
图 11 - 30

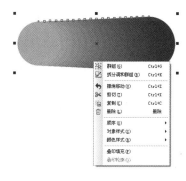
图 11 - 31

调和对象分离后,之前调和效果中的起端对象和末端对象都可以被单独选取,而位于两者之间的其他图形将以群组的方式组合在一起,按下 Ctrl＋K 快捷键可以解散群组。

### 11.1.6　清除调和效果

选中调和对象,执行"效果/清楚调和"命令。或者选择调和对象后,单击属性栏中的"清除调和"按钮，两种方法都可以清除调和效果(如图 11 - 32 所示)。

图 11 - 32

案例演示

香水广告的制作。操作步骤如下：

（1）启动 CorelDRAW X6，执行"文件/新建"命令，新建一个 A4 的空白文档，页面方向为"纵向"。

（2）使用"贝塞尔工具" 绘制两个图形，分别填充颜色（C4，M19，Y31，K0）和（C5，M49，Y0，K0），并将两个对象叠放在一起（如图 11-33 所示）。

（3）使用"调和工具" ，创建两个对象间的调和效果，在属性栏中设置"调和步长"为 20（如图 11-34 所示）。

图 11-33                          图 11-34

（4）使用"贝塞尔工具" 绘制两条曲线，并将两条曲线对象叠放在一起（如图 11-35 所示）。使用"调和工具" 创建曲线与曲线间的调和效果，在属性栏中设置"调和步长"为 20（如图 11-36 所示），最后选中对象填充为白色线段。

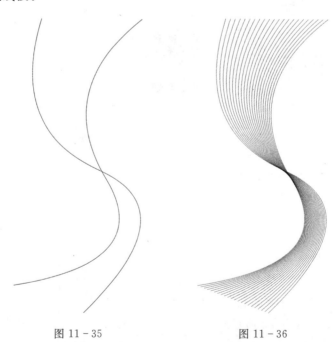

图 11-35                          图 11-36

（5）双击"矩形工具"建立一个与页面大小相等的矩形框，使用"选择工具"选择制作好的两组调和对象，执行"效果/图框精确裁剪/置于图文框内部"菜单命令，当光标显示箭头形状时单击矩形将两组对象置入矩形框中（如图 11 - 37 所示）。

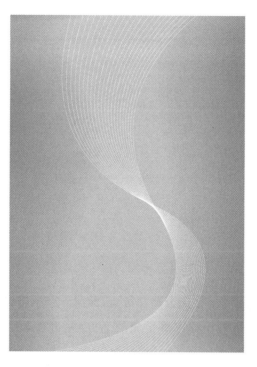

图 11 - 37

（6）执行"文件/导入"命令，导入香水瓶素材（如图 11 - 38 所示）。使用"贝塞尔工具"绘制香水瓶的外轮廓（如图 11 - 39 所示）。

图 11 - 38　　　　　　　　　　　　　　　　　　　　　图 11 - 39

（7）复制香水瓶轮廓，将其中一个香水瓶轮廓缩小，并填充白色，单击"透明度工具"，在属性栏设置"透明度类型"为"标准"，"开始透明度"为 70；将另一个香水瓶轮廓放大，并填充颜色（C3、M28、Y22、K0），单击"透明度工具"，在属性栏中设置"透明度类型"为"标准"、"开始透明度"为 80（如图 11 - 40

所示)。

图 11 - 40

(8)使用"调和工具" 创建两个对象间的调和效果,在属性栏中设置"调和步长"为 20(如图 11 - 41 所示)。将调和好的香水背景效果置于位图香水瓶的下方,并与背景组合依次叠放,效果如图 11 - 42 所示。

图 11 - 41

图 11 - 42

(9)复制位图香水瓶,在属性栏中选择"垂直镜像"按钮,将香水瓶反向放置。单击"透明度工具" ,在反向后的香水瓶上从上到下拖出线性渐变效果,制作出香水瓶倒影效果(如图 11 - 43 所示)。

(10)使用"选择工具"选中香水瓶倒影,执行"效果/图框精确裁剪/置于图文框内部"菜单命令,当光标显示箭头形状时单击背景图像将图片与之前置入的图像一同置入矩形框内部(如图 11 - 44 所示)。

图 11 - 43　　　　　　　　　　　　　　　　　图 11 - 44

　　(11)执行"文件/导入"命令,导入花卉矢量素材及香水的产品标志,放置合适位置。使用"文本工具",输入文字,最终效果如图 11 - 45 所示。

图 11 - 45

## 11.2　轮廓图效果

　　轮廓图效果是指由对象的轮廓向内或向外放射而形成的同心线。在 CorelDRAW X6 中,用户可通过向中心、向内和向外三种方向创建轮廓图。轮廓图效果广泛应用于创建图形和文字的三维立体效果以及特殊效果的制作。创建轮廓图效果的对象可以是封闭路径也可以是开放路径,还可以是美术文本对象。

### 11.2.1　创建轮廓图
　　与创建调和效果不同,轮廓图效果只需要在一个图形对象上就可以完成。

1. 创建内部轮廓图

创建内部轮廓图的方法有两种。

方法一:绘制图形,并选中图形后使用"轮廓图工具"，在图形轮廓处按住鼠标左键向内拖拽(如图11－46所示),松开鼠标左键创建完成。

图 11－46

方法二:绘制图形,并选中图形后使用"轮廓图工具"，单击属性栏"内部轮廓"图标，则自动生成由轮廓到中心依次缩放渐变的层次效果(如图11－47所示)。

图 11－47

2. 创建外部轮廓图

创建外部轮廓图的方法有两种。

方法一:绘制图形,并选中图形后使用"轮廓图工具"，在图形轮廓处按住鼠标左键向外拖拽(如图11－48所示),松开鼠标左键创建完成。

图 11－48

方法二:绘制图形,并选中图形后使用"轮廓图工具",单击属性栏"外部轮廓"图标,则自动生成由轮廓到外部依次缩放渐变的层次效果(如图 11－49 所示)。

图 11－49

 小贴士:

轮廓图效果除了手动拖拽创建,或在属性栏中单击创建之外,还可以执行"窗口/泊坞窗/轮廓图"进行轮廓图效果创建,快捷键为 Ctrl＋F9(如图 11－50 所示)。

图 11－50

"轮廓图工具"属性栏设置如图 11－51 所示。

图 11－51

轮廓图参数介绍如下。

预设列表:在下拉列表中可选择系统提供的预设轮廓图样式。

到中心:单击该按钮,调整为由图形边缘向中心放射的轮廓图效果。轮廓图设置为该方向后,将不能设置轮廓图步数,轮廓图步数根据所设置的轮廓图偏移量自动进行调整。

　　内部轮廓：单击该按钮，调整为向对象内部放射的轮廓图效果。选择该轮廓图方向后，可以通过"轮廓图步长"数值框设置轮廓图的层次数。

　　外部轮廓：单击该按钮，调整为向对象外部放射的轮廓图效果。选择该轮廓图方向后，可以通过"轮廓图步长"数值框设置轮廓图的层次数。

　　轮廓图步长：在其文字框中输入数值可调整轮廓图的数量。

　　轮廓图偏移：可设置轮廓图效果中各步数之间的距离。

　　轮廓图角：可设置生成轮廓图中尖角的样式，包括斜接角、圆角、斜切角（如图11-52所示）。

图11-52

　　斜接角：在创建的轮廓图中使用尖角渐变（如图11-53所示）。

　　圆角：在创建的轮廓图中使用倒圆角渐变（如图11-54所示）。

　　斜切角：在创建的轮廓图中使用倒角渐变（如图11-55所示）。

图11-53　　　　　　　　图11-54　　　　　　　　图11-55

　　轮廓色渐变序列：可设置生成轮廓图的轮廓色渐变序列，包括线性轮廓色、顺时针轮廓色、逆时针轮廓色（如图11-56所示）。

　　线性轮廓色：直线形轮廓图颜色填充，使用直线颜色渐变的方式填充轮廓图的颜色（如图11-57所示）。

　　顺时针轮廓色：单击该选项，设置轮廓色为按色谱顺时针方向逐步调和的渐变序列（如图11-58所示）。

图11-56

　　逆时针轮廓色：单击该选项，设置轮廓色为按色谱逆时针方向逐步调和的渐变序列（如图11-59所示）。

图11-57　　　　　　　　图11-58　　　　　　　　图11-59

　　轮廓色：在轮廓色后的下拉列表中可以设置轮廓图的轮廓线颜色。当去掉轮廓线"宽度"后，轮廓色不显示。

　　填充色：在后面的颜色下拉列表中可以设置轮廓图的填充色。

　　对象和颜色加速：调整轮廓图中对象大小和颜色变化的速率（如图11-60所示）。

　　复制轮廓图属性：单击该按钮可以将其他轮廓图属性应用到所选轮廓中。

### 11.2.2　设置轮廓图的填充和颜色

　　在应用轮廓图效果后，可以设置不同的轮廓线颜色和内部填充颜

图11-60

色,不同的颜色设置可产生不同的轮廓图效果。两者都可以通过属性栏或泊坞窗直接选择进行填充。

选中创建好的轮廓图,在属性栏"填充色"图标下拉列表中选择需要的颜色,轮廓图根据所选颜色进行渐变(如图 11 - 61 所示)。去掉轮廓线"宽度"后,"轮廓色"不在图像上显示,最终效果如图 11 - 62 所示。

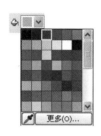

图 11 - 61                              图 11 - 62

使用"选择工具"选择轮廓图,按下 F12 键打开"轮廓笔"对话框,在"宽度"数值框中为轮廓设置适当宽度,单击"确定"按钮(如图 11 - 63 所示);然后在属性栏"轮廓色"图标下拉列表中选择需要的颜色(如图 11 - 64 所示),轮廓图的轮廓以选取的颜色进行渐变(如图 11 - 65 所示)。

图 11 - 63                    图 11 - 64                    图 11 - 65

📖 小贴士:

选择轮廓图对象后,使用鼠标右键单击调色板中的⊠按钮,可取消轮廓图中的轮廓色。使用鼠标左键单击⊠按钮,可取消轮廓图中的填充色。

### 11.2.3 分离与清除轮廓图

1. 分离轮廓图方法

选择轮廓图对象后,执行"排列/拆分轮廓图群组"命令或者选择轮廓图对象后单击鼠标右键,在下拉菜单中执行"拆分轮廓图群组"命令,快捷键为 Ctrl+K(如图 11 - 66 所示)。

**注意:**拆分后的对象只是将生成的轮廓图和源对象进行分离,还不能分别移动(如图 11 - 67 所示)。

　　图 11-66　　　　　　　　　　图 11-67

　　选中轮廓图单击鼠标右键,在弹出下拉菜单中执行"取消群组"命令。此时才可以将对象分别进行编辑(如图 11-68 所示)。

　　2. 清除轮廓图效果的方法

　　选择应用轮廓图效果的对象,执行"效果/清除轮廓"菜单命令或单击属性栏中的"清除轮廓"按钮即可完成清除轮廓(如图 11-69 所示)。

　　图 11-68　　　　　　　　　　图 11-69

## 11.3　变形效果

　　"变形工具"可以为对象设置各种不同效果的变形。CorelDRAW X6 在属性栏中提供了 3 种不同类型的变形效果,分别是推拉变形、拉链变形和扭曲变形。同"轮廓图工具"一样,"变形工具"可应用于图形和文本对象。

### 11.3.1　应用变形效果

　　1. 推拉变形

　　推拉变形是通过变形工具实现的一种对象的变形效果。"推"是将需要变形的对象的节点全部推离对象的变形中心;"拉"是将需要变形的对象的所有节点拉向对象变形中心。对象的变形中心可以手动设置。"推拉变形"属性栏如图 11-70 所示。

　　图 11-70

推拉变形属性栏参数介绍如下。

预设列表"系统提供预设变形样式,可以在下拉列表进行预设效果的选择(如图 11－71 所示)。

推拉变形:单击该按钮可以推拉对象节点以产生不同的推拉效果。

添加新的变形:单击该按钮可以将当前变形的对象转为新对象,然后进行再次变形。

推拉振幅:在文本框中输入数值,可以设置对象推进拉出的程度。输入数值为正数则向外拉出,最大数值为 200;输入负值则向内推进,最小数值为－200。

图 11－71

居中变形:单击该按钮可以将变形效果居中放置(如图 11－72 所示)。

推拉变形具体操作如下:

(1)选择工具箱中的"多边形工具" ,在绘图窗口处绘制一个多边形,并为其填充颜色(如图 11－73 所示)。

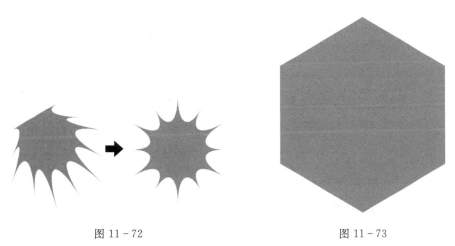

图 11－72　　　　　　　　　　　　　　　　　　图 11－73

(2)选择工具箱中的"变形工具" ,在属性栏中单击"推拉变形" 按钮,在图形对象上按下鼠标左键并拖动鼠标,使图形产生推拉变形效果(如图 11－74 所示)。

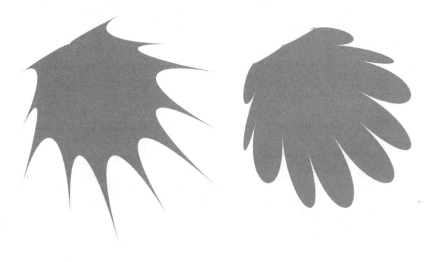

图 11－74

(3)在属性栏的"推拉振幅"数值框中,分别输入正值与负值产生不同的变形效果(如图 11－75 所示),最终效果如图 11－76 所示。

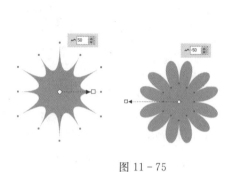  

图 11-75        图 11-76

 小贴士：

拖动变形控制线上的控制点▢,可任意调整变形的失真振幅,拖动控制点◇,可调整对象的变形角度。

2. 拉链变形

拉链变形是通过变形工具◎实现的另一种对象的变形效果,应用拉链变形工具,在被选对象边缘呈现锯齿状效果。"拉链变形"属性栏如图 11-77 所示。

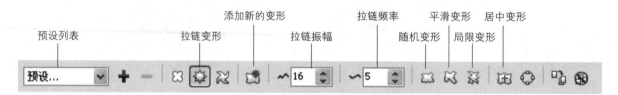

图 11-77

拉链变形参数介绍如下。

拉链变形:单击该按钮可以在对象的内外侧产生很多节点,使对象的轮廓变为锯齿状效果。

添加新的变形:单击该按钮可以将当前变形的对象转为新对象,然后进行再次变形。

拉链振幅:用于调节拉链变形中锯齿的高度。

拉链频率:用于调节拉链变形中锯齿的数量。

随机变形:激活该图标,可以将对象按系统默认方式随机设置变形效果(如图 11-78 所示)。

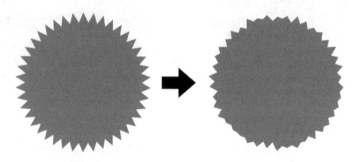

图 11-78

平滑变形:激活该图标,可以将变形对象的节点平滑处理(如图 11-79 所示)。

局限变形:激活该图标,可以随着变形的进行,降低变形的效果(如图 11-80 所示)。

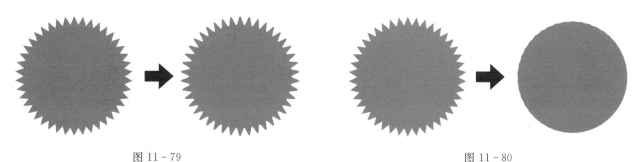

图 11－79　　　　　　　　　　　　　　　　　　　　　图 11－80

📖 小贴士：

"随机变形"、"平滑变形"和"局限变形"效果可以同时激活使用，也可以分别搭配使用。

拉链变形具体操作如下：

(1)绘制一个圆形，然后单击变形工具 📷，再单击属性栏"拉链变形"按钮 ⚙️，将变形样式转换为拉链变形。接着将光标移动到圆形中间位置，按住鼠标左键向外进行拖拽，松开鼠标左键完成变形。也可以在属性栏通过调整"拉链振幅"、"拉链频率"的数值大小进行效果调整，单击"随机变形"按钮 📷，完成效果如图11－81所示。

(2)使用"变形工具"选择变形对象，再单击属性栏"添加新的变形"按钮 📷，将当前变形的对象转为新对象；然后在属性栏中调整"拉链振幅"、"拉链频率"的数值大小进行最后效果调整，单击"随机变形"按钮 📷，最终效果如图 11－82、图 11－83 所示。

图 11－81

图 11－82　　　　　　　　　图 11－83

 小贴士：

变形后移动调节线中间的滑块可以添加尖角锯齿的数量(如图11－84所示)。可以在变形对象不同的位置创建变形效果(如图11－85所示)，也可以增加拉链变形的调节线(如图11－86所示)。

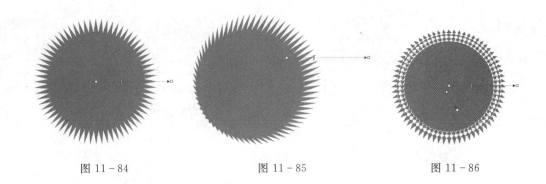

图 11-84　　　　　　　图 11-85　　　　　　　图 11-86

### 3. 扭曲变形

"扭曲变形"是通过变形工具 🙂 实现的最后一种变形效果,应用该效果对象会形成类似于"旋风"的形状特色。"扭曲变形"属性栏如图 11-87 所示。

图 11-87

扭曲变形参数介绍如下。

扭曲变形:单击该按钮可以激活扭曲变形效果,同时激活扭曲变形的属性设置。

顺时针旋转:激活该图标,可以使对象按顺时针方向进行旋转扭曲。

逆时针旋转:激活该图标,可以使对象按逆时针方向进行旋转扭曲。

完整旋转:在后面的文本框中输入数值,可以设置扭曲变形的完整旋转次数(如图 11-88 所示)。

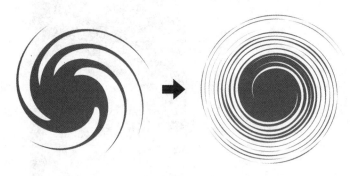

图 11-88

附加度数:在后面的文本框中输入数值,可以设置超出完整旋转的度数。

扭曲变形具体操作如下:

(1)绘制图形(如图 11-89 所示),选择工具箱中的"变形工具" 🙂 ,单击属性栏上的"扭曲变形"按钮 🖾 ,将变形样式转换为扭曲变形。

(2)将光标移动到图形对象中间位置,按住左键向外拖动确定旋转角度的固定边;然后不放开左键直接拖动旋转角度,再根据蓝色预览线确定扭曲的形状(如图 11-90 所示);最后

图 11-89

在背景上添加草地、白云等对象创造丰富的画面效果(如图 11-91 所示)。

图 11-90　　　　　　　　　　　　　图 11-91

### 11.3.2　清除变形效果

使用"变形工具" 单击需要清除变形效果的对象,执行"效果/清除变形"命令或单击属性栏中的"清除变形"按钮 即可。清除效果后的对象如图 11-92 所示。

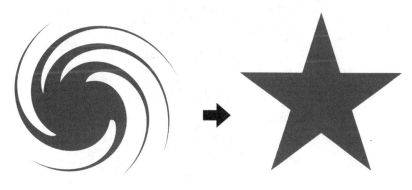

图 11-92

 小贴士:

应用变形效果后,如果使用"选择工具"选取变形对象,属性栏中找不到"清除变形"按钮 ,因此要使用"变形工具"选择需要清除变形效果的对象。清除调和效果和轮廓图效果不受此限制。

## 11.4　透明效果

透明效果是通过改变对象填充颜色的透明程度来创建独特的视觉效果。使用透明工具可以方便地为对象添加"标准"、"线性"、"辐射"、"圆锥"、"正方形"、"双色图样"、"全色图样"、"位图图样"、"底纹"透明效果。透明效果可以用于矢量图形、文本和位图图像的编辑工具。

### 11.4.1　创建透明效果

为对象创建透明效果,可以通过以下步骤完成。

(1)导入图片素材(如图 11-93 所示)。选择工具箱中的贝塞尔工具 ,在绘图页面中绘制多边形对象,填充白色色块(如图 11-94 所示)。

(2)选中绘制的白色对象,单击工具箱中的"透明度工具" ,在属性栏中的"透明度类型"下拉列表中选择"标准"选项,为对象添加透明效果,并在属性栏中将"开始透明度"数值框设置为 80 ,最终效果如图 11-95 所示。

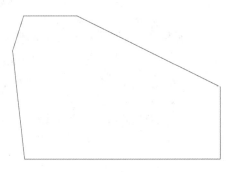

图 11-93　　　　　　　　　　　　　　　　图 11-94

图 11-95

### 11.4.2　编辑透明效果

选择工具箱中"透明度工具"![图标]为对象添加透明效果。属性栏中出现"透明度工具"属性栏(如图 11-96 所示)。

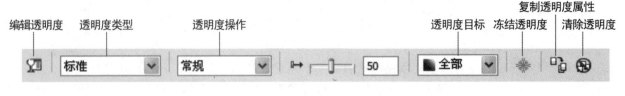

图 11-96

透明度效果通用参数介绍如下。

编辑透明度:以色彩模式来编辑透明度的属性。单击该按钮,在打开的"渐变透明度"对话框中设置"类型",可以改变渐变透明的类型;"选项"中可以设置渐变的偏移、旋转和位置;"颜色调和"可以设置渐变的透明度,颜色越浅透明度越低,反之则越高;"中点"可以调节透明渐变的中心点(如图 11-97 所示)。

透明度类型:选择工具箱中"透明度工具"![图标]并为对象应用透明效果后,可在"透明度类型"下拉列表中选择透明图样进行应用,包括"无"、"标准"、"线性"、"辐射"、"圆锥"、"正方形"、"双色图样"、"全色图样"、"位图图样"、"底纹"多种类型(如图 11-98 所示)。

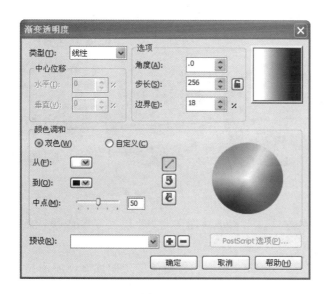 

图 11 - 97　　　　　　　　　　　　　　　　　图 11 - 98

无：当选择"无"时，无法在属性栏中进行透明度的相关设置。

标准：选择该透明类型后，可对图形的整体应用相同设置的透明效果。

线性：指沿直线方向为对象应用渐变透明效果。

辐射：透明效果沿一系列同心圆进行渐变。

圆锥：透明效果按圆锥渐变的形式进行分布。

正方形：透明效果按正方形渐变的形式进行分布。

双色图样、全色图样和位图图样：为对象应用图样的透明效果。

底纹：为对象应用自然外观的随机化底纹透明效果。

透明度操作：在下拉列表中选择透明颜色与下层对象颜色的调和方式，包括"减少"、"差异"等在内一共有 28 种透明度操作方式（如图 11 - 99 所示）。

图 11 - 99

透明度目标：在下拉列表中选择透明度的应用范围，包括"全部"、"轮廓"、"填充"3 种范围。系统默认认为"全部"选项（如图 11 - 100 所示）。选择"填充"项后，只对对象中的内部填充范围应用透明效果；选择"轮廓"项后,只对对象的轮廓应用透明效果;选择"全部"项后,可以对整体对象应用透明效果。图11-101所示分别为对象执行"填充"、"轮廓"、"全部"3种透明目标效果后的透明效果。

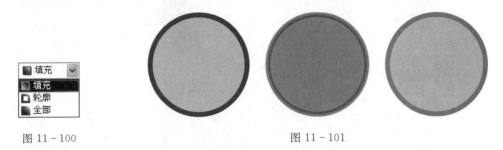

图 11-100　　　　　　　　　　　图 11-101

冻结透明度 ◉:可将图形的透明效果冻结。当移动该图形时,图形之间叠加产生的效果将不会发生改变。

复制透明度属性"XCimage456.TIF,JZ〗:可将文档中目标对象的透明度属性应用到所选对象上。

清除透明度 ◉:可将所选对象上的透明度效果清除。

1. 标准透明效果

在"透明度类型"下拉列表中选择"标准",切换到整体应用透明效果的属性栏(如图 11-102 所示)。

开始透明度

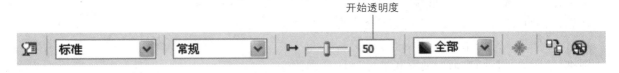

图 11-102

开始透明度:用于设置对象的透明程度。数值越大,透明度越强,反之透明度越弱(如图 11-103 所示)。左边图片"开始透明度"的数值为 50,右边图片"开始透明度"的数值为 20。

图 11-103

2. 线性

在"透明度类型"下拉列表中选择"线性",切换到渐变透明效果的属性栏(如图 11-104 所示)。

透明中心点　　　　　　　角度和边界

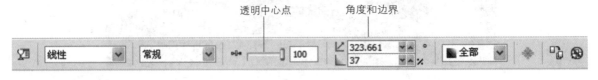

图 11-104

透明中心点:用来设置图形透明的强度,改变图形透明中心点位置的对比效果。最小输入值为 0,最大输入值为 100(如图 11-105 所示)。

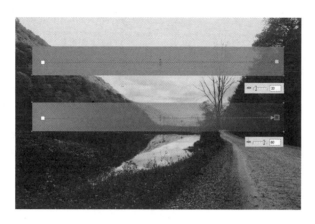

图 11 - 105

　　角度和边界：在角度后面文本框中输入数值，可以旋转渐变透明效果的角度。在边界后面的文本框中输入数值，可以改变渐变透明效果的范围（如图 11 - 106 所示）。

图 11 - 106

　　编辑透明度：单击"编辑透明度"按钮 ，弹出"渐变透明度"对话框，该对话框会将设置的渐变颜色自动转变为灰度模式。使用黑色填充时，该位置上的透明度为完全透明；使用白色填充时，该位置上的透明度为完全不透明（如图 11 - 107 所示）。

图 11 - 107

**小贴士：**

除了通过属性栏设置透明效果外，还可以通过手动方式调整透明度效果，具体操作如下：

（1）拖动控制线中的控制点可以改变对象渐变透明中心点。拖动控制线箭头所指一端的控制点，可以改变对象渐变透明方向。

（2）将调色板中所需的颜色直接拖动到对应的控制点上，光标变为 形状时释放鼠标，调整该控制点位置上的透明参数。将调色板中的颜色直接拖动到控制线任意位置上，可在该位置添加一个透明控制点。

3．辐射

在"透明度类型"下拉列表中选择"辐射"后，切换到沿同心圆方式渐变的透明效果（如图 11-108 所示）。

图 11-108

"辐射"属性栏设置与"线性"属性栏相同。单击属性栏中的"编辑透明度"按钮 ，弹出"渐变透明度"对话框（如图 11-109 所示），在其中对渐变参数进行自定义设置后，对象的透明效果（如图 11-110 所示）。

图 11-109　　　　　　　　　　　图 11-110

 **小贴士：**

辐射透明效果也可以通过手动调节的方式来修改，其方法与线性相同。

4．圆锥

在"透明度类型"下拉列表中选择"圆锥"，切换到圆锥渐变透明效果（如图 11-111 所示）。单击属性

栏中"编辑透明度"按钮 ，在"渐变透明度"对话框中对透明参数进行设置后，对象的透明效果如图 11 -
112 所示。

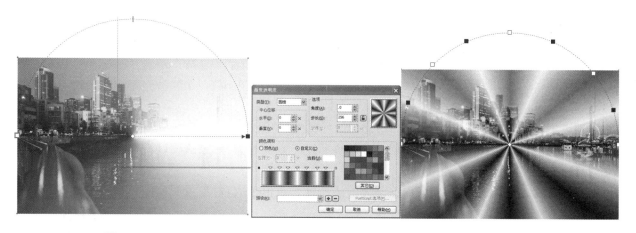

图 11 - 111　　　　　　　　　　　　　　　　　　　　图 11 - 112

**5. 正方形**

在"透明度类型"下拉列表中选择"正方形"，切换到正方形渐变透明效果（如图 11 - 113 所示）。单击
属性栏中"编辑透明度"按钮 ，在"渐变透明度"对话框中对透明参数进行设置后，对象的透明效果如图
11 - 114 所示。

图 11 - 113

图 11 - 114

6. 图样透明效果

"图样透明效果"与前面介绍的"图案填充"很相似,在"透明度类型"下拉列表中分别可以选择"双色图样"、"全色图样"、"位图图样"。"图样透明效果"属性栏如图 11 - 115 所示。

　　　　　　　　透明度图样　　　　开始透明度　　　　结束透明度　　　镜像透明度图块

图 11 - 115

透明度图样:可以在下拉列表中选择填充的图样类型(如图 11 - 116 所示)。

开始透明度:可以改变填充图案浅色部分的透明度。数值越大,对象透明度越强,反之越弱。

结束透明度:可以改变填充图案深色部分的透明度。数值越大,对象透明度越强,反之越弱。

镜像透明度图块:可以将所选的排列图块相互镜像,达到反射对称效果。

7. 底纹

在"透明度类型"下拉列表中选择"底纹",切换到底纹透明度属性栏(如图 11 - 117 所示)。

图 11 - 116

　　　　　　　　　底纹库

图 11 - 117

底纹库:在下拉列表中可以选择底纹填充集(如图 11 - 118、图 11 - 119 所示)。

图 11 - 118　　　　　　　　　　　　图 11 - 119

## 11.5　立体化效果

交互式立体化可以为对象添加三维效果,利用三维空间的立体旋转和光源照射功能,制作出逼真的三维立体效果,立体效果可以应用于图形和文本对象。

### 11.5.1　创建立体化效果

添加立体化效果的具体操作步骤如下:

(1)导入图片素材(如图 11 - 120 所示)。

(2)使用工具箱中的"交互式立体化工具"，选择需要添加立体化的数字对象。

（3）在对象中心按住鼠标左键并向任意一个方向拖动,此时对象上出现立体化效果的控制框（如图 11-121 所示）。拖动虚线到适当位置后释放鼠标,立体化效果添加完成。

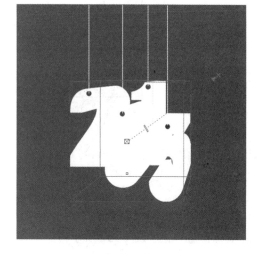

图 11-120　　　　　　　　　　　　　　　　　图 11-121

（4）单击属性栏的"立体化颜色",在下拉列表中选择"使用纯色"并为对象填充适当的颜色,完成最终效果如图 11-122 所示。

图 11-122

### 11.5.2　在属性栏中设置立体化效果

"立体化工具"的属性栏设置如图 11-123 所示。

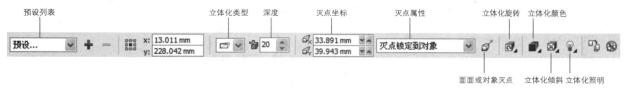

图 11-123

立体化工具属性栏参数介绍如下。

预设列表:系统提供的立体化预设样式（如图 11-124 所示）,选择后可以直接赋予对象立体化效果。

立体化类型:单击其下拉列表,系统提供了多种的立体化类型（如图 11-125 所示）。

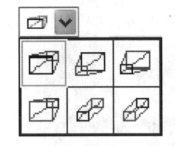

图 11 - 124 图 11 - 125

深度:在其数值框中输入数值,可调整立体化效果的纵深深度。数值越大,对象的立体化效果越深;数值越小,对象的立体化效果越浅。图 11 - 126 所示是深度数值分别为 20 和 50 的立体效果。

灭点坐标:灭点就是对象透视线相交的消失点,变更灭点位置可以改变立体化效果的进深方向。应用立体化效果时,对象上出现箭头指示的✕点,就是灭点。属性栏中的"$x$"和"$y$"数值框中输入数值,可调整灭点的坐标位置(如图 11 - 127 所示)。

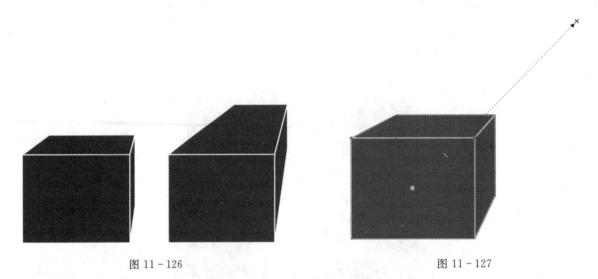

图 11 - 126 图 11 - 127

灭点属性:在其下拉列表中选择相应的选项来更改对象灭点属性,包括"灭点锁定到对象"、"灭点锁定到页面"、"复制灭点,自…"、"共享灭点"4 种选项(如图 11 - 128 所示)。

灭点锁定到对象:是指将灭点锁定在对象上,当移动该对象时,灭点随对象移动,不会改变立体透视效果。

灭点锁定到页面:当移动对象时,灭点的位置保持不变,而对象的立体化效果将随之改变。

复制灭点,自…:选择该选项,当光标变为 时单击目标立体对象,可将目标对象的灭点属性复制到当前对象中。

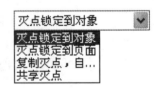

图 11 - 128

共享灭点:选择该项,当光标变为 时单击目标立体对象,可使多个对象共同使用一个灭点。

页面或对象灭点:用于将灭点的位置锁定到对象或页面中。

立体化旋转:用于改变立体化效果的角度。单击该按钮,弹出小面板(如图 11 - 129 所示)。将光标移动到红色"3"上,光标变为抓手形状时,按住左键进行拖动,可以调节立体对象的透视角度。单击面板中的 按钮,可以将旋转后的对象恢复为旋转前。单击面板中的 按钮,可以输入数值进行精确旋转(如图 11 - 130 所示)。

　　　　图 11 - 129

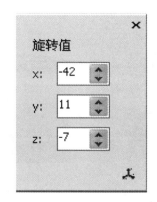
　　　　图 11 - 130

　　立体化颜色:用于设置立体化效果的颜色。单击该按钮弹出的颜色设置面板,该面板提供了 3 种功能按钮(如图 11 - 131 所示)。

　　使用对象颜色:将当前对象的填充色应用到整个立体对象上(如图 11 - 132 所示)。

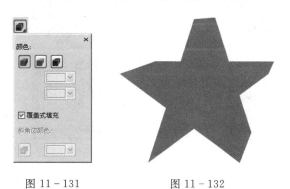
　　　　图 11 - 131　　　　　　　　图 11 - 132

　　使用纯色:可以在下面的颜色选项中选择需要的颜色填充到立体效果上(如图 11 - 133 所示)。

　　使用递减的颜色:可以在下面的颜色选项中选择需要的颜色,以渐变形式填充到立体效果上(如图 11 - 134 所示)。

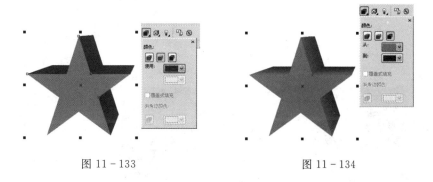
　　　　图 11 - 133　　　　　　　　图 11 - 134

　　立体化倾斜:单击属性栏中的"立体化倾斜"按钮,在弹出面板中可以为对象添加斜边(如图 11 - 135 所示)。

　　使用斜角修饰边:勾选该选项,可以激活"立体化倾斜"面板进行数值输入,对象将显示斜角修饰边,也可以在面板中使用左键拖动斜角(如图 11 - 136 所示)。

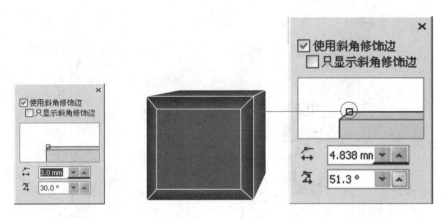

图 11-135                    图 11-136

只显示斜角修饰边：勾选该选项,只显示斜角修饰边,隐藏立体化效果(如图 11-137 所示)。

斜角修饰边深度：在后面文本框中输入数值,可以设置对象边缘的深度。数值越大,边缘深度越深(如图 11-138 所示)。

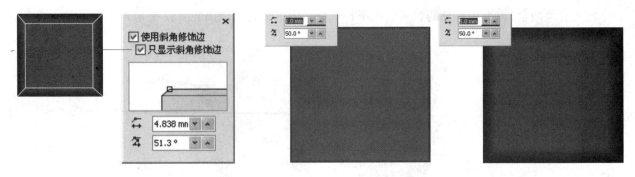

图 11-137                    图 11-138

斜角修饰边角度：在后面文本框中输入数值,可以设置对象斜角的角度。数值越大斜角越大(如图 11-139 所示)。

立体化照明：用于调整立体化的灯光效果。单击"照明"按钮,弹出照明设置面板(如图 11-140 所示),为立体化对象添加光照效果,使立体化效果更强。

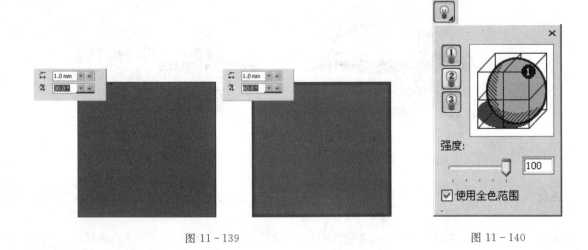

图 11-139                    图 11-140

光源 ⬛:单击该按钮可以为对象添加光源,最多可以为对象添加 3 种光源进行移动(如图 11 - 141、图 11 - 142 所示)。

图 11 - 141　　　　　　　　　　　　　图 11 - 142

强度:可以通过移动滑块设置光源的强度,数值越大光线越亮。

使用全色范围:勾选该选项,可以让阴影效果更真实。

📖　小贴士:

单击设置光源后,如果想要取消光源效果,可以再次单击该光源按钮,取消立体化中的光源设置,使对象恢复到设置前的状态。

清除立体化 ⬛:选择已编辑的立体化对象,单击"清除立体化"按钮 ⬛,对象立体效果被清除(如图 11 - 143 所示)。

图 11 - 143

对象执行"立体化倾斜"命令后,再执行清除命令时会发现对象仍存在有立体化效果(如图 11 - 144 所示)。要清除所有的立体化效果,需要取消立体效果中应用的斜角修饰边设置。

具体操作是在属性栏中单击"立体化倾斜"按钮,在弹出的面板中取消对"使用斜角修饰边"复选框的勾选,然后执行清除命令,即可完成全部立体效果清除的工作(如图 11 - 145 所示)。

图 11 - 144　　　　　　　　　　　　　　　　　　图 11 - 145

## 11.6　阴影效果

阴影效果可以增加对象的纵深感,犹如光线投射的阴影效果使图形效果更加逼真。可以为矢量图形对象、文字对象等添加阴影效果。

### 11.6.1　创建阴影效果

添加阴影效果的具体操作步骤如下:

(1)导入图片素材(如图 11-146 所示)。

(2)使用"选择工具" 选取需要创建阴影效果的对象。

(3)将工具切换至"阴影工具" ,在图形对象上按住鼠标左键不放,拖拽鼠标指针到合适的位置,释放鼠标后,即可为对象创建阴影效果(如图 11-147 所示)。

图 11-146　　　　　　　　　　　图 11-147

(4)可通过阴影方向线上的滑块调整阴影效果的不透明度(如图 11-148 所示)。

图 11-148

 小贴士:

在对象中心按下鼠标左键并拖动,可以创建出与对象形状相同的阴影效果。在对象的边线上按下鼠标左键并拖动,可以创建具有透视效果的阴影效果(如图 11-149、图 11-150 所示)。

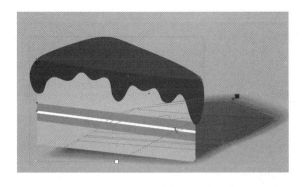

图 11 - 149

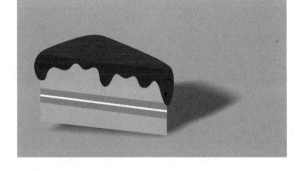

图 11 - 150

### 11.6.2　在属性栏中设置阴影效果

"阴影工具"的属性栏设置如图 11 - 151 所示。

图 11 - 151

阴影工具属性栏参数介绍如下。

预设列表:系统提供阴影效果的预设样式(如图 11 - 152 所示),直接选择可以赋予对象阴影效果。

阴影偏移:设置阴影与图形之间偏移的距离。正值代表向上或向右偏移,负值代表向左或向下偏移。在对象上创建与对象形状相同的阴影效果后,该选项才被激活。在"$x$"和"$y$"的数值框中分别输入 3 的偏移值后,阴影效果如图 11 - 153 所示。在"$x$"和"$y$"的数值框中分别输入-3 的偏移值后,阴影效果如图 11 - 154 所示。

图 11 - 152

图 11 - 153

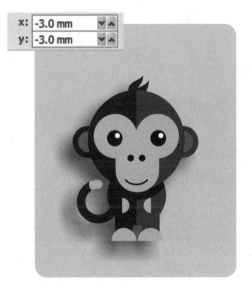

图 11 - 154

阴影角度:用于设置对象与阴影之间的透视角度。在对象上创建了透视的阴影效果后,该选项才能被激活。将阴影角度设置为 30° 后,阴影效果如图 11 - 155 所示。

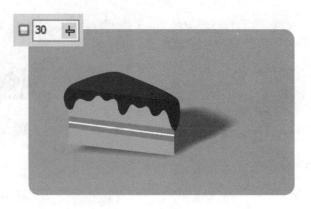

图 11 - 155

　　阴影的不透明度:用于设置阴影的不透明程度。数值越大,阴影颜色越深;反之则阴影颜色越浅。在"阴影的不透明度"文本框中分别输入 20 和 60 的数值,阴影效果如图 11 - 156 所示。

图 11 - 156

　　阴影羽化:用于设置阴影的羽化程度,使阴影产生不同程度的边缘柔和效果。在"阴影羽化"文本框中分别输入 10 和 30 的数值,阴影效果如图 11 - 157 所示。

图 11 - 157

　　羽化方向:单击该按钮,弹出"羽化方向"选项(如图 11 - 158 所示),可以设置阴影的羽化方向,其中包括有"向内"、"中间"、"向外"和"平均"4 种羽化方向。图 11 - 159 所示为选择这 4 种不同羽化方向后的阴影效果。

图 11 - 158

a)"向内"羽化效果　　b)"中间"羽化效果　　c)"向外"羽化效果　　d)"平均"羽化效果

图 11 - 159

　　羽化边缘:单击该按钮,弹出"羽化边缘"选项(如图 11 - 160 所示),可以设置羽化边缘类型,包括"线性"、"方形的"、"反白方形"和"平面"4 种羽化边缘类型。

　　阴影淡出:在后面文本框中输入数值,用于设置阴影边缘向外淡出的程度。最大值为 100,最小值为 0,数值越大向外淡出的效果越明显(如图 11 - 161 所示)。

图 11 - 160

图 11 - 161

　　阴影延展:在后面文本框中输入数值,用于设置阴影的长度,数值越大阴影的延伸效果越明显(如图 11 - 162 所示)。

图 11 - 162

透明度操作：用于设置阴影和覆盖对象的颜色混合模式，可在下拉列表中进行效果选择（如图 11 - 163所示）。

阴影颜色：单击下拉按钮，在弹出的颜色选取器中可设置阴影的颜色（如图 11 - 164、图 11 - 165 所示）。

图 11 - 163　　　　　图 11 - 164　　　　　　　　图 11 - 165

### 11.6.3　分离与清除阴影

**1. 分离阴影**

选中对象的阴影部分,然后单击鼠标右键在弹出的菜单中执行"拆分阴影群组"命令(如图 11 - 166 所示),使用"选择工具"移动图形或阴影对象,阴影与图形完全分离。也可以选择阴影对象后,按下快捷键 Ctrl+K 同样可以将阴影与图形分离(如图 11 - 167 所示)。

图 11 - 166　　　　　　　　　　　　图 11 - 167

**2. 复制阴影**

用"阴影工具" 选中没有添加阴影效果的对象,在属性栏中单击"复制阴影效果属性" 图标,当光标变为黑色箭头 时,单击目标对象的阴影处,即可复制该阴影效果到所选对象上(如图 11 - 168 所示)。

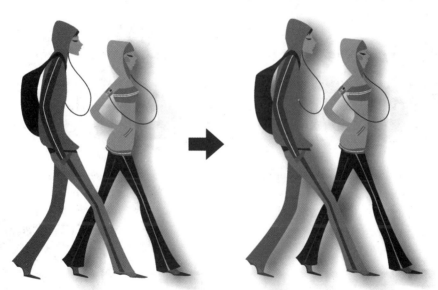

图 11 - 168

**3. 清除阴影**

用"阴影工具" 选中整个阴影对象,执行"效果/清除阴影"命令或单击属性上的"清除阴影"按钮即可(如图 11 - 169 所示)。

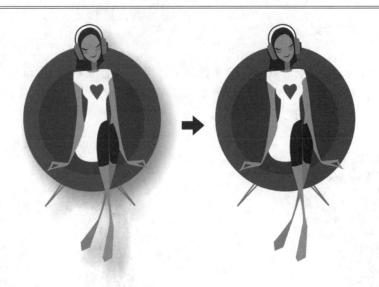

图 11-169

## 11.7　封套效果

"封套工具"可以方便地改变对象的形状。为对象添加封套后,通过调整封套上的节点可以使对象产生各种形状的变形效果。使用它可以很容易地对图形或文字进行变形,将对象的外形修饰完美或满足设计需要。

### 11.7.1　创建封套效果

创建封套效果的具体操作步骤如下:

(1)导入图片素材(如图 11-170 所示)。使用"选择工具"🔽 选取需要创建封套效果的对象。

(2)在工具箱中选择"封套工具"🔲,对象上随即会出现蓝色的虚线框(如图 11-171 所示)。

图 11-170

图 11-171

(3)用鼠标拖拽控制节点改变对象的形状(如图 11-172 所示)。

🕮 小贴士:

选择图形对象后,执行"窗口/泊坞窗/封套"命令,打开"封套"泊坞窗(快捷键为 Ctrl+F7)。单击"添加预设"按钮,在样式列表框中选择一种预设的封套样式,单击"应用"按钮,即可将该封套样式应用到图形对象中(如图 11-173 所示)。

图 11-172

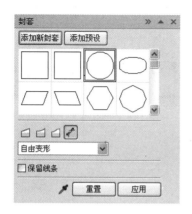

图 11 – 173

### 11.7.2　编辑封套效果

"封套工具"的属性栏设置(如图 11 – 174 所示)。

图 11 – 174

封套工具属性栏参数介绍如下。

选取范围模式:用于切换选取框的类型。下拉列表中包括"矩形"和"手绘"两种选取框。

直线模式:单击该按钮后,移动封套的控制点时保持封套边线为直线(如图 11 – 175 所示)。

图 11 – 175

　　单弧模式:单击该按钮后,沿水平或垂直方向移动封套的控制点,封套边线变为单弧线(如图 11 – 176 所示)。

图 11 – 176

双弧模式：单击该按钮后，可用 S 形封套改变对象的形状，移动封套的节点，封套边线将变为 S 形（如图 11 - 177 所示）。

图 11 - 177

非强制模式：单击该按钮后，可任意编辑封套形状，更改封套边线的类型和节点类型。还可以激活前面的节点编辑图标，选中封套节点可以进行自由编辑（如图 11 - 178 所示）。

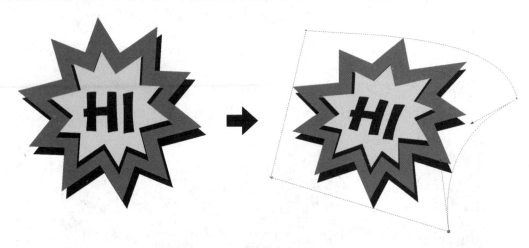

图 11 - 178

编辑封套形状的方法与使用形状工具编辑曲线形状的方法相似，单击属性栏中的"非强制模式"按钮，可对封套形状进行任意编辑。

（1）添加节点的方法：在封套控制线上需要添加节点的位置上单击鼠标左键，然后单击属性栏中的"添加节点"按钮 。此外还可以在封套控制线上需要添加节点的位置上双击鼠标左键添加；或者在需要添加节点的位置上按下小键盘上的"＋"键也可以为其添加节点。

（2）删除封套中的节点方法：直接双击需要删除的封套节点，或选中需要删除的节点，按下"Delete"键或小键盘中的"－"键。也可单击属性栏上的"删除节点"按钮 即可将节点删除。

添加新封套：使用封套变形效果后，单击该按钮可以再次为对象添加新的封套，进行形状调整（如图 11 - 179 所示）。

映射模式：在下拉列表中包括有"水平"、"原始"、"自由变形"和"垂直"4 种映射模式，用来选择控制封套改变图形外观的模式。

保留线条：单击该按钮后，在应用封套变形时直线不会变为曲线（如图 11 - 180 所示），对象的直线没有发生变化,曲线边有改变。

图 11 - 179

图 11 - 180

创建封套自:单击该按钮,当光标变为箭头时在图形上单击,可以将图形形状应用到封套中(如图 11 - 181、图 11 - 182 所示)。

图 11 - 181

图 11 - 182

小贴士:

封套效果还能应用于多个群组后的图形和文本对象,用户可以更方便地在实际设计工作中应用封套工具为对象进行形状编辑。

## 11.8  透视效果

使用"添加透视"命令,可以为对象添加倾斜和拉伸等变换效果,使对象产生一种近大远小的视觉感受。透视效果只针对独立对象或群组对象,多个对象无法使用"添加透视"命令。

为对象添加透视效果,可以通过以下步骤完成。

(1)导入图片素材(如图 11 - 183 所示)。使用工具箱中的"选择工具"  选取对象。

小贴士:

① 如果对象是由多个图形组成则必须将其群组,否则无法使用"添加透视"命令。

② 如果群组后仍然无法使用,一定是对象中存在不能添

图 11 - 183

加透视效果的对象,如位图、交互式阴影、网格填充效果、段落文本、沿路径排列文字、符号、链接群组等。需要将它们进行转换或删除这些次要对象。

(2)执行"效果/添加透视"命令,对象上会出现红色虚线框,同时在四角出现黑色控制点(如图11-184所示)。

(3)拖动其中任意一个控制点,可使对象产生透视的变换效果,对象附近会出现透视的消失点✕,拖动该消失点可调整对象的透视效果(如图11-185所示)。

图 11-184

图 11-185

 小贴士:

① 按住 Ctrl 键拖动透视控制点时,可以限制控制点仅在临近的两条边或其延长线上移动。

② 按下 Shift+Ctrl 键的同时,拖动对象上的透视控制点,可同时调整透视末端的两个控制点。

③ 取消对象中的透视效果,可执行"效果/清除透视点"命令来完成。

# 11.9　透镜效果

透镜效果类似于透过不同的透镜观察事物所呈现的效果,不改变对象的实际特性和属性。CorelDRAW X6 可以对矢量图形应用透镜,也可以改变美术字和位图的外观。对矢量对象应用透镜时,透镜本身会变成矢量图形。如果透镜置于位图上,透镜也会变成位图。

### 11.9.1　添加透镜效果

添加透镜效果的具体操作步骤如下:

(1)导入图片素材(如图11-186所示)。

(2)执行"效果/透镜"菜单命令打开"透镜泊坞窗"或执行"窗口/泊坞窗/透镜"(快捷键 Alt+F3)打开"透镜"泊坞窗(如图11-187所示)。

(3)选择工具箱中的"椭圆形工具"⬭,在对象上绘制椭圆形(如图11-188所示),对象轮廓颜色填充为无色。

图 11-186

图 11 - 187　　　　　　　　　　　　　　图 11 - 188

(4)在透镜类型下拉列表中选择所需要的透镜类型(如图 11 - 189 所示)。如在下拉列表中选择"鱼眼"选项,透镜下方对象按比例扭曲放大显示(如图 11 - 190 所示)。

图 11 - 189　　　　　　　　　　　　　　图 11 - 190

### 11.9.2　编辑透镜效果

"透镜"泊坞窗中 3 个复选框介绍如下。

冻结:将应用透镜效果对象下面一层对象也组合成透镜效果的一部分,不会因为透镜或对象的移动而改变该透镜效果(如图 11 - 191 所示)。

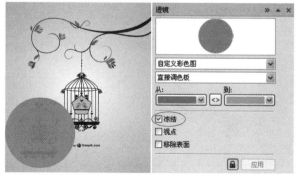

图 11 - 191

视点:在不移动透镜的情况下,只显示透镜下面对象的一部分。选择"视点"选项后,在面板上会出现"编辑"按钮(如图 11-192 所示)。单击"编辑"按钮打开中心设置面板,在 X 轴和 Y 轴上分别输入数值,改变中心点的位置,单击"结束"按钮完成设置(如图 11-193 所示)。

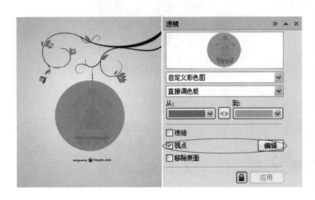
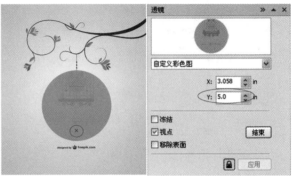

图 11-192              图 11-193

移除表面:透镜效果只显示该对象与其他对象重合的区域,被透镜覆盖的其他区域则不可见。在没有勾选该复选框时,空白处也显示透镜效果(如图 11-194 所示);勾选后,空白处不显示透镜效果(如图 11-195所示)。

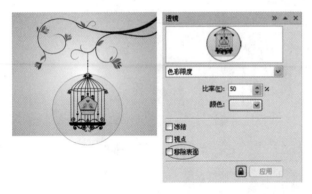

图 11-194              图 11-195

透镜类型参数介绍如下。

无透镜效果:不应用透镜效果(如图 11-196 所示)。

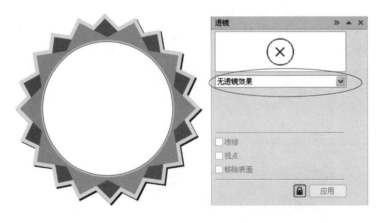

图 11-196

变亮:允许使对象区域变亮或变暗,还可以设置亮度或暗度的比率。数值为正时对象变亮,数值为负数时对象变暗(如图 11 - 197、图 11 - 198 所示)。

图 11 - 197

图 11 - 198

颜色添加:透镜的颜色与透镜下的对象的颜色相加,得到混合显示。调整"比率"的数值可以控制颜色添加的程度,数值越大添加的颜色所占比例越大,反之越小,当数值为 0 时不显示添加颜色。图 11 - 199、图 11 - 120 所示是对象的"比率"数值分别设为 10 和 80。

图 11 - 199

图 11-200

色彩限度：只允许黑色和滤镜颜色本身透过显示，其他颜色均转换为与滤镜相近的颜色显示（如图11-201所示）。

图 11-201

自定义彩色图：允许将透镜下方对象区域的所有颜色改为介于指定的两种颜色之间的一种颜色显示。用户可以自由选择颜色范围的起始色和结束色（如图11-202所示）。

图 11-202

在"颜色范围选项"下拉列表中可以选择颜色范围,包括"直接调色板"、"向前的彩虹"、"反转的彩虹"(如图 11 - 203 所示)。

向前的彩虹　　　　　　　　　反转的彩虹

图 11 - 203

鱼眼:将对象按百分比放大或缩小扭曲显示,可以在"比率"后面文本框中输入数值,数值为正数时效果为向外推挤扭曲,数值为负值时效果为向内收缩扭曲(如图 11 - 204 所示)。

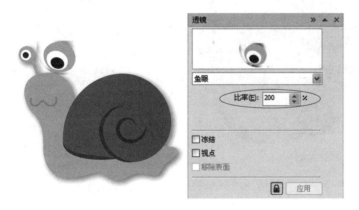

图 11 - 204

热图:将透镜下方的对象模仿颜色的冷暖度等级来创建红外图像效果,将"调色板旋转"数值分别设为 0 和 50(如图 11 - 205、图 11 - 206 所示)。

图 11 - 205

图 11 - 206

反显:将透镜下方的对象颜色变为互补色效果显示(如图 11 - 207 所示)。

图 11 - 207

放大:按指定的数值放大对象上的某个区域,对象看起来有透明效果(如图 11 - 208 所示)。

图 11 - 208

灰度浓缩:将透镜下方对象区域的颜色变为等值的灰度(如图 11 - 209 所示)。

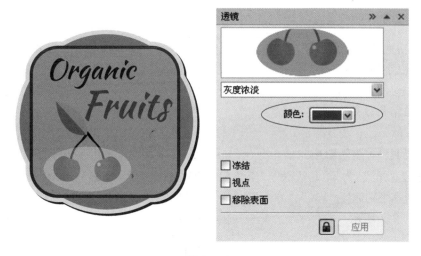

图 11 - 209

透明度:使对象看起来像是着色胶片或彩色玻璃,在"比率"文本框中可以输入 0~100 范围的数值,数值越大,效果越透明(如图 11 - 210 所示)。

图 11 - 210

线框:用所选的轮廓或填充色显示下方对象的区域(如图 11 - 211 所示)。

图 11 - 211

## 11.10　斜角效果

　　斜角效果可以快速地为对象创建"柔和边缘"或"浮雕"效果,使对象产生三维效果。斜角效果在产品设计、网页按钮设计、字体设计等领域有着广泛的应用。值得注意的是斜角效果只能运用在矢量对象和文本对象上,不能对位图以及没有填充颜色的对象进行操作。

### 11.10.1　创建斜角效果

**1.创建中心柔和**

　　使用"多边形工具" 绘制图形并填充颜色(如图 11-212 所示),执行菜单栏"效果/斜角"命令,打开"斜角"泊坞窗。设置"样式"为"柔和边缘"、"斜角偏移"为"到中心"、"阴影颜色"为(C20,M80,Y0,K20),"光源颜色"为"白色","强度"为"100"、"方向"为"84"、"高度"为"37"(如图 11-213 所示),单击"应用"按钮,其效果如图 11-214 所示。

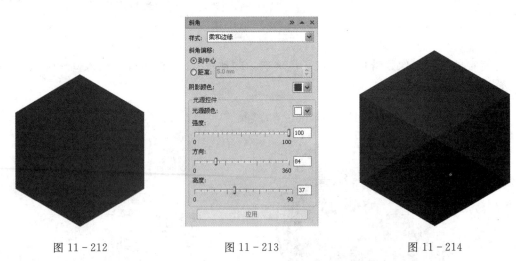

图 11-212　　　　　　　　　　图 11-213　　　　　　　　　　图 11-214

**2.创建边缘柔和**

　　使用"多边形工具" 绘制图形并填充颜色,执行菜单栏"效果/斜角"命令,打开"斜角"泊坞窗。设置"样式"为"柔和边缘"、"斜角偏移"设置为"距离 5mm"、"阴影颜色"为(C20,M80,Y0,K20),"光源颜色"为"白色","强度"为"100"、"方向"为"84"、"高度"为"37"(如图 11-215 所示),单击"应用"按钮,其效果如图 11-216 所示。

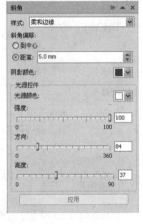

图 11-215　　　　　　　　　　图 11-216

3. 创建浮雕效果

使用"多边形工具"  绘制图形并填充颜色,执行菜单栏"效果/斜角"命令,打开"斜角"泊坞窗。设置"样式"为"浮雕"、"斜角偏移"设置为"距离 3mm"、"阴影颜色"为黑色,"光源颜色"为(C0,M0,Y100,K0),"强度"为"100"、"方向"为"180"(如图 11 - 217 所示),单击"应用"按钮,其效果如图 11 - 218 所示。

　　**注意:**在"浮雕"样式下不能设置"到中心"效果,也不能设置"高度"值。

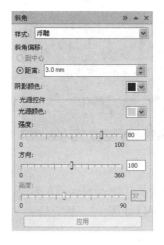

图 11 - 217

图 11 - 218

**小贴士:**

选中添加斜角效果的对象,然后执行"效果/清除效果"菜单命令,可以为对象清除添加的斜角效果。

### 11.10.2　编辑斜角效果

斜角泊坞窗参数介绍如下。

样式:在下拉列表中可以选择斜角的应用样式,包括"柔和边缘"和"浮雕"两种应用样式。

到中心:勾选该选项,可以从对象中心开始创建斜角。

距离:勾选该选项,可以创建从边缘开始的斜角。在后面的文本框中输入数值,设定斜面的宽度。

阴影颜色:在下拉列表中可以选择对象阴影的颜色。

光源颜色:在下拉列表中可以选择聚光灯的颜色。聚光灯的颜色会影响对象和斜面的颜色。

强度:在后面的文本框内可以输入数值,更改光源的强度,数值范围为 0~100。

方向:在后面的文本框内可以输入数值,更改光源的方向,数值范围为 0~360。

高度:在后面的文本框内可以输入数值,更改光源的高度,数值范围为 0~90。

**案例演示**

艺术海报的制作。

(1)启动 CorelDRAW X6,执行"文件/新建"命令,新建一个 A4 的空白文档,页面方向为"横向"。双击矩形工具 ，建立一个与页面等大的矩形图形,切换到"渐变填充"工具,在弹出的"渐变填充"对话框中设置渐变类型为"辐射"(如图 11 - 219 所示),然后依次填充为(C100,M100,Y100,K100)、(C46,M100,Y100,K17)、(C39,M82,Y100,K4)、(C82,M33,Y50,K0)、(C69,M3,Y35,K0)、(C64,M0,Y24,K0)、(C64,M0,Y24,K0),调整好"角度"与"边界"(如图 11 - 220 所示)。

图 11 - 219

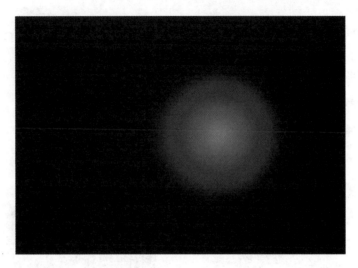

图 11 - 220

　　（2）执行"文件/导入"命令，弹出"导入"对话框，将文字素材导入到合适的位置（如图 11 - 221 所示）。选中文字素材，执行"效果/添加透视"命令，调整 4 个透视点（如图 11 - 222 所示），按键盘上的"＋"复制该文字。

图 11 - 221　　　　　　　　　　　　　　　　　　图 11 - 222

　　（3）按 Ctrl＋K 快捷键，将文字打散，选中 M，填充颜色为（C0，M55，Y89，K0），单击"轮廓图工具"；然后在属性栏选择"内部轮廓"，设置"轮廓图步长"为"35"，"轮廓偏移"为"0.05mm"，"填充色"为（C0，M38，Y54，K0）（如图 11 - 223 所示）。

　　（4）选中 U，填充颜色为（C82，M15，Y100，K0），单击"轮廓图工具"；然后在属性栏选择"内部轮廓"，设置"轮廓图步长"为"35"，"轮廓偏移"为"0.05mm"，"填充色"为（C34，M0，Y83，K0）（如图 11 - 224 所示）。

图 11 - 223　　　　　　　　图 11 - 224

(5)选中 S,填充颜色为(C0,M53,Y100,K0),单击"轮廓图工具"📷;然后在属性栏选择"内部轮廓",设置"轮廓图步长"为"35","轮廓偏移"为"0.05mm","填充色"为(C0,M20,Y100,K0)(如图 11 - 225 所示)。

(6)选中 I,填充颜色为(C77,M27,Y45,K0),单击"轮廓图工具"📷;然后在属性栏选择"内部轮廓",设置"轮廓图步长"为"35","轮廓偏移"为"0.05mm","填充色"为(C26,M0,Y6,K0)(如图 11 - 226 所示)。

(7)选中 C,填充颜色为(C1,M93,Y0,K0),单击"轮廓图工具"📷;然后在属性栏选择"内部轮廓",设置"轮廓图步长"为"35","轮廓偏移"为"0.05mm","填充色"为(C5,M63,Y0,K0)(如图 11 - 227 所示)。

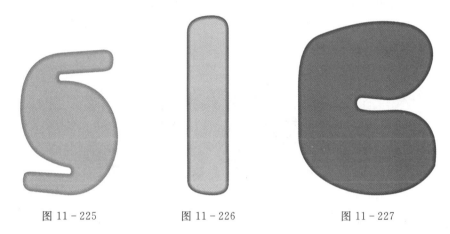

图 11 - 225　　　　　　　图 11 - 226　　　　　　图 11 - 227

(8)使用"贝塞尔工具"✎绘制文字高光部分;然后在"渐变填充"对话框中设置"类型"为"线性","颜色调和"为"双色",由颜色(C0,M53,Y71,K0)向"白色"渐变,并调整好"角度"与"边界"(如图 11 - 228 所示),调整完毕放置到 M 上(如图 11 - 229 所示)。

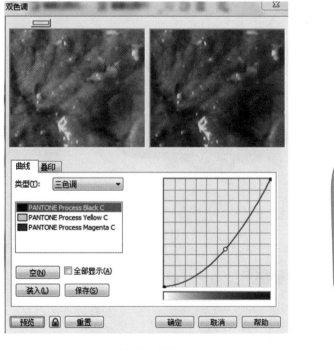

图 11 - 228　　　　　　　　　　　　　　　　图 11 - 229

(9)参照上述操作依次制作 U、S、I、C 四个英文字母的高光效果(如图 11 - 230 所示)。

图 11 - 230

（10）选中已复制的文字，选择工具箱中的"立体化工具" ，在英文 MUSIC 上拖出立体效果（如图 11 - 231所示）。

图 11 - 231

（11）在"立体化工具"状态下，选中对象按下 Ctrl＋K 快捷键打散立体文字。选择打散后的立体效果部分，按 F11 键，弹出"渐变填充"对话框（如图 11 - 232 所示）。设置渐变从 0％（C46，M67，Y100，K7）到 39％（C91，M87，Y89，K80）到 73％（C67，M70，Y100，K42）到 100％（C93，M88，Y89，K80），效果如图 11 - 233所示。

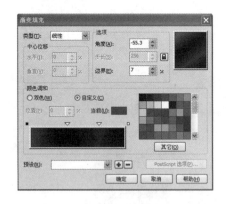

图 11 - 232　　　　　　　　　　　　　　　　图 11 - 233

（12）将图形按照顺序依次叠放到恰当位置，使文字整体产生立体美感（如图 11 - 234 所示）。

图 11 - 234

(13)执行"文件/导入"命令,弹出"导入"对话框,导入素材文件(如图 11-235 所示)。

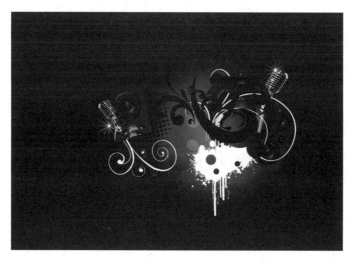

图 11-235

(14)将文字与素材组合在一起,得到最终效果。

**本章思考与练习**

1. 利用"调和效果工具"绘制创意海报。

2. 利用"轮廓图工具"、"立体化工具"、"透视工具"等命令完成如图 11-236、图 11-237 所示立体字的制作。

图 11-236

图 11-237

# 第 12 章　图层、样式和模板

1. 熟悉图层管理的基本概念。
2. 掌握几种图层编辑的方法。
3. 了解图层管理的其他功能。
4. 了解样式与样式集。
5. 创建样式与样式集。
6. 应用样式与样式集。
7. 编辑样式与样式集。
8. 导出与导入样式表。
9. 使用预设模板。
10. 修改基于模板的文档。
11. 创建模板。

1. 图层管理的基本方法。
2. 图形样式的设计与使用。
3. 模板的预设与创建。

## 12.1　图层的管理与操作

在 CorelDRAW X6 中，图层起到了重要的管理和控制图形信息的作用，图层的基本操作包括"显示对象属性"、"跨图层编辑"、"图层管理器视图"、"新建图层"、"新建主图层"。

利用图层可以帮助用户更好地在绘图中组织和管理对象。图层功能可以将复杂的绘图分为多个图层，每个图层都包含了绘图的一部分内容。

### 12.1.1　新建和删除图层

使用图层组织和管理绘图对象，首先是新建图层，用户可以在"对象管理器"泊坞窗中完成该操作。选择菜单栏"工具/对象管理器"命令，或执行"窗口/泊坞窗/对象管理器"命令，打开"对象管理器"（如图 12－1 所示）。

该泊坞窗显示四个默认图层，即"网格"、"导线"、"桌面"和"图层 1"。其中前三个图层中分别包含网格、辅助线以及绘图页面边界外的对象，而最后一个图层则用于绘图。

新建图层或主图层：为了对复杂图形的图层更加快捷方便的管理，可以新建图层，其方法是选择对象管理左下方的"新建图层"按钮添加新的图层（如图 12－2 所示）。在一个页面中的图层过多可以使用选择对象管理器左下方的"新建主图层"按钮（如图 12－3 所示）。这个图层是相对独立于其他页面中的图层组的。

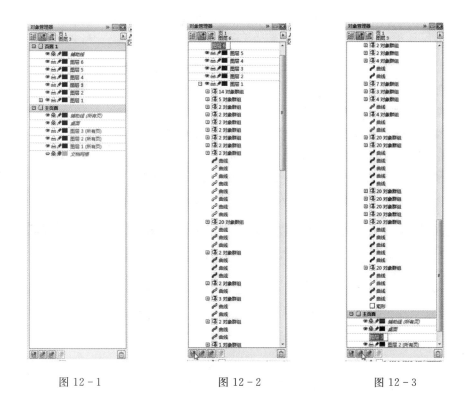

图 12 - 1　　　　　　　　图 12 - 2　　　　　　　　图 12 - 3

删除图层的方法是选择需要删除的图层点击对象管理器面板右下角的"删除"按钮或使用"Delete"键进行删除图层操作。还可以选择需要删除的图层点击鼠标右键在下拉菜单中选择删除。

### 12.1.2　在图层中添加对象

在图层中添加对象：在"对象管理器"中选择需要添加对象的图层，在页面中绘制新图形的同时，相对应的新图形会自动增加到图层中（如图 12 - 4 所示）。

图 12 - 4

也可通过移动图形向其他图层添加对象，其方法是选择需要移动的图形所对应的图层移动到目标图层上,此时鼠标光标变成移动图层形状➡▊,释放鼠标即可将图层添加到另一图层。

### 12.1.3　为新建的主图层添加对象

在"对象管理器"中选择左下角新建主图层(所有页)▨按钮或新建主图层(基数页)▨,相对应的图形对象会自动增加到新建的主图层中。

### 12.1.4　在图层中排列和复制对象

在对象管理器中同样可以对图层进行顺序排列以及复制图层。

### 1.排列图层

通过图层的移动可以快速地对图形进行前后顺序的排列,在对象管理器中的图层面板中选择要移动的图形拖动要移动的位置,图像的前后叠放关系随之改变(如图 12-5 所示)。

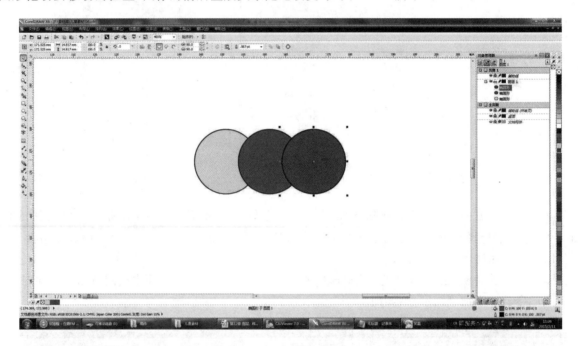

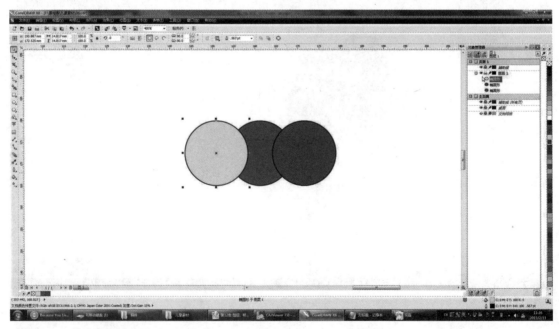

图 12-5

2. 复制图层

在一些需要使用同一图形的制作中,可以使用图层中的复制功能实现。选择需要复制的对象图形,点击"对象管理器"面板的右上角"对象管理器选项" ▶ 按钮在其下拉菜单中选择"复制到图层"选项,将光标放置到复制到的图层位置,光标会变成指示符号后点击复制图形完成(如图 12 - 6 所示)。另一种方法是在图层中右键点击需要复制的图形选择"复制",然后在复制到的图层上再次点击右键选择"粘贴"即可(如图 12 - 7 所示)。

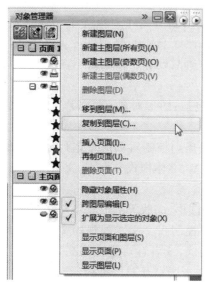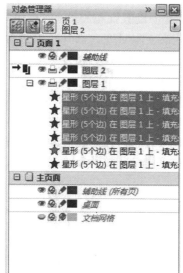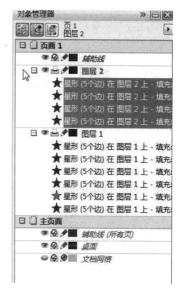

图 12 - 6

图 12 - 7

## 12.2　样式与样式集

　　CorelDRAWX6 具有先进的样式功能,利用这些功能能够快速、轻松地用一致的样式设置文档格式。可以创建样式和样式集,并将其应用至文档中的各种图形和文本对象。

　　样式是快速高效地设置文档格式不可或缺的工具。使用样式可节省设置和制作的时间,而且创建的文档外观一致。假设用户需要设置多页文档的格式,该文档包含段落文本、美术字、图形元素等各种对象。如果用户需要在没有样式的情况下设置文档格式,那么用户需要选择每个对象并手动设置各种属性。例如,需要选择每一个段落并定义文本对齐、行间距、缩进等属性以及体类型、大小、颜色、字体样式等字符属性。该流程非常耗时而且容易出错,因为属性太多很容易遗漏设置。相比之下,如果使用样式与样式集,就可以快速高效地完成目标。

　　样式与样式集是决定文档中对象外观的成组属性,这些对象包括:图形对象、美术字与段落文本对象、标注与尺寸对象以及使用艺术笔工具创建的任何对象。

　　样式:定义轮廓、填充等特定对象属性,而作为样式集合的样式集则控制对象的整体外观。例如,轮廓样式定义轮廓宽度、颜色、线条类型等属性;字符样式指定字体类型、字体样式与大小、文本颜色与背景色、字符位置、大写等属性。

　　样式集:则可以包含填充样式和轮廓样式(可以应用至矩形、椭圆形、曲线等图形对象)。

　　首先,学习创建定义文档中各对象外观的样式与样式集。创建控制正文文本外观的文本样式集,这其中包括段落样式和字符样式。其次,设计针对标题的独立段落样式,或者针对想要高亮显示的特定词语的字符样式。例如,可以为公司名称定义字符样式,使其与正文文本区别开来。再次,添加轮廓和填充样式来定义图形元素的外观,或者如果想对图形使用相同的填充和轮廓,可创建包含填充样式和轮廓样式的样式集。创建所需的样式后,只需选择对象并应用相应的样式或样式集,即可同时设置所有对象的格式。该操作所需的时间仅为手动设置文档格式的一小部分,而且可确保完全一致。

　　样式的使用方法有很多种。其中一种方法(如上所述)是首先定义样式,然后将其应用至绘图中的对象;另一种方法是创建对象、手动设置格式、将其另存为样式,然后将样式应用于其他对象。例如,可以为绘图添加标题,并尝试字体、颜色、大小以及类型的各种设置。如果对格式满意,可将字符属性另存为样式或样式集。然后,将样式或样式集应用于文档中的所有标题。CorelDRAWX6 提供了多种完成任务的灵活方法,用户可以选择最适合自己个性和工作流的方法。

　　除节省设计布局和格式化的时间之外,样式还有助于用户快速对文档进行多个更改。例如,如果希望增加所有副标题的字体大小并将其设置为粗体,无需更改每个副标题,只需编辑副标题样式即可。不论文档包含一页还是几十页,只要更改样式,那么所有使用该样式的段落均将自动更改。可以轻松自如地试用新设计。

　　在 CorelDRAWX6 中,可以使用对象样式泊坞窗创建并应用轮廓、填充、段落、字符以及图文框样式。还可以修改以下对象类型的默认属性:艺术笔、美术字、标注、尺寸、图形以及段落文本。可以自定义当前文档或所有新文档的默认样式。

　　同样重要的是,使用样式不仅能够在一个文档中设置一致的格式,还可以在多个文档中实现格式统一。任何创建的样式或样式集将与当前文档一并保存,并可导出至样式表以便在其他文档中使用。可以为不同项目设计不同的样式表。结合利用 CorelDRAW X6 中的其他功能,可以控制使用样式的方式。只需更改应用至文档的样式表,即可轻松在多个文档中实施变更。

### 12.2.1　创建样式与样式集

　　可以基于现有对象的格式创建样式或样式集,或者可以在对象样式泊坞窗中设置属性从头开始创建样式或样式集。

　　创建样式的操作如下:

（1）要基于对象的属性创建样式，可以使用挑选工具右键单击对象，从上下文菜单中选择"对象样式/选择从以下项新建样式"，单击想要使用的样式类型并键入名称（如图 12-8 所示）。

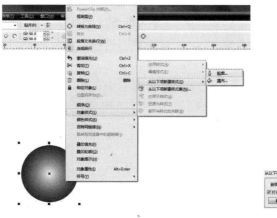

图 12-8

（2）要从头开始创建样式，选择"窗口/泊坞窗/对象样式"，在对象窗口单击对象样式"新建样式"按钮，并单击样式类型（轮廓、填充、字符、段落、图文框）。在对象样式泊坞窗的样式属性区域指定的设置（如图 12-9 所示）。

创建样式集的操作如下：

（1）基于对象属性创建样式集，请将对象从文档窗口拖至对象样式泊坞窗中的样式集文件夹，或右键单击对象，选择"对象样式/从以下项新建样式集，然后键入名称（如图 12-10 所示）。

（2）要从头开始创建样式，选择"窗口/泊坞窗/对象样式"，在对象窗口单击对象样式"新建样式集"按钮，以创建空样式集。将样式从样式文件夹拖至新样式集（如图 12-11 所示）。

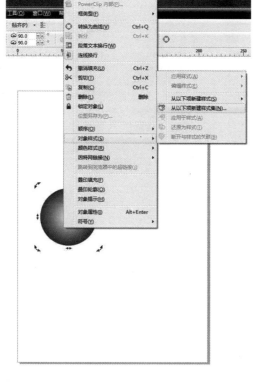

图 12-9　　　　　　　　　　　　　图 12-10　　　　　　　　　　　　　图 12-11

在 CorelDRAWX6 中,样式可以包含其他样式。包含其他样式的样式被称为父样式;而包含在其他样式中的样式则被称为子样式。属性可自动从父样式继承;不过可以替代子样式的继承属性并设置子样式的特定属性。修改父样式时,子样式将自动更新。如果设置特定于子样式的属性,那么该属性将与父属性没有关联,因此如果修改父样式,特定于子样式的属性不会随之修改。父—子关系也适用于样式集。如果希望文档中的对象共享部分而非所有属性,而且需要定期进行全局更改,可以使用子样式和父样式。例如,如果在处理篇幅较长的文档且希望标题和副标题使用相似的格式,那么可以为标题创建父字符样式、为副标题创建子字符样式。父样式和子样式可共享相同的颜色和字体类型,而使用不同的字体大小。如果为父样式选择不同的颜色或字体类型,那么标题和副标题均将自动更新。但是,副标题的字体大小仍小于标题。

要创建子样式或子样式集,选择对象样式泊坞窗中的父样式或父样式集,单击新建子样式 ⊕ 按钮或新建子样式集 ⊕ 按钮(如图 12-12 所示)。

### 12.2.2　应用样式与样式集

向对象应用样式或样式集时,该对象将仅获得样式或样式集中定义的属性。例如,如果应用轮廓样式,对象的轮廓将改变而其他属性保持不变。

要向对象应用样式或样式集,使用挑选工具选择对象,双击对象样式泊坞窗中的样式或样式集。也可以使用对象属性泊坞窗来应用样式(如图 12-13 所示)。

要使用对象属性泊坞窗来应用样式,单击对象属性旁边的源指示器(轮廓、填充、字符、段落或图文框),从可用样式列表中选择样式。

### 12.2.3　编辑样式或样式集

可以修改样式或样式集在对象样式泊坞窗中的属性,或者更改样式或样式集所关联对象的属性,然后将这些更改应用至样式或样式集来编辑样式或样式集。也可以将对象的属性复制至样式或样式集,以此编辑样式或样式集。

编辑样式,可以在对象样式泊坞窗中选择该样式,然后在样式属性区修改其属性(如图 12-14 所示)。

图 12-12　　　　　　　　图 12-13　　　　　　　　图 12-14

还可以通过添加或删除样式来编辑样式集。

编辑样式集,在对象样式泊坞窗中选择该样式集。单击该样式集旁边的添加或删除样式按钮 ⊞,并选择样式类型。在样式属性区,编辑各个样式的属性(如图 12-15 所示)。

要编辑基于对象的样式或样式集,在文档窗口中修改对象、右键单击该对象、选择"对象样式/应用于样式"。

要通过复制对象中的属性来编辑样式或样式集,将对象从文档窗口拖至对象样式泊坞窗中的样式或

样式集。或者,可以右键单击对象样式泊坞窗中的"样式或样式集/选择复制以下项中的属性",然后单击
文档窗口中的对象(如图 12-16 所示)。

图 12-15　　　　　　　　　　　　　　图 12-16

### 12.2.4　断开与样式的关联

可以断开对象与其所应用样式或样式集之间的关联。断开关联后,对象将保持当前外观。之后的样
式或样式集更改将不影响对象。

要断开对象与样式或样式集之间的关联:使用挑选工具右键单击对象、从上下文菜单中选择对象样
式,然后单击断开与样式的关联。

要断开图形对象与所应用填充样式之间的关联:单击对象属性泊坞窗中的"填充源指示器",然后选
择不应用样式。

## 12.3　颜色样式

颜色样式与图形样式的作用比较类似,可以快速方便地为图形填充已经设置好的颜色。
其使用方法是选"窗口/泊坞窗/颜色样式"(如图 12-17 所示)。

图 12-17

### 12.3.1　创建颜色样式

从对象创建颜色样式,点击群组的图形对象,然后选择"窗口/泊坞窗/颜色样式",将对象拖动到颜色
样式创建区域(如图 12-18 所示)。点击左下角创建颜色样式 按钮,选择"从选定项新建"弹出"创建新
建样式"对话框。可在其中根据需要勾选"对象填充"、"对象轮廓"、"填充和轮廓"、"将颜色样式归主组相
应和谐"、"将所有颜色转化为 CMYK/RGB"等选项,点击确定按钮显示图形对象中的颜色及其颜色值
(如图 12-19 所示)。

图 12 - 18　　　　　　　　　　　　　　　　　　　图 12 - 19

### 12.3.2　编辑颜色样式

图形中的颜色可以通过编辑颜色功能进行色彩的改变或替换。在颜色样式面板中选择要进行改变的色彩，在"颜色编辑器"中进行颜色的设置（如图 12 - 20 所示）。

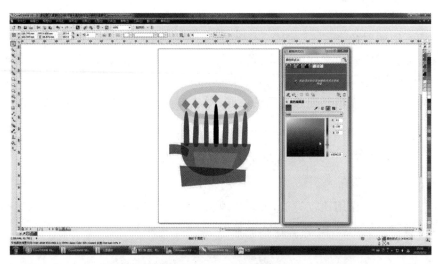

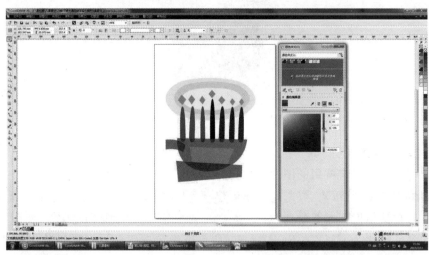

图 12 - 20

# 12.4 模板

模板是一组控制文档布局与外观的样式和页面布局设置。CorelDRAW X6 提供了不同类别的模板，如小册子、名片和通讯。用户可以选择预设模板、基于预设模板修改文档或创建自己的模板。

## 12.4.1 创建模板

如果用户想要再次使用文档中的设计元素，可以将其另存为一个模板。保存模板时，CorelDRAW X6 可让用户添加参考信息，例如页码、类别、行业和其他注释。此参考信息使组织和搜索模板变得更方便。

创建模板：将制作好的文档另存为模板，在菜单栏选择"文件/另存为模板"。在文件名列表框中键入一个名称，然后浏览要保存模板的文件夹单击保存。在模板属性对话框中添加任何需要的参考信息（如图 12-21 所示）。

图 12-21

## 12.4.2 应用模板

用户可以按名称、类别、设计员注释或其他与模板相关的参考信息搜索可用的模板。

要使用预设模板创建一个文档，单击菜单栏"文件/从模板新建"。在从模板新建对话框中搜索或浏览计算机上可用的模板（如图 12-22 所示）。

可以根据预设模板创建一个文档，然后在不影响原始模板的情况下修改文档。可以更改图形、文本和布局来创建一个适合自己需求的新设计。文本和图形由单个对象或对象群组组成，这些对象会显示在对象管理器泊坞窗中。还可以选择、移动、编辑或删除文档中的任何对象。

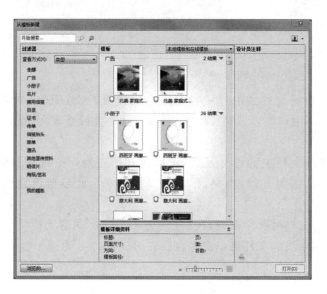

图 12 - 22

**本章思考与练习**

1. 运用创建样式或样式集完成 VI 手册的版式设计制作（如图 12 - 23 所示）。

图 12 - 23

2. 使用预设模板创建一个文档修改制作企业名片。

# 第 13 章　　滤镜的应用

1. 认识并了解滤镜的概念。
2. 掌握添加与删除滤镜效果的方法和使用滤镜的方法。

1. 掌握位图的特殊三维效果的制作方法。
2. 掌握艺术笔触、模糊、颜色转换、轮廓图、扭曲、杂点等类型下的各种滤镜的使用方法。

## 13.1　添加和删除滤镜效果

### 13.1.1　添加滤镜效果

添加滤镜效果的具体操作步骤如下：

(1)．选择菜单中的"文件/导入"(快捷键 Ctrl＋L)命令，或者单击工具栏中的导入 按钮，导入一幅位图图像(如图 13－1 所示)。

图 13－1

　　(2)选择工具栏中"挑选"工具,选择导入的位图图像。然后执行"位图"菜单中的相应滤镜命令,接着在弹出的对话框中设置相对应的数值参数(如图 13-2 所示)。

图 13-2

　　(3)设置完成之后单击"确定"按钮,即可将滤镜效果添加到位图当中(如图 13-3 所示)。

图 13-3

### 13.1.2　删除滤镜效果

如果要删除添加过的滤镜效果,可以通过以下 3 种方法:

(1)选择菜单中的"编辑/撤销"命令,即可撤销添加过的滤镜效果。

(2)按住快捷键 Ctrl+Z,执行撤销操作。

(3)单击工具栏总的按钮↩,执行撤销操作。

## 13.2　滤 镜 效 果

CorelDRAW X6 中,为位图设置了 10 种位图处理滤镜,而且每一类的级联菜单中都包含了多个滤镜效果命令。在这些滤镜效果中,一部分可以用来校正图像,对图像进行修复;另一部分滤镜则可以用来改变图像原有正常的位置或颜色,从而模仿各种效果或产生一种抽象的色彩效果。每种滤镜都有各自的特点,灵活运用则可以产生丰富多彩的图像效果。在图像处理中,滤镜是不可少的一个重要功能,它能迅速改变位图对象"外观",让图像呈现丰富多彩的视觉效果,使原始图像经过处理后变得更具魅力(如图13－4所示)。

### 13.2.1　三维效果

滤镜也称为"滤波器",是一种特殊的图像效果处理技术。在 CorelDRAW X6 中,特殊三维效果滤镜组包括三维旋转、柱面、浮雕、卷页、透视、挤远/挤近、球面 7 种滤镜(如图 13－5 所示)。

图 13－4　　　　　　　　　　　图 13－5

#### 1. 三维旋转

使用"三维旋转"滤镜可以对位图图像进行旋转,使其形成立体的视觉效果。该滤镜可以改变所旋位图的视角,在水平和垂直向上旋转位图。设置"三维旋转"滤镜的具体操作步骤如下:

(1)选择菜单中的"文件/导入"(快捷键 Ctrl＋I)或者单击工具栏中的导入 按钮,导入一幅位图图像(如图 13－6 所示)。

(2)选择工具栏中的"挑选"工具 ,选择导入的位图对象。然后执行"位图"菜单中的"三维效果"滤镜命令,接着弹出"三维旋转"中单击左上角的 按钮,显示出"源素材"和"预览"两个窗口(如图 13－7 所示)。

图 13 - 6

图 13 - 7

（3）此时窗口中无法完整地显示图片，可以通过在"源素材"窗口中右击，缩小视图。左击放大视图。

（4）设置垂直和水平数值，设置完成之后单击"确定"按钮，即可将滤镜效果添加到位图当中（如图13 - 8所示）。

图 13 - 8

（5）设置完毕后，单击"确定"按钮，即可将设置应用到当前位置的图像上（如图 13-9 所示）。

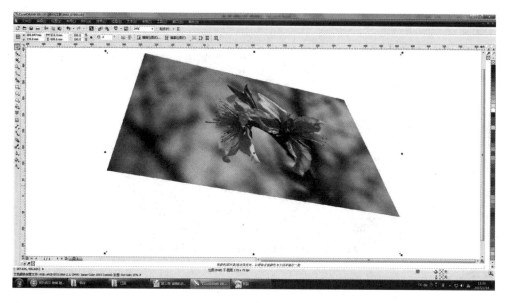

图 13-9

2. 柱面

使用"柱面"滤镜可以对位图进行水平或垂直方向的缩放效果。设置"柱面"滤镜的具体操作步骤如下：

（1）选择菜单中的"文件/导入"（快捷键 Ctrl＋I）或者单击工具栏中的导入 按钮，导入一幅位图图像。

（2）选择工具栏中的"挑选"工具 ，选择导入的位图对象。然后执行"位图"菜单中的"三维效果"滤镜命令，接着弹出"柱面"中单击左上角的 按钮，显示出"源素材"和"预览"两个窗口（如图 13-10 所示）。

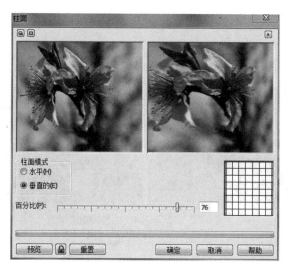

图 13-10

（3）此时窗口中无法完整地显示图片，可以通过在"源素材"窗口中右击，缩小视图。左击放大视图。

（4）设置垂直和水平数值，设置完成之后单击"确定"按钮，即可将滤镜效果添加到位图当中。

（5）设置完毕后，单击"确定"按钮，即可将设置应用到当前位置的图像上（如图 13-11 所示）。

图 13 – 11

### 3. 浮雕

"浮雕"滤镜命令的原理是通过勾画图像的轮廓和降低周围色值产生灰色的凹凸效果。使用"浮雕"滤镜命令,可以快速将位图制作出类似浮雕的效果。具体操作如下:

(1)选择菜单中的"文件/导入"(快捷键 Ctrl＋I)或者单击工具栏中的导入 ![按钮] 按钮,导入一幅位图图像。

(2)选择工具栏中的"挑选"工具 ![图标],选择导入的位图对象。然后执行"位图"菜单中的"三维效果"滤镜命令,接着弹出"浮雕"中单击左上角的 ![按钮] 按钮,显示出"源素材"和"预览"两个窗口(如图 13 – 12 所示)。设置完毕后,单击"确定"按钮,即可将设置应用到当前的位图上(如图 13 – 13 所示)。

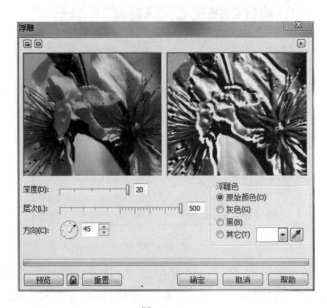

图 13 – 12

图 13－13

### 4. 卷页

卷页效果是在图片设计中经常看到的一种效果。在 CorelDRAW X6 中,这种卷页效果可以轻松快捷地实现出来。设置卷页效果的具体操作步骤如下:

(1)选择菜单中的"文件/导入"(快捷键 Ctrl＋I)或者单击工具栏中的导入  按钮,导入一幅位图图像。

(2)选择工具栏中的"挑选"工具,选择导入的位图图像,然后执行菜单中的"位图/三维效果/卷页"命令,在弹出的"卷页"对话框的左边有 4 个用来选择页面卷页的按钮,单击某一个按钮,即可确定一个卷角方式;在"定向"栏中可以选择页面卷曲的方向;在"纸张"栏中可以选择纸张卷角是"透明"或"不透明";在"颜色"栏中可以设置"卷曲"的颜色和"背景"的颜色;拖动"宽度"和"高度"滑块,可以设置卷页的卷曲设置。调整参数后单击"预览"按钮,即可看到应用图形前后的对比效果。如果要撤销当前设置,可以单击"重置"按钮(如图 13－14 所示)。

图 13－14

(3)设置完毕后,单击"确定"按钮,应用该滤镜(如图 13－15 所示)。

图 13－15

5. 透视

使用"透视"滤镜命令,可以使位图图像进行透视的变化。在 CorelDRAW X6 中设置透视效果的具体操作步骤如下:

(1)选择菜单中的"文件/导入"(快捷键 Ctrl+I)或者单击工具栏中的导入  按钮,导入一幅位图图像。

(2)然后执行菜单中的"位图/三维效果/透视"命令,在弹出的"透视"对话框的左下角区域根据设计需要调节透视节点,在类型中勾选相应的设置,点击预览即可看到应用图形前后的对比效果。如果要撤销当前设置,可以单击"重置"按钮(如图 13-16 所示)。

图 13-16

(3)设置完毕后,单击"确定"按钮,应用该滤镜(如图 13-17 所示)。

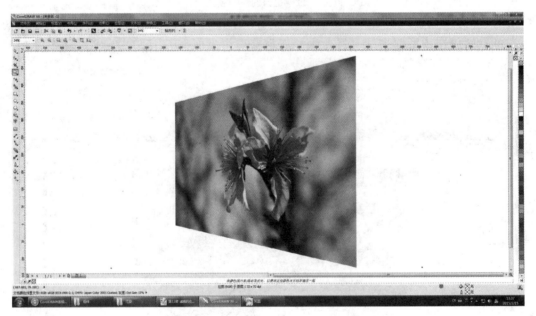

图 13-17

6. 挤近/挤远

使用"挤近/挤远"滤镜命令,可以使位图图像对于选中的中心弯曲,产生向外或向内挤压的变形,形成凹或凸的压力效果。具体操作步骤如下:

(1)选择菜单中的"文件/导入"(快捷键 Ctrl+I)命令,导入一幅位图图像。

（2）选择工具栏中的挑选工具，选择导入的位图图像。然后执行"位图/三维效果/挤近/挤远"命令，打开"挤近/挤远"对话框。

（3）在其中拖动"挤近/挤远"栏中的滑块或者在文本框中输入相应的数值，即可使图像产生变形的效果（如图 13-18 所示）。

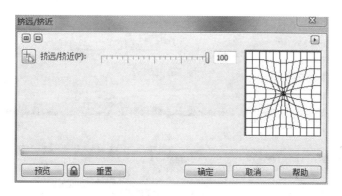

图 13-18

（4）当数值为 0 的时候，表示无变化；当数值为正数的时候，图像表示挤远，形成凹效果；当数值为负数的时候，图像表示挤近，形成凸效果。设置完成后单击"预览"可以预览变形效果，单击确定，应用该滤镜（如图 13-19 所示）。

图 13-19

7. 球面效果

利用"球面"命令可以使位图产生一种贴在球体上的球体效果。在"球面"对话框中进行参数设置，可以产生更多的效果。具体操作如下：

（1）选择菜单中的"文件/导入"（快捷键 Ctrl+I）命令，导入一幅位图图像。

（2）选择工具栏中的挑选工具，选择导入的位图图像。然后执行"位图/三维效果/球面"命令，打开"球面"对话框。

（3）在其中设置优化速度/质量，拖动百分百滑块或者在文本框中输入相应的数值，点击预览即可使图像产生球面变形的效果（如图 13-20 所示）。

（4）设置完毕后，单击"确定"按钮，应用该滤镜（如图 13-21 所示）。

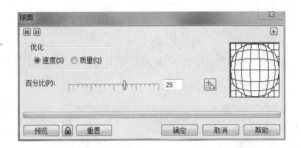

图 13 - 20

图 13 - 21

### 13.2.2 艺术笔触效果

"艺术笔触"的滤镜功能是对位图图像进行艺术化的加工处理。改组中包含了 14 种滤镜命令,执行"位图/艺术笔触"命令,在弹出的子菜单中选择需要的命令即可打开相应的参数设置对话框。在其中根据情况的不同进行设置后单击"确定"按钮,即可为图像增加如点彩派、印象派、素描、水彩画、波纹纸面等艺术图像效果(如图 13 - 22 所示)。

下面就介绍 14 种艺术笔触类滤镜的用法和效果。

1. 炭笔画

使用"炭笔画"滤镜可以制作出类似是用炭笔在图像上绘制出来的图像效果,多用于对任务图像进行艺术调整。具体使用方法如下:

(1)选择菜单中的"文件/导入"(快捷键 Ctrl+I)命令,导入一幅位图图像。

(2)选择工具栏中的"挑选"工具,选择导入的位图图像。然后执行菜单中的"位图/艺术笔触/炭笔画"命令,在弹出的"炭笔画"对话框中拖动"大小"滑块设置炭笔的大小,数值越大,炭笔越粗;数值越小,炭笔越细;拖动"边缘"滑块设置位图对比度,数值越大,对比度越大;数值越小,对比度越小(如图 13 - 23 所示)。

图 13 - 22

图 13 - 23

(3)设置后单击"预览"按钮,即可看到应用图像的前后对比效果。

(4)单击"确定"按钮,炭笔画效果应用于位图上(如图 13 - 24 所示)。

图 13 - 24

2. 单色蜡笔画

使用"单色蜡笔画"滤镜可以制作出类似是用单色蜡笔在图像上绘制出来的图像效果,多用于对任务图像进行艺术调整。具体使用方法如下:

(1)选择菜单中的"文件/导入"(快捷键 Ctrl + I)命令,导入一幅位图图像。

(2)选择工具栏中的"挑选"工具,选择导入的位图图像。然后执行菜单中的"位图/艺术笔触/单色蜡笔画"命令,在弹出的"单色蜡笔画"对话框中选择单色,纸张颜色等设置(如图 13 - 25 所示)。

图 13 - 25

(3)设置后单击"预览"按钮,即可看到应用图像的前后对比效果。

(4)单击"确定"按钮,单色蜡笔画效果应用于位图上(如图 13 - 26 所示)。

图 13 - 26

### 3. 蜡笔画

使用"蜡笔画"滤镜效果可以使位图图像模拟出蜡笔绘画的效果。在参数设置对话框中,调整大小滑块可以调节蜡笔的大小,调节轮廓滑块可以设置蜡笔边缘轮廓的大小。其中单色蜡笔画和彩色蜡笔画的操作。具体操作方法参考"单色蜡笔画"。

### 4. 立体派

可以将相同颜色的像素组成色块,从而产生类似于油画的立体派风格的效果,在参数设置的对话框中,调整大小滑块可以调节颜色相同部分像素的稠密程度,调节亮度滑块可以设置图像的明暗程度(如图 13 - 27 所示)。

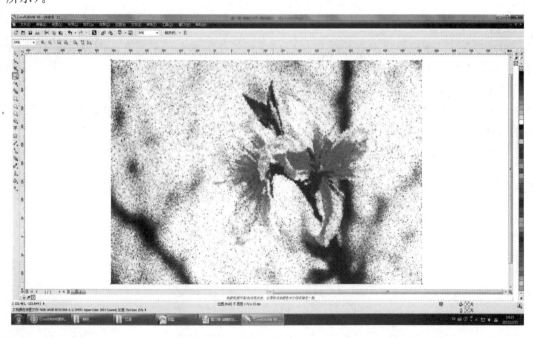

图 13 - 27

5．印象派

使用该滤镜可以使位图图像产生类似于油画印象派的风格效果,该滤镜可以将图像转换为小块的纯色。在参数设置对话框中,可以对笔触和色块进行旋转,调整技术栏的滑块可以改变色块的大小、颜色和明度(如图 13－28 所示)。

图 13－28

6．调色刀

使用"调色刀"可以产生在画布上的涂抹效果,使图像中先进的颜色相互融合,减少细节产生写意效果(如图 13－29 所示)。

图 13－29

7．钢笔画

使用"钢笔画"滤镜效果可以使位图图像显现出钢笔笔触的绘画效果,并且效果明暗对比鲜明,有很强的视觉冲击力(如图 13－30 所示)。

图 13 - 30

8. 点彩派

"点彩派"滤镜命令的原理是将位图图像中相邻的颜色融合为一个一个的点状色素点,并将这些色素点组合形成原来的图像,可以使图像产生类似于油画中的点彩派风格效果。使图像看起来更具质感,此滤镜多应用于静物图像添加艺术绘图效果。操作方法是选择位图图像,选择"位图/艺术笔触/点彩派"命令,弹出"点彩派"对话框。其中,调节大小滑块来改变颜色点的大小;调节亮度滑块可以改变位图图像的亮度(如图 13 - 31 所示)。

图 13 - 31

9. 木版画

"木版画"滤镜效果可以使位图图像显现出木版画笔触的绘画效果,同时可以调节刮痕大小、颜色、密度等(如图 13 - 32 所示)。

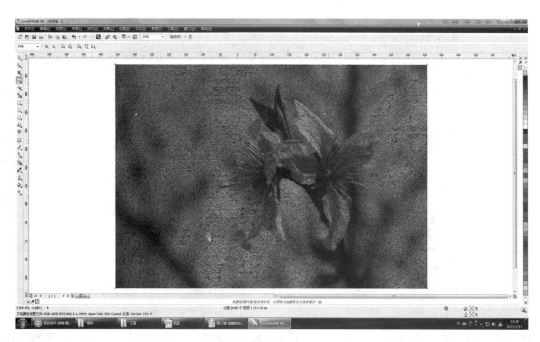

图 13 - 32

10．素描

使用该滤镜可以使图像产生铅笔素描草稿的效果（如图 13 - 33 所示）。

图 13 - 33

11．水彩画

使用该滤镜可以描绘出图像中静物形状，同时简化、溢出、混合、渗透、模拟出传统水彩画的艺术效果（如图 13 - 34 所示）。

图 13 - 34

**12. 水印画**

使用该滤镜,可以将位图图像描绘出水印效果(如图 13 - 35 所示)。

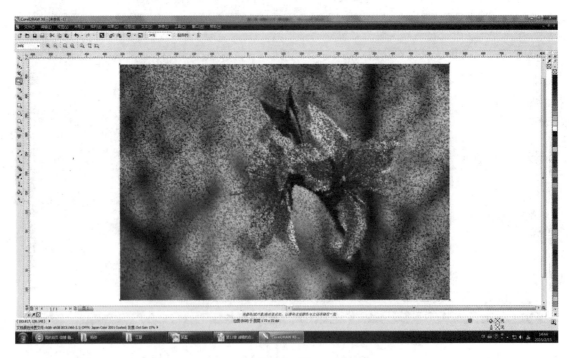

图 13 - 35

**13. 波纹纸画**

使用该滤镜,可以将位图图像描绘出波纹纸面的绘画效果(如图 13 - 36 所示)。

图 13 - 36

### 13.2.3　模糊效果

"模糊"类滤镜包括 9 种滤镜,使用滤镜组可以对位图中的像素进行模糊处理,从而模拟渐变、拖动或杂色效果。这些滤镜效果能校正图像、体现图像的柔和效果。合理运用还能表现多种动感效果(如图 13 - 37 所示)。

(1)定向平滑:使用该滤镜可以在图像中添加微小的模糊效果,图像中渐变的区域变得平滑,但不影响图像边缘的细节纹理。

(2)高斯式模糊:使用"高斯式模糊"滤镜可以使位图图像中的像素向四周扩散,可以根据数值使图像按照高斯分布变化快速地模糊图像,通过像素的混合产生高斯模糊效果(如图 13 - 38 所示)。

图 13 - 37

(3)动态模糊:使用"动态模糊"滤镜可以模拟运动的方向和速度,还可以模拟风吹效果,按照拍摄运动物体的手法,通过使像素进行某一方向上的线性位移产生运动模糊效果。

图 13 - 38

（4）放射性模糊：使用该滤镜，可以使图像产生从中心点放射模糊的效果。中心点处的图像效果不变，离中心点越远，图像的模糊效果越强烈。在参数设置对话框中还能对中心点进行设定。

（5）平滑：使用该滤镜，可以减少相邻像素之间的色调差异，使图像产生细微的模糊变化。这种模糊变化很小，必须将图像放大后才能看出变化效果。可以多次为图像使用这种效果。

（6）缩放：使用该滤镜，可以使图像中的像素大小点向外模糊，离中心点越近，模糊效果越弱，这种效果就好像在照相过程中使用相机快速推近物体是拍摄的效果。

### 13.2.4　相机效果

"相机效果"滤镜可以模拟由扩散透镜或扩散过滤器产生的效果，该滤镜只有"扩散"一种效果，利用该滤镜可扩散图像中的像素，从而产生一种类似于相机扩散镜头焦距的融化效果，在弹出的设置对话框中，拖动"层次"滑块可以调节扩散焦距的程度。

### 13.2.5　颜色转换效果

使用"颜色转换"滤镜组，可以将位图图像模式模拟成一种胶片和印染效果。该类滤镜可以通过减少或替换颜色来创建摄影幻觉。选择"位图/颜色转换"命令，在弹出的子菜单中可以看到包含了"位平图"、"半色调"、"梦幻色调"和"曝光"4 种滤镜命令，能转换像素的颜色，形成多种表现效果（如图 13－39 所示）。

1. 位平图

使用该滤镜，可以通过 RGB 三原色组合产生单色的色块应用到位图中，从而给人以强烈的视觉冲击力（如图 13－40 所示）。

图 13－39

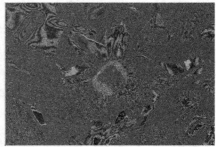

图 13－40

2. 半色调

使用该滤镜，可以将位图图像中的连续色调转换为大小不同的点，从而产生半调色网点效果。在半调色对话框中，调整青、品、黄和黑色滑块，可以指定相应颜色筛网的角度（如图 13－41 所示）。

图 13－41

### 3. 梦幻色调

使用该滤镜,可以将位图图像中的颜色转换为超现实迷幻色彩,如粉红、橙黄、青色和绿色等(如图 13 - 42 所示)。

图 13 - 42

### 4. 曝光

使用该滤镜,可以使位图图像产生照片曝光不足或曝光过度的效果,从而转换为类似照片中底片的效果。层次滑块可以改变曝光效果的强度(如图 13 - 43 所示)。

图 13 - 43

### 13.2.6 轮廓图效果

使用"轮廓图"滤镜组,可以用来突出和增强凸现的边缘以及跟踪位图图像边缘,以独特方式将复杂图像以线条的方式进行表现。在轮廓图滤镜中,包含了"边缘检测","查找边缘"、"描摹轮廓"3 种滤镜命令(如图 13 - 44 所示)。

图 13 - 44

1. 边缘检测

使用该滤镜,可以找到图像中各种对象的边缘,然后将其转化为曲线,这种效果常用于饮食图像中的高对比度位图(如图 13－45 所示)。

图 13－45

2. 查找边缘

使用该滤镜,可以检测图像中对象的边缘,并将其转化为柔软的或者尖锐的曲线,这种效果也适用于高对比度的图像。在参数设置对话框中,选择"软"单选按钮可使其产生平滑模糊的轮廓线,选中"纯色"单选按钮可使其产生尖锐的轮廓线。高层次滑块可以改变效果的强度(如图 13－46 所示)。

图 13－46

3. 描摹轮廓

该滤镜可以将位图图像的轮廓勾勒出来,从而达到一种描边的效果。这种效果适合用于高对比度位图(如图 13－47 所示)。

图 13－47

### 13.2.7　创造性效果

创造性类滤镜包括 14 中滤镜。该滤镜可以仿真晶体、玻璃、织物等材料表面,也可以使位图产生马赛克、颗粒、扩散等效果,还可以模拟雨、雪、雾等天气(如图 13－48 所示)。

图 13 - 48

**1. 工艺**

使用该滤镜可以使位图图像产生拼图板、齿轮、弹珠、糖果、瓷砖、筹码等拼板的效果。在弹出的设置对话框中的"样式"下拉列表中可以选择拼板样式。提供的选项有：拼图板、齿轮、弹珠、糖果和筹码；拖动"大小"滑块设置单元大小；拖动"亮度"滑块设置位图亮度，数值越大，光线越亮；在"旋转"数值框中输入数值设置拼图转角(如图 13 - 49 所示)。

图 13 - 49

**2. 晶体化**

使用晶体化滤镜可以使位图产生色块分离出类似结晶的效果(如图 13 - 50 所示)。

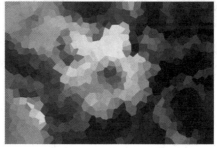

图 13 - 50

3. 织物

使用该滤镜可以使位图图像产生类似纺织品外观的效果。在弹出设置对话框中的"样式"下拉列表中可以选择一种样式,提供的选项有:刺绣、地毯钩织、拼图、珠帘、丝带和拼纸;拖动"大小"滑块设置单元大小;拖动"亮度"滑块设置位图亮度,数值越大,光线越亮;在"旋转"数值框中输入数值设置拼图转角(如图 13 - 51 所示)。

图 13 - 51

4. 框架

框架可以使图像边缘产生艺术的笔刷效果(如图 13 - 52 所示)。

图 13 - 52

5. 玻璃砖

使用该滤镜可以使位图图像产生透过玻璃观察位图的纹理效果。在弹出的设置对话框中拖动"块宽度"滑块设置玻璃块宽度;拖动"块高度"滑块设置玻璃块高度(如图 13 - 53 所示)。

图 13 - 53

6. 儿童游戏

应用"儿童游戏"命令,可以使用位图图像具有类似于儿童涂鸦游戏时所位置处的画面效果(如图 13 - 54所示)。

图 13 - 54

7. 虚光

使用该滤镜可以产生边缘虚化的晕光。在弹出的设置对话框中的"颜色"选项区域中可以选择虚光的颜色为"黑色"、"白色"或"其他",也可以单击按钮后拾取位图或左上方的源素材窗口中虚光的颜色;在"形状"选项区域中可以选取虚光的颜色为"椭圆形"、"圆形"、"矩形"、"正方形";在"调整"选项区域中拖动"偏移"滑块设置虚光的大小;拖动"褪色"滑块设置渐隐强度(如图 13 - 55 所示)。

图 13 - 55

8. 漩涡

使用该滤镜可以产生风吹、水流的漩涡。在他弹出的设置对话框中的"样式"下拉列表中选择漩涡样式,提供的选项有:笔刷效果、层次效果、粗体或细体;单击按钮,然后在选择的位图中单击以确定漩涡的中心,拖动"大小"滑块设置漩涡的大小;拖动"内部方向"或"外部方向"滑块设置漩涡内部或周围的方向。

13.2.8　扭曲效果

使用"扭曲"滤镜组,可以以不同的方式将位图图像中的像素表面进行扭曲,从而制作出各种不相同的效果。在扭曲滤镜组中包含了"块状"、"置换"、"像素"、"龟裂"、"漩涡"、"平铺"、"湿笔画"、"涡流"和"风吹效果"10 种滤镜命令(如图 13 - 56 所示)。

图 13 - 56

### 13.2.9　杂点效果

使用"杂点"滤镜组可以在位图图像中添加或者去除杂点,使其产生不同的图像效果。杂点滤镜组中包含了"添加杂点"、"最大值"、"中值"、"最小"、"去除龟裂"、"去除杂点"6种滤镜命令。

**1. 添加杂点**

使用该滤镜可以分为图像添加颗粒状的杂点,使图像画面具有粗糙的效果。

**2. 最大值**

使用该滤镜根据位图最大值颜色附近的像素颜色值调整像素的颜色,以消除杂点。

**3. 中值**

使用该滤镜可以通过平均图像中像素的颜色值来消除杂点和细节。在参数设置对话框中,调整半径滑块可以设置在使用该效果时选择的像素的数量。

**4. 最小**

使用该滤镜可以通过图像像素变暗的方法消除杂点。在参数设置对话框中,调整百分比滑块可以设置效果的强度。调整半径滑块可以设置在使用这种效果时选择和评估的像素的数量。

**5. 去除杂点**

使用该滤镜可以扫除图像或者抓取的视频图像中的杂点和灰尘,使图像有更加干净的画面效果,但同时,去除杂点后的画面会相应模糊。

### 13.2.10　鲜明化效果

应用"鲜明化"效果可以改变位图图像中相邻像素的明度、亮度以及对比度,从而增强图像的颜色锐度,使图像颜色更加鲜明突出。此滤镜组包含了适应非鲜明化、定向柔化、高通滤波器、鲜明化及非鲜明化遮罩共5种滤镜效果。

**1. 适应非鲜明化**

"适应非鲜明化"命令可以增强图像中对象边缘的颜色锐度,使对象边缘鲜明化。

**2. 高通滤波器**

"高通滤波器"命令可以极为清晰地突出位图中绘图元素的边缘。

**本章思考与练习**

选择一些照片运用滤镜效果完成艺术相册的制作。

# 第 14 章　管理文件与打印

## 学习要点及目标

1. 掌握在 CorelDRAW X6 中导入与导出文件的方法。
2. 掌握发布到 Web、导出到 Office、发布至 PDF 的方法。
3. 了解在 CorelDRAW X6 中打印与印刷的相关知识。
4. 掌握合并打印的使用方法。

## 核心概念

1. 发布到 Web。
2. 导出到 Office。
3. 发布至 PDF。
4. 合并打印。

## 14.1　在 CorelDRAW X6 中管理文件

在实际设计工作中需要配合多个图像处理软件来完成一项复杂的项目编辑，需要将多种格式的文件应用到 CorelDRAW 文件中，同时也需要将 CorelDRAW 文件导出为多种文件格式，以供其他软件应用。CorelDRAW X6 为用户提供了多种文件格式，以供各种软件间文件的相互使用。

### 14.1.1　导入与导出文件

（1）执行"文件/导入"菜单命令或者按下 Ctrl＋I 快捷键，也可以单击标准工具栏中的导入按钮 ，弹出"导入"对话框（如图 14-1 所示），在"查找范围"下拉列表中选择需要导入的文件，单击"导入"按钮，即可将选择的文件导入到 CorelDRAW 中进行编辑。

提示：关于导入文件的具体操作方法，请参考本书第八章"导入与简单调整位图"一节中的详细介绍。

（2）要将当前绘制的图形导出为其他格式，可执行"文件/导出"菜单命令，或者按下 Ctrl＋E 快捷键，也可在标准工具栏中单击"导出"按钮 ，弹出"导出"对话框（如图 14-2 所示）。

在对话框中设置好保存路径和文件名，并在"保存类型"下拉列表中选择需要导出的文件格式，设置好后，单击"导出"按钮，弹出"导出到 JPEG"对话框（保存类型不同弹出的对话框也不同，常见的保存类型如：AI、GIF、JPG、PSD），并在其中设置好参数。单击"确定"按钮，即可将文件以此种格式导出在指定的目录下。

图 14 - 1

图 14 - 2

 小贴士：

　　导出时有两种导出方式，第一种为导出页面编辑内容，是默认的导出方式；第二种是在导出时勾选"只是选定的"复选框，导出的内容为选中的目标对象。

　　当选择的"保存类型"为 JPG 文件格式时，会弹出"导出到 JPEG"对话框（如图 14 - 3 所示），然后设置"颜色模式"，在"颜色模式"下拉列表中有三种颜色模式选项（灰度、RGB 颜色、CMYK 颜色），再设置"质量"调整图片输出的成像品质（一般选择高），其他参数默认即可。

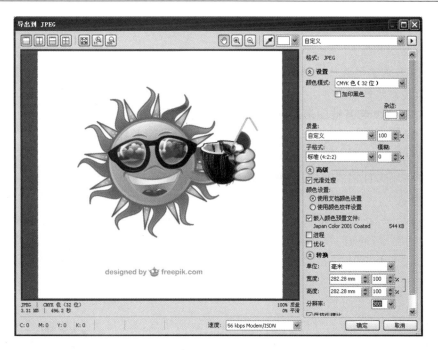

图 14 - 3

当选择的"保存类型"为 PSD 文件格式时,会弹出"转换为位图"对话框(如图 14 - 4 所示)。

"转换为位图"对话框参数介绍:

宽度和高度:设置图像的尺寸,或者在"百分比"文本框中输入数值,位图将按照原大小的百分比进行调整。

分辨率:可以根据实际需要设置对象的分辨率。

嵌入颜色预置文件:选择该复选框,可应用国际颜色委员会 ICC 预置文件,从而使设备与色彩空间的颜色标准化。

递色处理的:模拟数目比可用颜色更多的颜色。此选项可用于使用 256 色或更少颜色的图像。

总是叠印黑色:在通过叠印黑色进行打印时避免黑色对象与下面的对象之间的间距。

选项:可以根据实际需要设置对象转换为位图的各种效果,如"光滑处理"、"保持图层"和"透明背景"选项。

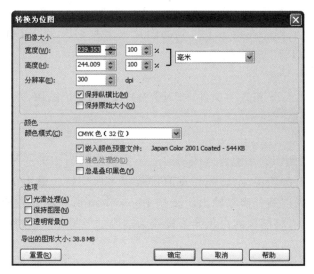

图 14 - 4

小贴士：

在导出文件时，需要了解其他软件所支持的文件格式再来确定导出文件的保存类型，这点非常重要，否则导出后无法在其他软件中打开。

### 14.1.2　CorelDRAW 与其他图形文件格式

CorelDRAW X6 支持导入导出的文件格式有很多种，为设计者提供大量的文件素材来源，方便各种软件间的相互配合使用。

下面介绍几种常用文件格式的使用特性和使用范围。

**1. PSD 文件格式**

PSD 格式是 Adobe 公司发布的图像处理软件 Photoshop 的专用格式。这种格式可以存储 Photoshop 中所有的图层、通道、颜色模式等信息。它是未完成图像处理任务前，一种常用且可以较好地保存图像信息的格式。由于 PSD 格式所包含图像数据信息较多，图像文件相对比较大，但使用这种格式存储的图像修改起来比较方便。

**2. AI 文件格式**

AI 格式是 Adobe 公司发布的软件 Adobe Illustrator 所生成的矢量文件格式。它的优点是占用硬盘空间小，打开速度快，与 Adobe Photoshop、Adobe Indesign 等图像处理和绘图软件都有很好的兼容性。

**3. BMP 文件格式**

BMP 文件格式是一种标准的位图文件格式，它支持 RGB、索引色、灰度和位图色彩模式，但不支持 Alpha 通道。以 BMP 格式保存的文件通常比较大。

**4. JPEG 文件格式**

通常简称 JPG，是一种较常用的有损压缩技术，它主要用于图像预览及超文本文档，如 HTML 文档。在压缩过程中丢失的信息并不会严重影响图像质量，但会丢失部分肉眼不易察觉的数据，所以不宜使用此格式进行印刷。

**5. TIFF 文件格式**

TIFF 文件格式是一种无损压缩格式，便于在应用程序之间和计算机平台之间进行图像数据交换，该格式支持 RGB、CMYK、Lab 和灰度等色彩模式，而且在 RGB、CMYK 以及灰度等模式中支持 Alpha 通道的使用。另外，它还支持 LZW 压缩。

**6. GIF 文件格式**

GIF 格式的文件是一种压缩位图格式，支持透明背景图像，最多为 256 色，不支持 Alpha 通道。GIF 格式的文件较小，常用于网络传输，在网页上见到的图片大多是 GIF 和 JPG 格式。与 JPG 文件格式相比，其优势在于 GIF 文件可以保存动态效果。

**7. PNG 文件格式**

PNG 格式主要用于替代 GIF 格式的文件。PNG 格式支持 24 位图像，产生透明背景没有锯齿边缘，可以产生质量较好的图像效果。

**8. EPS 文件格式**

EPS 文件格式是目前桌面印刷系统普遍使用的通用交换格式当中的一种综合格式。EPS 可以包含矢量和位图图形，几乎被所有的图像、示意图和页面排版程序所支持。最大优点在于可以在排版软件中以低分辨率预览，而在打印时以高分辨率输出。支持 Photoshop 所有的颜色模式，可以用来存储矢量图和位图，在存储位图时，还可以将图像的白色像素设置为透明的效果，它在位图模式下也支持透明。

**9. PDF 文件格式**

PDF 文件以 PostScript 语言图象模型为基础，无论在哪种打印机上都可保证精确的颜色和准确的打印效果。可以将文字、字型、格式、颜色及独立设备和分辨率的图形图像等封装在一个文件中。该格式文件还可以包含超文本链接、声音和动态影像等电子信息,支持特长文件,其集成度和安全可靠性都较高。

### 14.1.3　发布到 Web

#### 1. 新建 HTML 文本

HTML 即超文本标记语言或超文本链接标示语言,是目前网络上应用最为广泛的语言,也是构成网页文档的主要语言。HTML 文本是由 HTML 命令组成的描述性文本,HTML 命令可以说明文字、图形、动画、声音、表格、链接等。

将图像或文档发布到 Web 上时,可执行"文件/导出 HTML"命令,弹出"导出对话框"(如图14-5所示)。

"导出 HTML"对话框的参数介绍如下。

常规:包含 HTML 排版方式、确定存储 HTML 文件和图像的文件夹、FTP 站点和导出范围等选项。也可以选择、添加和移除预设。

细节:显示了生成的 HTML 文件的详细信息,允许更改页面名和文件名(如图14-6所示)。

图 14-5　　　　　　　　　　　　　　　　　　　图 14-6

图像:列出所有当前 HTML 导出的图像。可将单个对象设置为 JPEG、GIF 和 PNG 格式(如图14-7所示)。单击"选项"按钮,可以在弹出的"选项"对话框中选择每种图像类型的预设(如图14-8所示)。

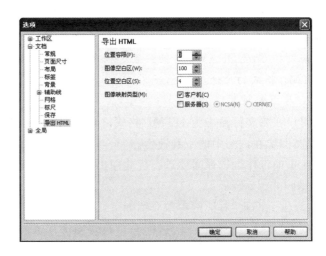

图 14-7　　　　　　　　　　　　　　　　　　　图 14-8

高级:提供了生成翻转和层叠样式表的 JavaScript,维护到外部文件的链接等选项(如图 14-9所示)。

总结：显示了在不同的下载速度下，不同文件的下载时间（如图 14 - 10 所示）。

图 14 - 9　　　　　　　　　　　　　　　　　　　　　　　图 14 - 10

问题：显示了潜在问题的列表，包括解释、建议和提示内容等，可以按照提示进行纠正（如图 14 - 11 所示）。

图 14 - 11

 小贴士：

如果在 CorelDRAW X6 的安装过程中，选择默认设置，则在安装完成后，CorelDRAW X6 可能不支持 HTML 格式的文件，需要重新安装 CorelDRAW X6 并勾选此项。

2. 导出到网页

用户在将文件输出为 HTML 格式之前，可以对文件中的图像进行网络输出设置，以减小文件的大小，提高图像在网络中的下载速度。

在页面工作区选择需要进行优化输出的对象，执行"文件/导出到网页"命令，弹出"导出到网页"对话框（如图 14 - 12 所示）。

"导出到网页"对话框参数介绍如下。

单击⬚⬚⬚⬚任意一个按钮，可以设置图像预览窗口的显示方式。

单击任意一个预览窗口，可以在"预设列表"中单独设置此预览窗口的输出格式效果。

单击🖐🔍🔍任意一个按钮可以对预览窗口中的图像进行平移、放大或缩小的调整。

通过对图像输出参数区域设置可优化设置图像输出品质，如优化图片大小，提高下载速度等。

在"速度"下拉列表中，可以选择图像在网络中的传输速度，预览窗口下方可以查看该图像在当前优

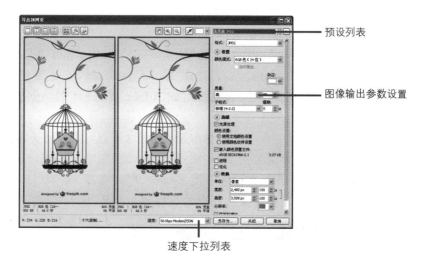

　　　　　　　　　　　　　　　　　　　　　　　　　　　　　　——预设列表

　　　　　　　　　　　　　　　　　　　　　　　　　　　　　　——图像输出参数设置

——速度下拉列表

图 14 – 12

化设置后所需要的下载时间。

　　单击"另存为"按钮,即可将图像按所设置的参数进行保存。

### 14. 1. 4　导出到 Office

　　在 CorelDRAW X6 中可以将图像导出成为 Office 软件可接受的文件格式,并可以在导出时进行优化,方便用户根据用途需要选择合适的质量导出图像。

　　具体操作:执行"文件/导出到 Office"命令,打开"导出到 Office"对话框(如图 14 – 13 所示)。可以在导出前进行缩放平移预览,导出的文件一般体积很小。

图 14 – 13

　　"导出到 Office"对话框的参数介绍如下。

　　导出到:选择图像的应用类型,两种应用类型分别是 Micro Soft Office 以及 WordPerfect Office,可以应用到 Word 中或所有 Office 文档中。

　　图形最佳适合:选择"兼容性",则以基本的演示应用进行导出;选择"编辑",则保持图像的最高质量,便于图像进一步编辑调整。

　　优化:选择图像的最终应用品质。"演示文稿"用于电脑屏幕上的演示;"桌面打印"用于一般文档打印;"商业印刷"用于出版级别。应用品质越高,相对输出图像文件体积越大。

### 14.1.5 发布至 PDF

PDF 文件全称为 Portable Document Format,意为"便携式文档格式",是由 Adobe 公司开发的一种文件格式。这种文件格式与操作系统平台无关,不管是在 Windows、Unix,还是在 Mac OS 操作系统中都是通用的。只要系统中安装能识别该文件格式的程序,如 Adobe Acrobat 和 Adobe Acrobat Reader,就能在任何操作系统中进行正常阅读。

具体操作:执行"文件/发布至 PDF"命令,打开"发布至 PDF"对话框(如图 14-14 所示)。在该对话框的"PDF 预设"下拉列表中,可以选择所需要的 PDF 预设类型(如图 14-15 所示)。单击"设置"按钮,弹出"PDF 设置"对话框,可对要导出的 PDF 文件进行更多属性设置(如图 14-16 所示)。最后单击"确定"按钮,返回到"发布至 PDF"对话框,设置好文件保存的位置和文件名,单击"保存"按钮即可。

图 14-14

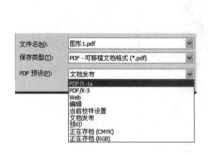

图 14-15

图 14-16

"PDF 预设"下拉列表参数介绍如下。

PDF/X-1a:允许使用 CMYK 数据和专色数据进行完全交换,不可使用 RGB 或 Lab 色彩模式,禁止使用加密和 OPI 对象,嵌入所使用的字体,定义输出目标的特性(可使用 ICC 输出特性文件来定义)。该选项包含用于预印的基本设置,是广告发布的标准格式。

PDF/X-3:是 PDF/X-1a 标准的扩展集,兼容 PDF/X-1a 标准,也是一种完全交换的文件格式。不仅可以使用 CMYK 和专色数据,还允许使用 RGB 颜色数据和与设备无关的颜色数据(如 Lab 或灰度），并可对这些颜色数据实施色彩管理。采用 PDF/X‐3 标准的 PDF 文件既可以用于印刷和出版输出，也可以输出到 RGB 设备、复合打印设备等，适合于多目标输出。

Web：可创建用于联机查看的 PDF 文件。该选项可启用 JPEG 位图图像压缩、文本压缩功能和超链接功能。

编辑：可创建发送到打印机或数字复印机的高质量 PDF 文件。此选项启用 LZW 压缩功能，嵌入字体并包含超链接、书签及缩略图。显示的 PDF 文件中包含所有字体、最高分辨率的所有图像及超链接，以便以后可以继续编辑此文件。

当前校样设置：应用当前文档的色彩校样设置，作为新生成 PDF 中内容图像的色彩校样。

文档发布：是"PDF 预设"的默认选项。它用于创建可以在激光打印或桌面打印机上打印的 PDF 文件，适合于常规的文档传输。该选项可启用 JPEG 位图图像压缩功能，并且可以包含书签和超链接。

预印：启用 ZIP 位图图像压缩功能，嵌入字体并保留专为高品质打印设计的专色选项。

正在存档（CMYK）：创建一个 PDF/A‐1b 文件，该文件适用于存档。保留原始文档中包括的任何专色或 Lab 色，但是会将其他的颜色（例如灰度颜色或 RGB 颜色）转换为 CMYK 颜色模式。可以保证文档在电脑屏幕上的显示与查看，文本的合法性没有保障。

正在存档（RGB）：创建一个 PDF/A‐1b 文件，并且可保存任何专色和 Lab 色，但所有其他颜色将转换为 RGB 颜色模式。

## 14.2　打印与印刷

设计作品完成之后，还需要对作品进行相关的打印与印刷设置，以便可以在不同的工作目的下得到合适的输出效果。

### 14.2.1　打印设置

选择菜单栏中的"文件/打印"命令，弹出"打印"对话框，或直接按下"Ctrl＋P"快捷键。在"打印"对话框中可以对文件进行打印设置。

1."常规"设置

"打印"对话框中默认为"常规"标签选项（如图 14‐17 所示）。

"常规"标签参数介绍如下。

打印机：在下拉列表中可以选择与本台计算机相连接的打印机设备。

首选项：单击该按钮弹出与所选打印机类型对应的设置对话框，可以根据用户需要设置打印各选项。

页面：在下拉列表中可以选择打印纸张的方向。

当前文档：勾选该选项，可以打印当前文件中所有页面。

文档：勾选该选项，可以在下方出现的文件列表框中勾选所要打印的文件，该列表框中出现的文件是目前正被 CorelDRAW 打开的文件。

当前页：勾选该选项，只打印当前页面。

选定内容：勾选该选项，只能打印被选取的图形对象。

页：文档中有多个页面时，可以指定所要打印的页面，还可以在下方选择所要打印的是奇数页或偶数页。

份数：在文本框中可以设置文件被打印的份数。

打印类型：在其下拉列表中选择打印的类型。

另存为：在设置好打印参数以后，单击该按钮，可以让 CorelDRAW 保存当前的打印设置以备后用。

2."颜色"设置

"打印"对话框中单击"颜色"标签，切换到"颜色"选项卡设置（如图 14‐18 所示）。

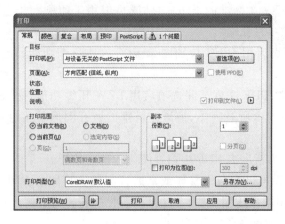
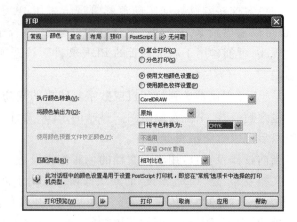

图 14 - 17                                        图 14 - 18

"颜色"标签参数介绍如下。

复合打印:是指将图像中的所有色彩以直观的混合色彩状态打印,是一般设计工作中预览实际印刷效果最常规的打印方式。

分色打印:勾选该选项,则可以将文稿中图像上的各种颜色分解为青(C)红(M)黄(Y)黑(K)4 种原色进行打印,并可以在"分色"标签中选择打印全部 4 种颜色还是打印需要的颜色,打印得到只包含所选颜色的分色片,这种方法仅适合印刷级的打印机或印刷机。

使用文档颜色设置:应用当前文档中的颜色校样设置进行打印。

使用颜色校样设置:选择该选项后,在下面的"使用颜色预置文件校正颜色"列表中选择一个颜色校样标准,作为打印机的校样颜色设置。

📖 小贴士:

勾选"分色打印"单选项后,"打印"对话框中将出现"分色"选项卡设置(如图 14 - 19 所示)。

3."复合"设置

"打印"对话框中单击"复合"标签,切换到"复合"选项卡设置(如图 14 - 20 所示)。

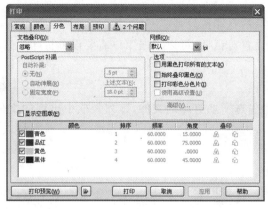
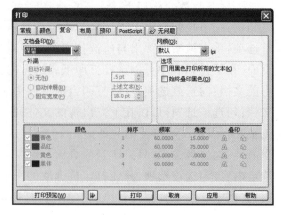

图 14 - 19                                        图 14 - 20

"复合"标签参数介绍如下。

文档叠印:默认为"保留"选项,选择该选项,可以保留文档中的叠印设置。

始终叠印黑色:勾选该选项,可以使任何含有 95% 以上的黑色对象与其下的对象叠印在一起。

自动伸展:勾选该选项,通过给对象指定与其填充颜色相同的轮廓,然后使轮廓叠印在对象的下面。

固定宽度：勾选该选项，可以固定宽度的自动扩展。

4."布局"设置

"打印"对话框中单击"布局"标签，切换到"布局"选项卡设置（如图 14 - 21 所示）。

"布局"标签参数介绍如下。

与文档相同：根据图像在页面中的实际位置进行打印。

调整到页面大小：将绘图尺寸调整到输出设备所能打印的最大范围。

将图像重定位到：在右侧的下拉列表中，可以选择图像在打印页面的位置。

页：勾选"将图像重定位到"单选项时，单击该按钮下拉列表，可以选择要设置的页面。同时可在下面的数值框中控制图像的打印位置、大小和缩放因子。

打印平铺页面：勾选该选项，以纸张的大小为单位，将图像分割成若干块后进行打印。

平铺标记：勾选该选项，可打印平铺对齐标记，，以便拼合时对齐图像各部分。

出血限制：可在该选项数值框中设置出血边缘的数值。

版面布局：在下拉列表中可以用来选择打印的版面样式，如活页、8 版向上无线胶订、8 版向上骑马订等。

 小贴士：

出血限制可将稿件的边缘设计成超出实际纸张的尺寸，通常上下左右各留出 3mm 左右，可避免打印和裁切过程中产生的误差而留下不必要的白边。

5."预印"设置

"打印"对话框中单击"预印"标签，切换到"预印"选项卡设置（如图 14 - 22 所示）。

图 14 - 21　　　　　　　　　　　图 14 - 22

预印"标签参数介绍如下。

纸张/胶片设置：勾选"反显"复选框后，可以打印负片图像；勾选"镜像"复选框后，可设置胶片感光面朝下进行打印。

打印文件信息：勾选该复选框，可以在打印作品底部打印出文件名、当前日期和时间以及应用的平铺纸张数与页面等信息。

打印页码：勾选该复选框可以打印页码。

裁剪/折叠标记：勾选该复选框，可以打印裁剪和折叠页面的标记。

仅外部：勾选该复选框在打印时只打印图像外部的裁剪/折叠标记。

对象标记：勾选该复选框，打印标记将置于对象的边框，而不是页面的边框。

打印套准标记：勾选复选框后可以在页面上打印套准标记，该标记用于胶片对齐。

样式:在下拉列表中选择套准标记的样式。

颜色调校栏:勾选后可在每张分色片上打印包含6种基本颜色的色条(红、绿、蓝、青、品红、黄),确保精确再现颜色。

浓度:勾选"尺度比例"复选框后可以在每个分色版上打印7个不同灰度深浅的灰度条。

位图缩减取样:在该选项中可以分别设置在单色模式和彩色模式下的打印分辨率。该选项用于打印样稿时降低像素取样率,以减小文件大小,提高打样速率。打印输出较高品质图像时不宜设置该选项。

6."问题"设置

"打印"对话框中单击"问题"标签,切换到"问题"选项卡设置(如图14-23所示)。该标签主要是提示用户绘图页面中存在的打印错误信息,并向用户提出修改意见。

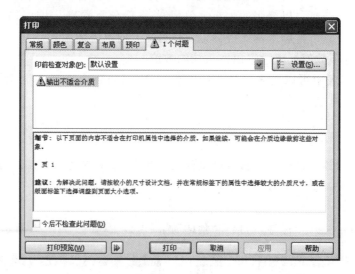

图14-23

📖 小贴士:

单击"打印"对话框下部"打印预览"按钮或"扩展预览"按钮 ,可以出现两种形式的打印预览效果(如图14-24所示)。

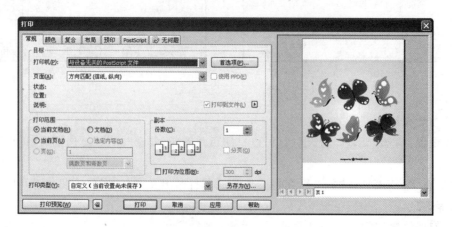

图14-24

### 14.2.2 打印预览

对文档进行打印设置后可以通过"打印预览"来预先查看文件在输出前的打印状态。选择菜单栏"文件/打印预览"命令,进入打印预览页面(如图14-25所示)。

启用分色关闭
打印
全屏
反显
页面中的图像位置
镜像

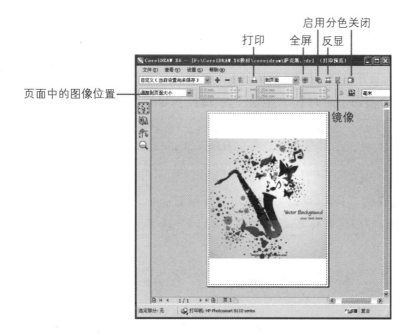

图 14－25

1.“打印预览”窗口属性栏常用参数介绍

启用分色 :单击该按钮后，文档将启用 CMYK 四种颜色的分色打印或只打印用户需要的分色片。用户可以在“打印预览”窗口下方看见四个分色后的页面即青色、品红、黄色和黑色(如图 14－26 所示)。

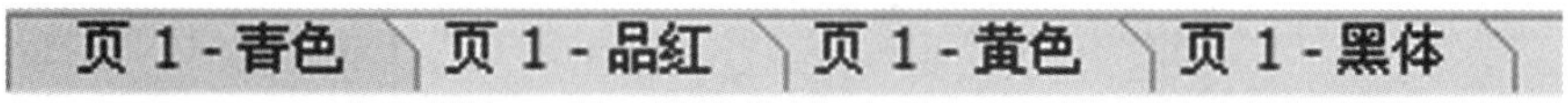

页 1 - 青色
页 1 - 品红
页 1 - 黄色
页 1 - 黑体

图 14－26

反显 :单击该按钮文档打印为负片(如图 14－27 所示)。

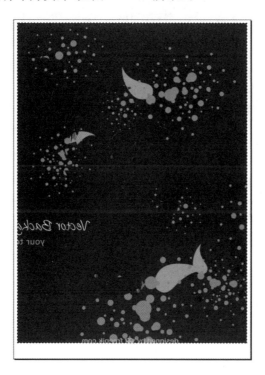

图 14－27

镜像 ⬚：单击该按钮可将文档水平镜像打印。

页面中的图像位置 与文档相同 ▼：在该选项下拉列表中，可以选择打印对象在纸张上的位置。

2."打印预览"窗口常用工具及对应属性栏参数介绍

挑选工具 ⬚：选择该工具后，可以移动预览窗口中图形对象的位置。在图形上单击，拖动对象四周的控制点，可调整对象在页面上的大小。"挑选工具"属性栏如图 14-28 所示。

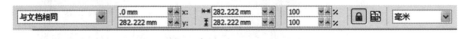

图 14-28

版面布局 ⬚：选择该工具后，可以根据用户需要设置版面。可指定和选择各种版面，也可以把几个页面打印到一张纸上。"版面布局工具"属性栏如图 14-29 所示，用户可以根据需要自行设置各个选项参数（如图 14-30 所示）。

图 14-29

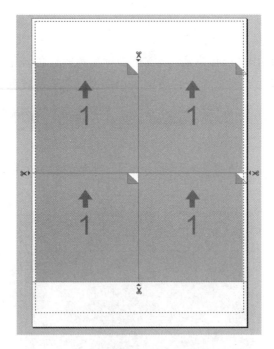

图 14-30

标记放置 ⬚：单击该按钮后，在对象周围出现红色虚线框，表示打印对象的边界。用户可以自定义对象的边界，还可以通过属性栏为对象添加打印标记（如图 14-31、图 14-32 所示）。

缩放工具 ⬚：选择该工具后，光标呈现放大镜状，单击鼠标左键可以放大视图。按下鼠标左键并拖动，可以放大选框范围内的视图。按下"shift"键单击鼠标左键可以缩小视图。另外，还可以通过该工具属性栏中的功能按钮来选择视图显示方式（如图 14-33 所示）。单击"缩放"按钮 ⬚，可打开"缩放"对话

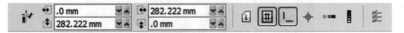

图 14-31

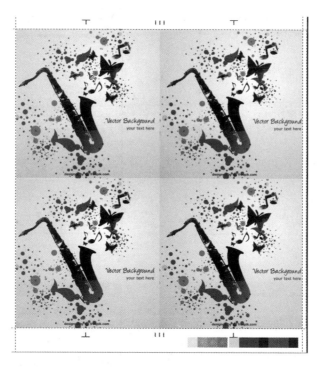

图 14 - 32

框,用户同样可以设置视图的缩放比例和显示方式(如图 14 - 34 所示)。

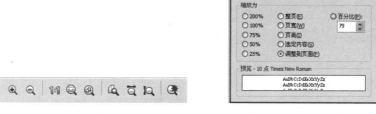

图 14 - 33　　　　　　　　　　　　　　　　图 14 - 34

 小贴士:

在打印预览窗口中按住 Enter 键或单击预览窗口中的按钮🖶,即可打印文件。

### 14.2.3　合并打印

在文字处理工作中需要打印一些格式相同但内容不同的文件,比如信封、名片、明信片、请柬等,如果分别一一编辑打印,数量大时操作会非常繁琐。因此,在 CorelDRAW 中可以使用合并打印向导来组合文本和绘图,具体操作如下:

(1)选择菜单栏"文件/合并打印/创建/装入合并域"命令,打开"合并打印向导"对话框(如图 14 - 35 所示)。

(2)在"文本域"或"数字域"文本框中输入需要的域名称,然后单击"添加"按钮,即可将其加入数据域名称列表中。如果是文字类的就在"文本域"这一栏里输入域的名称;如果是数字类则需要数字本身为连续数字才可以输入到数字域中(如图 14 - 36 所示)。

(3)在数据域名称列表中选择数字类型的域名称后,可以在下方的"数字域选项"中设置数字格式、起始值与终止值等内容(如图 14 - 37 所示)。

(4)单击"下一步"按钮,进入"添加或编辑记录"页面。在下方的数据记录列表中为创建的域输入具体内容。单击"新建"按钮,可以创建新的记录条目,添加需要的信息内容(如图 14 - 38 所示)。

图 14 - 35

图 14 - 36

图 14 - 37

图 14 - 38

　　(5)单击"下一步"按钮,进入保存页面,勾选"数据设置另存为"选项后,单击按钮，在打开的"另存为"对话框中为数据文件选择保存位置。也可以直接单击"完成",数据文件将保存在与当前文档相同的目录下(如图 14 - 39 所示)。

图 14 - 39

(6)单击"完成"按钮后,CorelDRAW 将打开"合并打印"对话框,可以通过其中的功能按钮执行对应的操作,例如对数据域内容进行重新编辑,或将当前文档中的数据域合并到新文档等(如图 14 - 40 所示)。

图 14 - 40

(7)在"合并打印"对话框中的"域"下拉列表框中选择数据域后,单击"插入合并打印域"按钮即可将该域名插入。

(8)点击"打印"  按钮完成合并打印。

 小贴士:

当用户插入域后,可像一般对象那样修改其属性,也可进行简单变形等处理。

### 14.2.4　收集用于输出的信息

CorelDRAW 中提供的"收集用于输出"功能,可以帮助用户同时完成多个打印输出文件的保存工作,简化输出流程。例如创建 PostScript 和 PDF 文件、保存文档中使用到的字体,一次完成多个文件的输出和打印,具体操作如下:

(1)选择菜单栏"文件/收集用于输出"命令,打开"收集用于输出"对话框(如图 14 - 41 所示)。在该对话框中勾选"自动收集所有与文档相关的文件"或"选择一个打印配置文件来收集特定文件",然后单击"下一步"按钮。

(2)弹出对话框(如图 14 - 42 所示),勾选"包括 PDF"、"包括 CDR"复选框,单击"下一步"按钮。

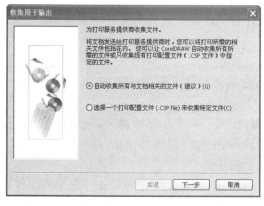

图 14 - 41　　　　　　　　　　　　　　　图 14 - 42

(3)弹出新的对话框(如图 14 - 43 所示),勾选"包括文档字体和字体列表"选项,可以输出文档中使用的字体及名称列表文件,然后单击"下一步"按钮。

(4)弹出新的对话框(如图 14 - 44 所示),勾选"包括颜色预置文件"选项,可以输出文档中使用的颜色预置文件,然后单击"下一步"按钮。

(5)弹出新的对话框(如图 14 - 45 所示),单击"浏览"按钮,可以在打开的"浏览文件夹"对话框中选择输出文件的保存位置,然后单击"下一步"按钮。

(6)在检查完对话框后,单击"下一步"按钮,即可输出。对话框将显示输出的所有文件(如图 14 - 46 所示),单击"完成"按钮完成操作。在保存文档的文件夹中出现多个用于输出及打印的文档。

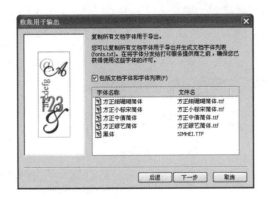

图 14 - 43

图 14 - 44

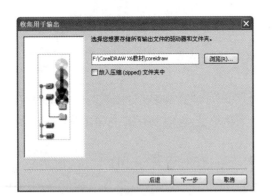

图 14 - 45

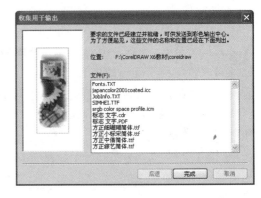

图 14 - 46

### 14.2.5  印前技术

将 CorelDRAW 软件设计的作品转换为印刷成品,设计人员还需要具备相关的印刷知识。在此结合一些实际操作中的问题,提出印前技术中应该注意的事项。

1. 印前文字使用注意事项

(1)制作印刷成品前,在 CorelDRAW 中使用文字,无论是美术字或是段落文本,其文字颜色必须是 CMYK 色,只有当需要制作专色时可以使用 PANTONE 色。

(2)对于矢量软件不用担心文字的边缘平滑度会受到什损失。文字很小的情况下印刷品质也不会有太多影响。但对于混合底色上用反白字时,字体应该使用黑体、中(准)圆体等字体,避免使用笔画较细字体造成印刷糊版。字号选择也需要适当大些,一般不小于 7 磅字号。

(3)文字在最终输出前必须将文字曲线,快捷键 Ctrl+Q。如果是多页面的 CorelDRAW 文件,则每个页面中的文字必须单独转曲线。转曲的主要目的是避免设计制作公司使用的操作系统中字库与制版公司的字库不兼容,而造成替代字体不符合要求,或来回反复拷贝字库的麻烦。

(4)不建议使用 Windows 系统默认的宋体、黑体、隶书等字体。如果是 Mac 系统则要避免使用 Beijing 等默认字体。这些字体在不同软件中使用,容易造成发排丢字或文字发排出错等现象。建议使用汉仪、方正等常用字库。

2. 特殊效果的印前处理

PSD 文件格式在 CorelDRAW 中如果发生旋转、翻转后,发排时容易出现丢失图像或者出现边缘细线等情况。此外,在 CorelDRAW 中通过像"透明工具"等工具对图像进行特殊效果处理后,这些经历过效果处理的图像必须要转为位图,分辨率可以设置到 350dpi。

3. 印前检验

执行"文件/文档属性",打开"文档属性"对话框(如图 14 - 47 所示)。"文档属性"中可以看见文件中图像色彩模式、填充色、轮廓色是否为 CMYK 色彩模式等相关信息，输出前必须进行检查。

如果 CorelDRAW 文件中有 RGB 图像或者 RGB 等非印刷颜色模式的填充色和轮廓色，可以通过执行"编辑/查找并替换/查找对象"进行分类查找（如图 14 - 48 所示）。弹出"查找向导"，勾选"开始新的搜索"，单击"下一步"（如图 14 - 49 所示）。打开有四个标签的"查找向导"对话框，可以分别查找"对象类型"、"填充"、"轮廓"、"特殊效果"（如图 14 - 50 所示）。

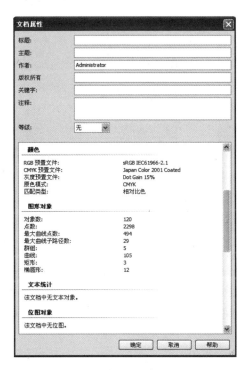

图 14 - 47

图 14 - 48

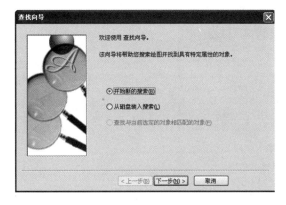

图 14 - 49

图 14 - 50

4. 导出 EPS 格式

实际工作中，绝大部分制版公司对于 CorelDRAW 文件都是导出 EPS 文件后，再将 EPS 文件通过 RIP 发排。当印前检查和修正工作完成后，就可以导出该页面到 EPS 文件格式。

点击"导出"按钮，或者点击菜单"文件/导出"菜单命令，快捷方式 Ctrl＋E，弹出"导出"对话框（如图 14 - 51 所示）。选择文件保存格式为 EPS，并输入需要的文件名。勾选"只是选定的"，只对被选择的对象进行单独输出，单击"导出"按钮，弹出"EPS 导出"对话框，显示"常规"栏选项卡（如图 14 - 52 所示）。

图 14 - 51　　　　　　　　　　　　　　　　　　图 14 - 52

　　"常规"选项卡参数介绍如下。

　　颜色管理：包含原始、RGB、CMYK、灰度四种选择，印刷输出时一般选择 CMYK。

　　类型：包含 WMF 和 TIFF 两种选择，一般选择 TIFF 格式。

　　模式：表示显示的色彩深度，包括黑白、4 位灰度、4 位彩色、8 位灰度、8 位彩色，一般选择 8 位彩色模式，以达到最佳视觉效果。

　　分辨率：为显示分辨率，可以设置范围 72～300dpi。

　　透明背景：如果被导出部分希望保留透明背景，可以选择此项，否则透明部分转换为白色。

　　兼容性：一般选择比较通用的"PostScript 等级 2"，只有当 RIP 支持的情况下才选择 PostScript3。

　　"高级"选项卡参数介绍（如图 14 - 53 所示）

图 14 - 53

　　作者：可输入。

　　位图压缩：不建议采用。

　　补漏：主要针对叠印设置，其中有三个选项：

　　保留文档叠印设置：勾选该选项，表示原文档中已经做了部分黑色叠印设置，不希望所有黑色都叠印。

　　总是叠印黑色：最常用的选项，文件中所有黑色部分自动叠印。在导出 EPS 时可以一次性完成黑色叠印的工作。

　　自动伸展：给与填充同色的对象指定轮廓，使轮廓叠印下面的各个对象，从而创建颜色补漏。"最大值"自动伸展选项指定给某个对象的展开量。

　　装订框：表示按照"对象"实际大小输出，还是按照"页面"大小输出。

　　出血限制：可将出血量设置为超出打印区域的边缘以外。

　　裁剪标记：在勾选"出血限制"后才可以激活"裁剪标记"，可为文件周围四角标记。

　　浮点数：表示小数的一种方法。所谓浮点就是小数点的位置不固定。与此相反有定点数，即小数点的位置固定，一般不选择。

　　保持 OPI 链接：可以将低分辨率图像用作高分辨率图像的占位符，一般不选择。

　　自动增加渐变步长：可以自动增加用于创建渐变填充的步数。

　　以上设置完成后，单击"确定"按钮，即可导出 EPS 文件。然后通过 Acrobat Distiller 软件将 EPS 格式的文件生成 ＊.pdf 文件格式。


**本章思考与练习**

1. 什么是分色？如何在"打印"对话框中设置分色的各个选项？

2. 什么是合并打印？按照书上提供的操作步骤完成一组工作证的合并打印（如图 14－54 所示）。

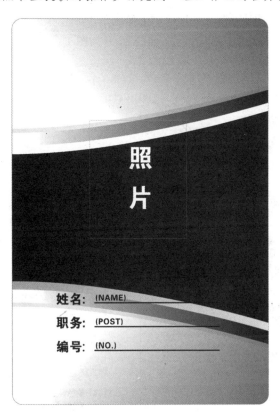

图 14－54

# 第15章　综合应用实例——商业插画设计

**学习要点及目标**

　　掌握商业插画的设计制作。

**核心概念**

　　掌握各类商业插画的设计制作。

**案例演示**

　　化妆品商业插画设计(如图15-1所示)
　　操作步骤如下:
　　(1)选择"文件/新建"或者按快捷键 Ctrl+N,在弹出的"创建新文档"对话框为文件命名为"商业插画设计",创建 A4 大小图形文件,点击确定按钮(如图15-2、图15-3所示)。

图 15-1　　　　　　　　　　　　　　　　　　图 15-2

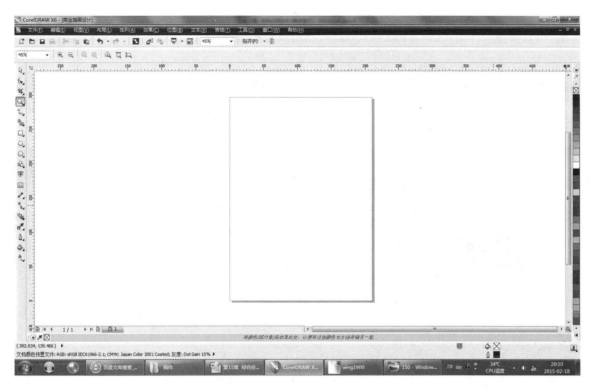

图 15 - 3

　　(2)首先制作插画的背景部分,由 6 个大小不一的正圆形构成。选择"椭圆形工具"按钮,按住 Ctrl 键的同时点击鼠标左键绘制正圆形。选择"选择工具"按钮,单击正圆形通过右下角控制点调节大小。也可以按住 Shift 键进行图形的等比例缩放(如图 15 - 4 所示)。

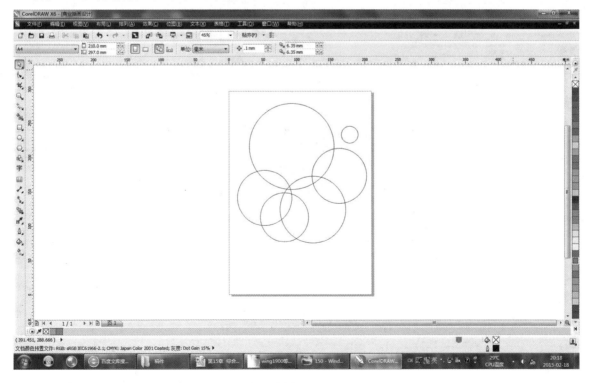

图 15 - 4

　　(3)单击任意一个正圆形,选择"填充工具" 按钮,选择子菜单中的"均匀填充",弹出均匀填充对话框,模型 CMYK,输入(C:10,M:37,Y:48,K:2),点击确定(如图 15-5、图 15-6 所示)。

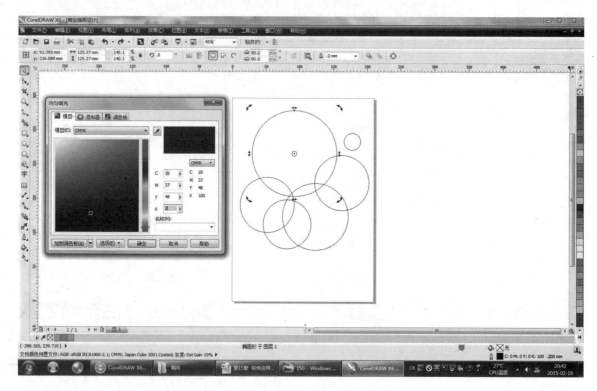

图 15-5

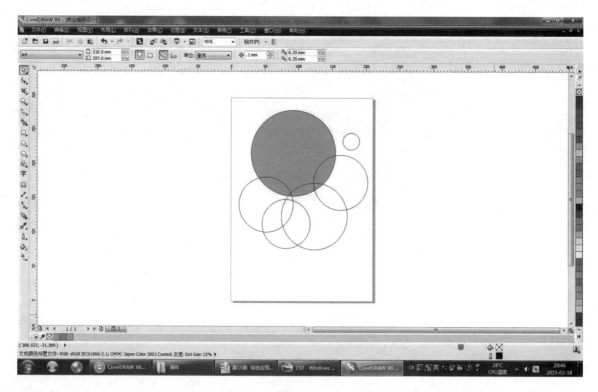

图 15-6

　　(4)选中任意一个没有填充的正圆形,在菜单栏选择"排列/造型",在弹出的"造型"对话框中选择"焊接",点击"焊接到"后单击填充了颜色的正圆形,依次其他正圆形焊接到一起使其具有同样的属性(如图15-7、图15-8所示),选中焊接好的图形,鼠标右键单击调色板上的⊠按钮去掉图形的黑色轮廓线(如图15-9所示)。

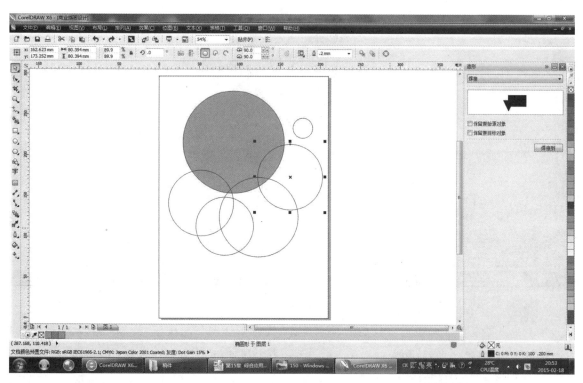

图 15-7

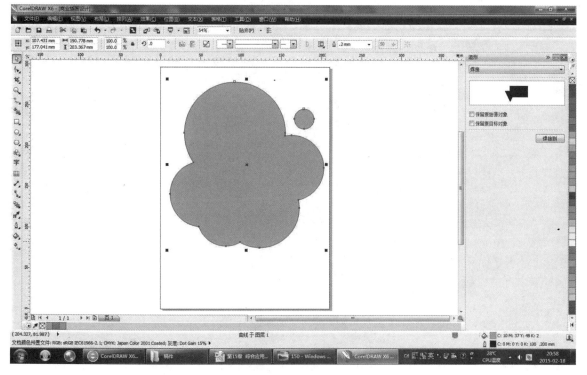

图 15-8

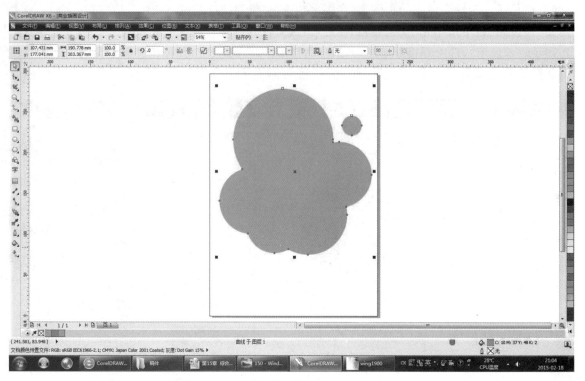

图 15 - 9

（5）接下来开始制作插画中的女性的脸部。选择"椭圆形工具" 按钮，绘制一个大小适中的椭圆形，点击鼠标右键"转换为曲线（快捷键 Ctrl＋Q）"或者点击属性栏的"转换为曲线" 按钮，选择"形状工具" 按钮将图形调整到合适的形状并且填充色彩（C：3，M：13，Y：27，K：0）。单击调色板上方 按钮去掉图形的黑色轮廓线（如图 15 - 10 所示）。

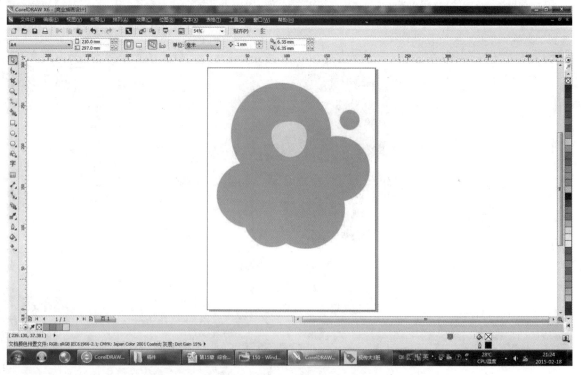

图 15 - 10

　　(6)勾画眉毛。此时可以通过鼠标中间的滚轮上下滚动调整画面的缩放大小,选择工具箱中的"手绘工具/贝塞尔工具"按钮,在脸部合适的位置绘制好眉毛部分的线条,在键盘上按快捷键 F12 设置线条属性(如图 15 - 11 所示)。复制粘贴绘制好的眉毛(快捷键 Ctrl＋C,Ctrl＋V),点击状态栏的"水平镜像"按钮,完成一对眉毛的制作(如图 15 - 12 所示)。

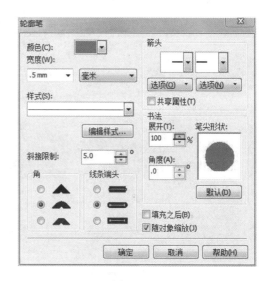

图 15 - 11

　　(7)绘制眼睛。选择"椭圆形工具"按钮,绘制一个大小适中的椭圆形,点击鼠标右键"转换为曲线(快捷键 Ctrl＋Q)"或者点击属性栏的"转换为曲线"按钮,选择"形状工具"按钮,将椭圆形的两端调节点调整为"尖突"(如图 15 - 13 所示)。调整到合适的眼睛形状即可。复制绘制好的眼睛形状,按住鼠标左键拖动到合适位置后单击右键即可实现复制,选择菜单栏"排列/造型",在弹出的造型对话框中选择"修剪",修剪后得到眼线的形状(如图 15 - 14 所示)。选择"贝塞尔工具"按钮,勾画完成眼睫毛然后焊接到眼线上即可(如图 15 - 15 所示)。接下来选择"椭圆形工具"的同时按住 Shift 键绘制眼球部分,选择"贝塞尔工具"绘制眼球上的高光的三角形部分,在调色板上用鼠标左键点击白色,为图形填充白色,删除轮廓线。绘制完成后将眼线、眼球、高光选中后,点击属性栏的"群组"按钮(快捷键 Ctrl＋G)或者选中后单击鼠标右键在菜单栏中选择"群组"。用同样的方法制作完成另一只眼睛或者将该眼睛复制后进行适当的调整(如图 15 - 16 所示)。

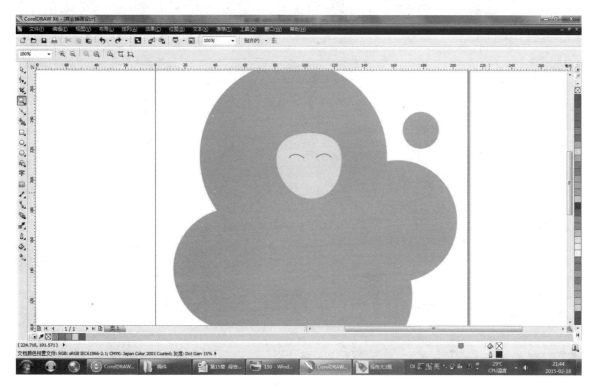

图 15 - 12

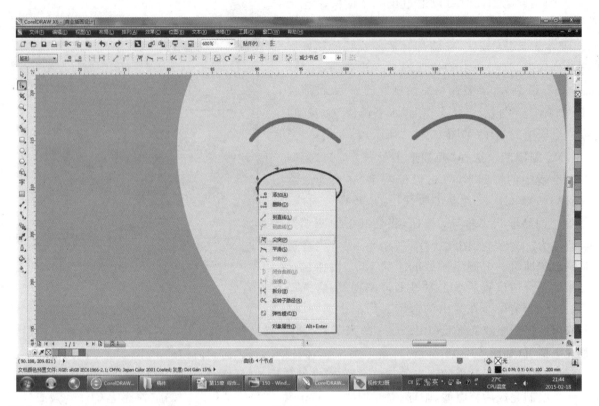

图 15 – 13

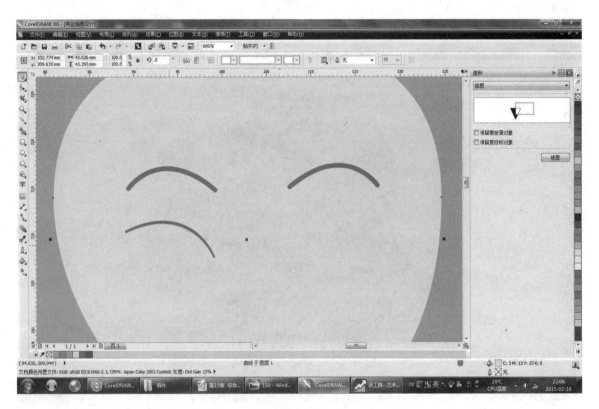

图 15 – 14

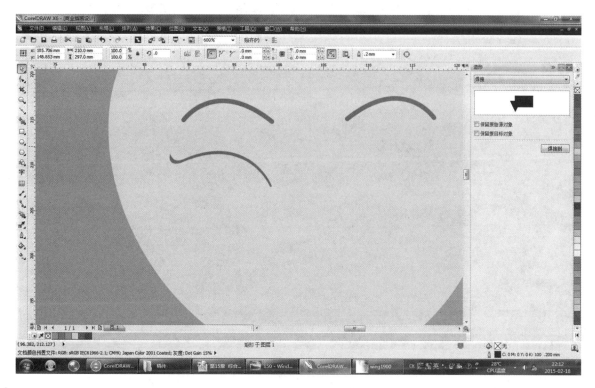

图 15 − 15

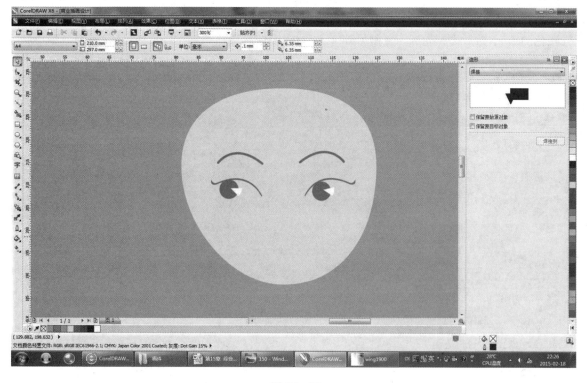

图 15 − 16

　　(8)绘制腮红。选择"椭圆形工具" ⬭ 按钮,绘制一个大小适中的椭圆形,填充颜色(C:2,M:20,Y:30,K:0),去掉轮廓。设置完成,复制另外一边的腮红(如图 15 − 17 所示)。

图 15-17

　　(9)绘制鼻子。选择"椭圆形工具" 按钮,绘制一个大小适中的椭圆形,双击椭圆形调整好鼻孔的角度,填充和眼球同样的颜色,具体操作方法为选择工具箱中的"颜色滴管" 按钮,鼠标变成吸管形 按钮后移动到眼球上吸取眼球颜色后,鼠标变成油漆桶 按钮,将油漆桶移动到鼻孔内部点击鼠标左键完成同样颜色的填充,然后去掉轮廓。复制另外一个鼻孔,镜像后调整到对称位置即可(如图15-18所示)。

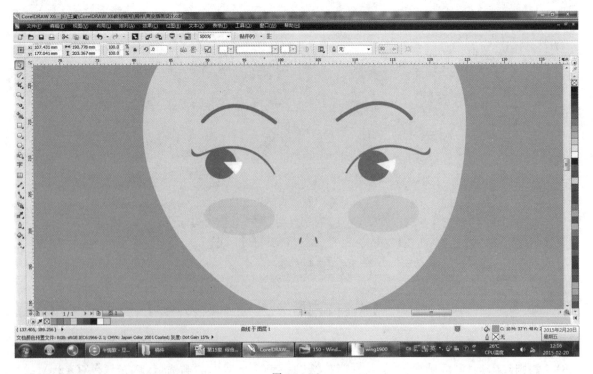

图 15-18

　　(10)绘制嘴巴。选择工具栏中的"手绘工具/贝塞尔工具"![按钮，绘制好大致的形状后选择"形状工具"![按钮进行调整。同样的方法"贝塞尔工具"绘制嘴巴中间的唇线，调整好形状后按快捷键 F12，根据画面比例选择线条的宽度和线条端头为圆角等。调整完成后，选择菜单栏"排列/将轮廓转换为对象"（如图 15-19 所示），刚刚绘制的轮廓就转变为了可以填充颜色的对象，为其填充颜色（C:11,M:33,Y:65,K:2），（如图 15-20 所示）。

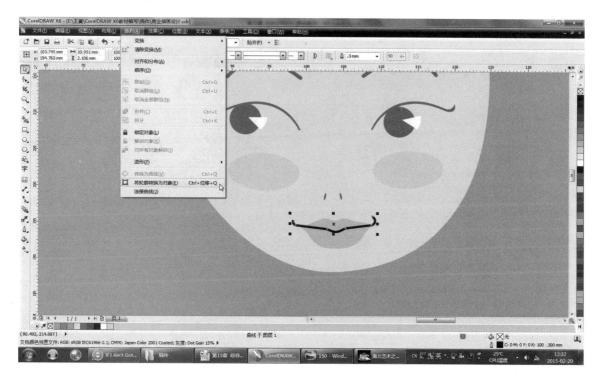

图 15-19

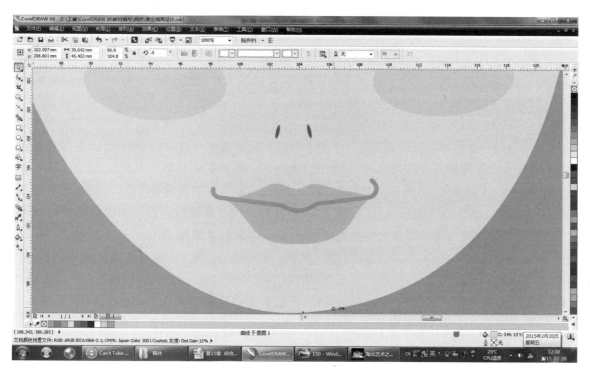

图 15-20

(11)绘制耳朵。选择"椭圆形工具" 🔘 按钮,绘制一个大小适中的椭圆形,双击对象将其旋转到合适的角度,点击鼠标右键将椭圆形"转换为曲线"后对耳朵形状进行修正。耳朵填充与腮红同样的颜色,具体操作方法可参考步骤9,填充颜色后删除耳朵外轮廓线。此时耳朵位于脸部上层,要将其调整到脸部下层。具体操作为在菜单栏"排列/顺序/置于此对象后",鼠标变成箭头 ➡,单击脸部,耳朵即调整到脸部下层。复制另外一个耳朵,镜像后调整到对称位置,用同样的方法将其调整到脸部下层。脸部全部绘制完成,多选后按快捷键 Ctrl+G 进行群组(如图 15-21 所示)。

图 15-21

(12)绘制躯干部分。选择工具栏中的"手绘工具/贝塞尔工具" 🖊 按钮,绘制好大致的形状后选择"形状工具" 🖊 按钮进行调整,分别绘制好身体、胳膊和手臂三个部分。填充与脸部同样的色彩(如图 15-22 所示)。

(13)绘制服装。首先观察服装的轮廓与上身和胳膊的轮廓基本一致,因此我们可以先将上身和手臂复制一层,多选上身和胳膊后按快捷键 Ctrl+C 和 Ctrl+V。将复制后的图形填充红色(C:15,M:93,Y:95,K:4),(如图 15-23 所示)。选择工具栏中的"手绘工具/贝塞尔工具" 🖊 按钮,在复制的图形上用勾出衣领的轮廓即可(如图 15-24 所示)。选择菜单栏"排列/造型/修剪",用绘制的衣领轮廓修剪填充的红色上衣,即选中勾画的衣领轮廓点击造型对话框的"修剪",鼠标变成 🔖 图标后点击红色上衣部分后完成修剪。最后选择手臂部分,在菜单栏选择"排列/顺序/置于此对象前,点击红色胳膊形状,手臂就置于红色胳膊上(如图 15-25 所示)。选择贝塞尔工具绘制指甲部分和手上的白色装饰物,指甲填充颜色(C:0,M:37,Y:98,K:0),黄色的绒球可以选择工具栏"多边形工具" 🔘,在属性栏将多边形"点数或边数"栏设置为20,在白色装饰物的底端绘制多边形后,选择工具栏"形状工具",用鼠标左键拖拽多边形上任意一个调节点,调整为有齿轮的效果,去掉轮廓填充色彩(C:3,M:27,Y:96,K:0),(如图 15-26 所示),将绘制完成的部分除背景外全部群组。

图 15 - 22

图 15 - 23

图 15－24

图 15－25

图 15 - 26

　　(14)绘制头发。选择工具栏中的"手绘工具/贝塞尔工具"按钮,绘制好头发大致的形状后选择"形状工具"按钮进行调整,填充颜色(C:30,M:55,Y:80,K:18),(如图 15 - 27 所示)。最后用贝塞尔工具在头发上绘制发丝线条,将发丝轮廓转化为对象填充(C:16,M:31,Y:541,K:4),(如图 15 - 28 所示)。

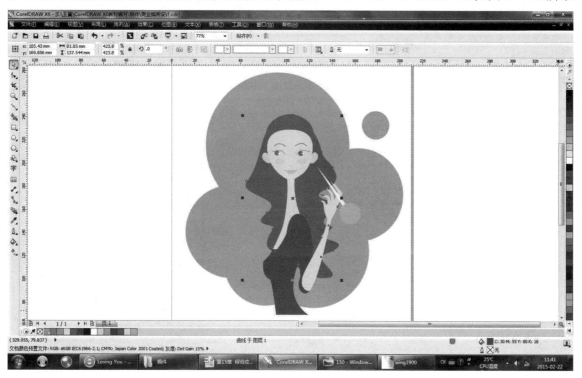

图 15 - 27

图 15 - 28

（15）为插画添加标题和说明文字。添加标题文字首先工具栏"文本工具"字按钮，在画面适当位置单击鼠标并直接输入文字，然后在属性栏调整字体和字号。添加段落说明文字，选择工具栏"文本工具"字按钮，按住鼠标左键在画面空白区域拖拽一个带虚线的矩形文本框，在其中输入说明文字（如图 15 - 29 所示）。

图 15 - 29

(16)绘制完成,调整画面(如图 15－30 所示)。

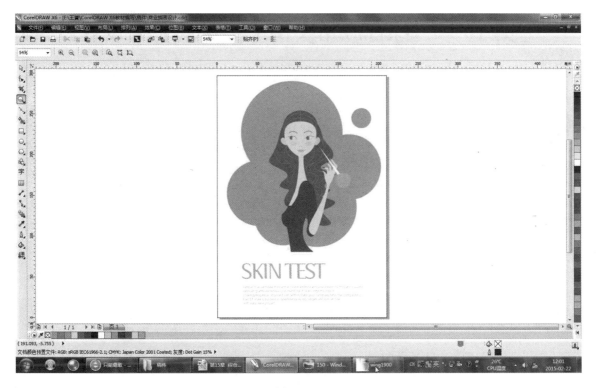

图 15－30

 **小贴士**:

1. 为避免轮廓的不易修改和编辑,可以在轮廓绘制完毕后"将轮廓转化为对象"。

2. 对于较为复杂的插图,可以先手绘再扫描导入后在 CorelDRAW X6 中进行勾画。

3. 按住 Ctrl 键的同时用左键移动对象到适当位置后单击右键即可实现对象的水平复制。

**本章思考与练习**

完成一张商业插画的绘制(如图 15－31 所示)。

图 15－31

# 第16章　综合应用实例——产品包装设计

**学习要点及目标**

1. 掌握 CorelDRAW X6 在平面设计领域的实际应用。
2. 掌握产品包装的设计制作。

**核心概念**

1. 掌握产品包装平面结构图的设计制作。
2. 掌握产品包装效果图的设计制作。

**案例演示**

药品包装设计（如图 16-1 所示）。

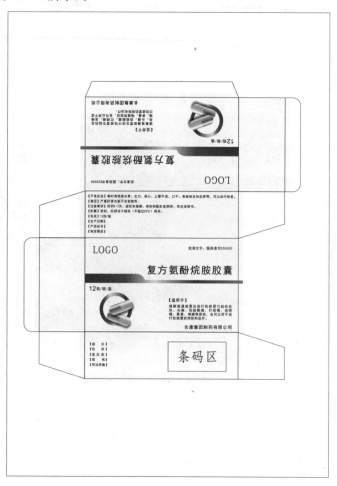

图 16-1

　　操作步骤如下：

　　(1)选择"文件/新建"或者按快捷键 Ctrl＋N，在弹出的"创建新文档"对话框为文件命名为"药品包装设计"，创建 A4 大小图形文件，点击确定按钮(如图 16－2—图 16－3 所示)。

　　(2)绘制包装平面结构图。选择工具栏"矩形工具"绘制一个矩形为粘贴处，在属性栏"对象大小"设置对象的宽度为 100mm，高度为 10mm。将对象转化为曲线后，选择"形状工具"调整矩形上端两个调节点形成梯形。选择工具栏"矩形工具"绘制一个矩形盒身正面，在属性栏"对象大小"设置对象的宽度为 100mm，高度为 60mm。选择工具栏"矩形工具"绘制一个矩形作为包装的侧面，在属性栏"对象大小"设置对象的宽度为 30mm，高度为 60mm。选择工具栏"矩形工具"绘制一个矩形作为包装的插舌，在属性栏"对象大小"设置对象的宽度为 10mm，高度为 60mm。在属性栏输入矩形右端"圆角半径"为 5mm，将插舌右端调整为圆角(如图 16－4 所示)。按照此操作依次绘制完成盒形结构图并进行群组，具体尺寸参照(如图 16－5 所示)。

图 16－2

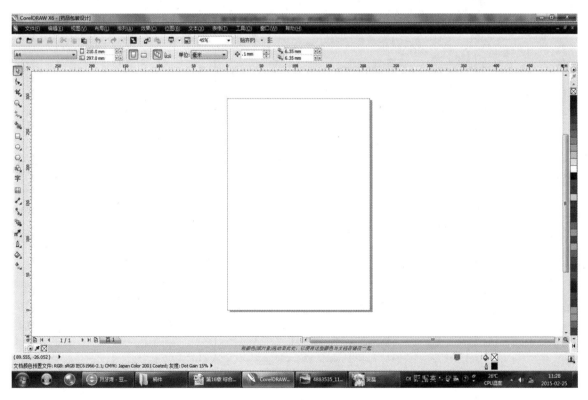

图 16－3

图 16 - 4

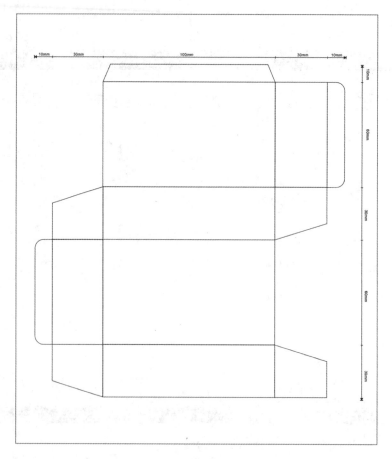

图 16 - 5

(3)设置包装平面设计图的出血。选择工具栏"矩形工具" 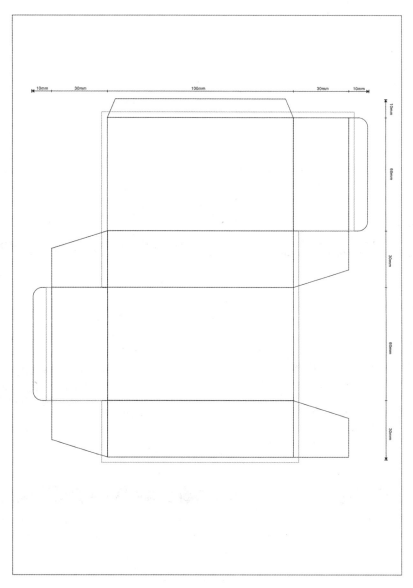绘制一个矩形为包装盒身的底色,在属性栏"对象大小"设置对象的宽度为 106mm,高度为 186mm,包装盒侧面的底色宽度为 36mm,高度为66mm(注:出血位的标准尺寸为:3mm,就是沿实际尺寸加大 3mm 的边),(如图 16-6 所示)。

图 16-6

(4)绘制包装上的图形部分。选择绘制好的出血部分,在调色盘中选择(C:0,M:0,Y:20,K:0)首先绘制 LOGO 部分并将其放在盒身左上角。选择"矩形工具"绘制一个矩形,在属性栏"对象大小"设置对象的宽度为 40mm,高度为 6mm,在矩形右上角"圆角半径"输入 10mm。在选择"矩形工具"绘制一个矩形,在属性栏"对象大小"设置对象的宽度为 103mm,高度为 2mm。绘制完成后,按键盘 Shift 键单击之前绘制的矩形,按快捷键 B 进行底端对齐。在菜单栏选择"排列/造型/焊接"将两个矩形焊接。选中焊接后的形状,在工具栏选择"填充工具/渐变填充",设置填充颜色,类型选择"线性"(如图 16-7、图 16-8 所示)。

图 16-7

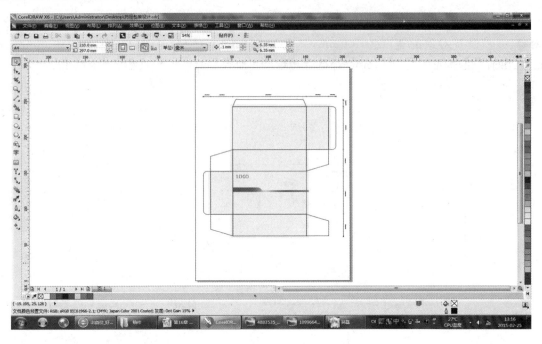

图 16 - 8

（5）绘制包装上的插图。选择"椭圆形工具"，按住 Shift 键绘制一个正圆形，现在工具栏选择"填充工具/渐变填充"，设置填充渐变颜色，类型选择"线性"，角度 9.5（如图16 - 9所示）。单击正圆形，按下复制快捷键 Ctrl＋C 和粘贴 Ctrl＋V 将正圆形复制，按住 Shift 键缩小复制的圆形，选择菜单栏"排列/造型/修剪"用小圆形修剪大圆形（如图16 - 10所示）。

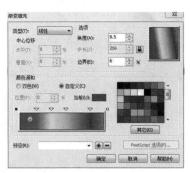

图 16 - 9

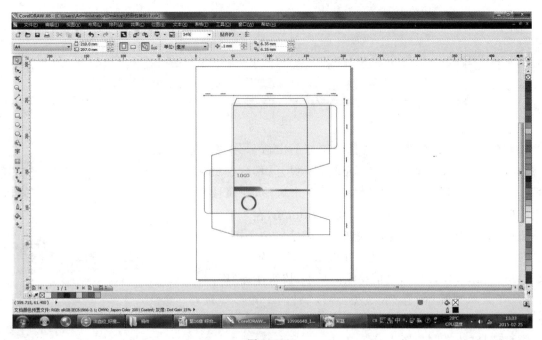

图 16 - 10

(6)绘制胶囊。选择"矩形工具"绘制一个度宽为 16mm,高度为 6mm 的矩形,选择"同时编辑所有角"按钮,将圆角半径设置为 3mm。选择"填充工具/渐变填充"(如图 16-11 所示)。复制填充后的矩形,在"渐变填充"对话框中将绿色更换为灰色(如图 16-12 所示)。绘制一个矩形,在菜单栏选择"排列/造型/修剪",修剪掉灰色矩形的 1/2。将绘制好的胶囊进行群组。复制后将其调整到合适的角度即可。在工具栏选择"阴影工具"按钮,拉出胶囊阴影(如图 16-13 所示)。

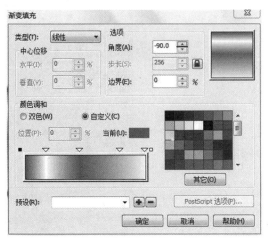

图 16-11

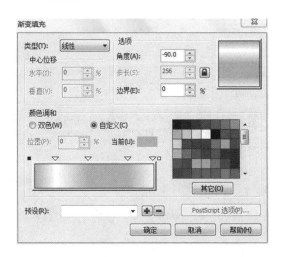

图 16-12

图 16-13

(7)制作包装上的文字部分。选择"文本工具",在画面中适当的位置输入文本,在属性栏设置文字字体和字号。适用于部分的文字可以选择文本工具在适当的位置绘制文本框,在菜单栏中选择"文本/编辑文本"(快捷键 Ctrl+Shift+T),在弹出的"编辑文本"对话框中进行文本的设置,对齐方式选择"全部对齐"(如图 16-14 所示)。在菜单栏"文本/文本属性"设置段落文字的行距(快捷键 Ctrl+T),(如图 16-15 所示)。

图 16 - 14

图 16 - 15

（8）将制作完成的药盒正面群组后复制，水平/垂直镜像到药盒背面即可（如图 16 - 16 所示）。

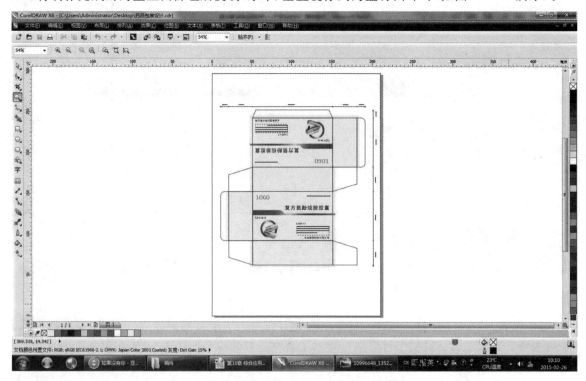

图 16 - 16

(9)将说明文字输入到药盒包装上,调整完成药盒包装的整体设计(如图 16 - 17 所示)。

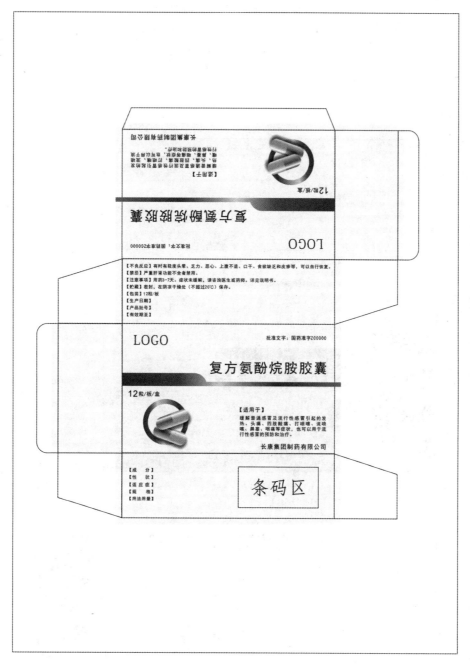

图 16 - 17

 小贴士:

1. 出血(实际为"初削")指印刷时为保留画面有效内容预留出的方便裁切的部分。是一个常用的印刷术语,印刷中的初削是指加大产品外尺寸的图案,在裁切位加一些图案的延伸,专门给各生产工序在其工艺公差范围内使用,以避免裁切后的成品露白边或裁到内容。在制做的时候我们就分为设计尺寸和成品尺寸,设计尺寸总是比成品尺寸大,大出来的边是要在印刷后裁切掉的,这个要印出来并裁切掉的部分就称为出血或出血位。出血位的常用制作方法为:实行的出血位的标准尺寸为:3mm。就是沿实际尺寸加大 3mm 的边。如以 A4 尺寸 285×210 例举计算出血位的方法,加出血位时不是单纯的加一个边,是

四个边都要加 $210 \times 285 = [210 + (2 \times 3)] \times [285 + (2 \times 3)] = 216 \times 291$。要注意边上切掉 3mm 后会不会把文字或重要的图片也切了,所以要把那些文字和重要的图片略靠里边 6mm。

2. 在输入的文本中出现无法完全对齐的情况下,可以在文字间隔中插如输入符后,通过快捷键 Shift ＋Ctrl＋Alt＋<或 Shift＋Ctrl＋Alt＋>进行向左或者向右的微调。

**本章思考与练习**

完成健脾糕片的药品包装设计制作,(如图 16 - 18 所示)。

图 16 - 18

# 第 17 章　综合应用实例——招贴海报设计

**学习要点及目标**

掌握招贴海报的设计制作。

**核心概念**

1. 掌握各种类型宣传海报设计与制作。
2. 掌握招贴海报的印刷工艺与设计制作之间的联系。

**案例演示**

房地产海报设计(如图 17－1 所示)。

操作步骤如下:

(1)选择"文件/新建"或者按快捷键 Ctrl＋N,在弹出的"创建新文档"对话框为文件命名为"房地产海报设计",创建自定义 246mm×336mm 大小图形文件,点击"确定"按钮(如图 17－2、图 17－3 所示)。

图 17－1

图 17－2

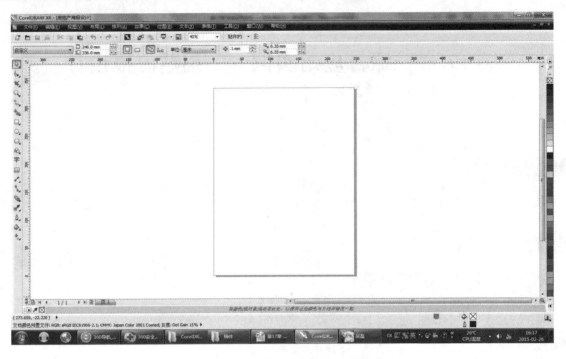

图 17 - 3

（2）为页面添加辅助线。双击标尺部位弹出"选项"对话框或者在菜单栏选择"工具/选项"命令也可以出现"选项"对话框。单击"辅助线"前面的"＋"号按钮，在打开的选项中选择"水平"项目，在数值中输入"333"，并且单击"添加"按钮，点击"确定"后即在页面中添加一条水平辅助线。依次方法在打开的选项中选择"水平"项目，在数值中输入"3"并且单击"添加"按钮，点击"确定"。在打开的选项中选择"垂直"项目，在数值中输入"3"并且单击"添加"按钮，点击"确定"。在打开的选项中选择"垂直"项目，在数值中输入"243"并且单击"添加"按钮，点击"确定"。按照此操作一共为页面添加了四条辅助线（即：印刷出血界限），为避免移动辅助线可以选中辅助线后在属性栏点击"锁定辅助线" 🔒 按钮（如图 17 - 4 所示）。

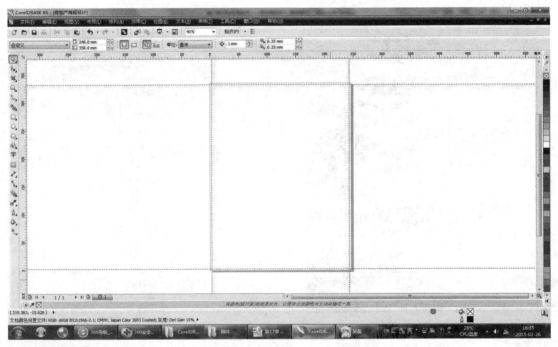

图 17 - 4

　　(3)选择矩形工具从页面顶端绘制规格为宽:246mm,长:
305mm 的矩形。在工具栏选择"填充工具/渐变填充",具体设
置(如图 17-5 所示)。再次选择矩形工具从页面底端绘制规
格为宽:246mm,长:31mm 的矩形,在调色盘单击红色为对象
填充色彩(如图 17-6 所示)。

　　(4)选择"椭圆形工具"在渐变背景上绘制大小不一,填充
以橙色为主色调的正圆形。选中全部正圆形,点击鼠标右键在
菜单中选择"群组"。菜单栏选择"效果/图框精确裁剪/至于图
文库内部",鼠标变成➡符号后点击填充了渐变的底色对象,将
群组的圆形置于其中(如图 17-7 所示)。

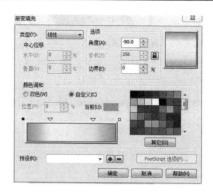

图 17-5

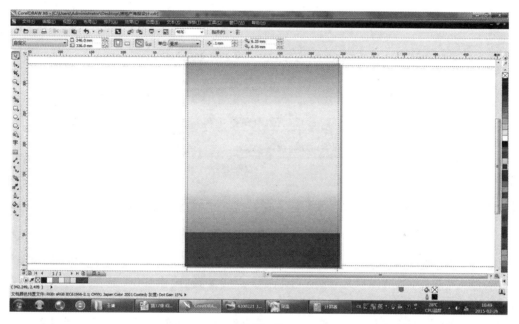

图 17-6

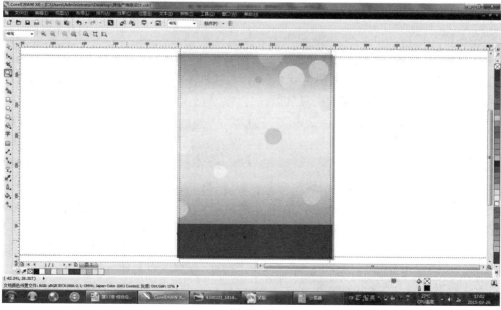

图 17-7

(5)选择"矩形工具"在页面顶端的位置,绘制规格为宽:110mm,长:38mm 的矩形,填充红色。选择"矩形工具"在红色矩形下端,绘制规格为宽:110mm,长:17mm 的矩形,将右下角"圆角半径"设置为15,并填充桔红色(如图 17-8 所示)。

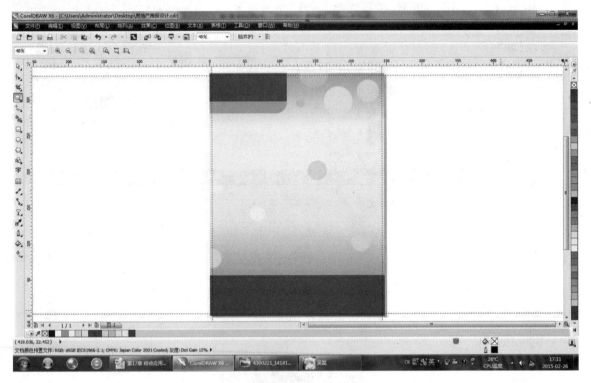

图 17-8

(6)制作左上角房地产楼盘标志。选择工具栏"文本工具"在页面左上角输入"安家",在属性栏设置黑体、60pt,双击文字将文字进行斜切。选择工具栏"2 点线工具"按住 Shift 键在绘制一条与文字等高的垂直线,按快捷键 F12,在弹出的"轮廓笔"对话框中,设置垂直线轮廓颜色为白色,宽度 0.5mm,勾选"填充之后""随对象缩放"。选择工具栏"文本工具"在垂直线后输入"幸福家",在属性栏设置黑体、40pt,双击文字压缩文字高度。选择工具栏"文本工具"在页面左上角输入"xingfujia",用"文本工具"选中"xingfujia"单击鼠标右键在菜单中选择"更改大小写/大写",将字母转化为大写,双击文字将文字进行高度压缩。将"幸福家"与"xingfujia"对齐,可以单击文字后选择"形状工具"通过拖动下端调节 ⫴ 符号进行微调,保持上下文字的完全对齐。将制作完成的标志全选群组后,按住 Shift 键点击红色矩形后按快捷键 C 和 E,使标志与红色矩形居中对齐(如图 17-9 所示)。选择工具栏"文本工具"在红色矩形下的橙色图形处输入"幸福家居,幸福成长",在属性栏设置黑体、白色,与上端文字左对齐后,选择"形状工具"通过调节右端控制节点编辑文本字符,即向右拖动 ⫴ 符号使之与上边的文字保持左右端完全对齐(如图 17-10 所示)。

(7)制作广告宣传语文字效果。选择工具栏"文本工具"在合适位置输入"感恩再续"和"优惠升级"。选择工具栏"填充工具/渐变填充"为文字填充渐变色彩(如图 17-11、图 17-12 所示)。

选中填充的色彩文字对象,快捷键复制 Ctrl+C 和粘贴 Ctrl+V。选中复制后的文字,按快捷键 F12 为文字设置轮廓笔(如图 17-13 所示)。设置完成后,选择该文字对象按快捷键 Ctrl+PageDown 使其位于所复制的文字下层(如图 17-14 所示)。用同样的方法制作文字"优惠升级",也可以选择制作好的文字用鼠标右键拖拽到"优惠升级"上,松开鼠标后在菜单选择"复制所有属性"(快捷键 A)即可以快速制作属性相同的文字效果。制作完成后分别将文字进行群组,双击后调节到合适的角度即可完成宣传语的设计(如图 17-15 所示)。

图 17 - 9

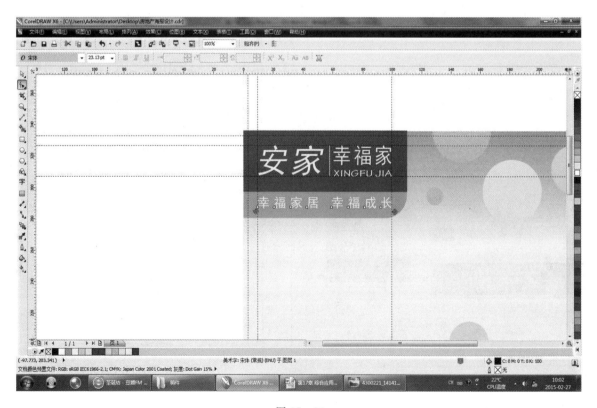

图 17 - 10

图 17 - 12

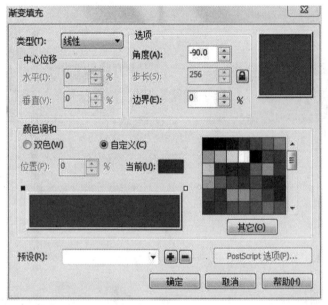

图 17 - 11

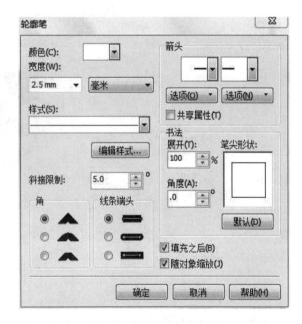

图 17 - 13

图 17 - 14

图 17 - 15

（8）导入矢量素材"热气球"。选择菜单栏"文件/导入"，选中"热气球"点击导入。将素材放置到页面中合适的位置（如图 17 - 16 所示）。

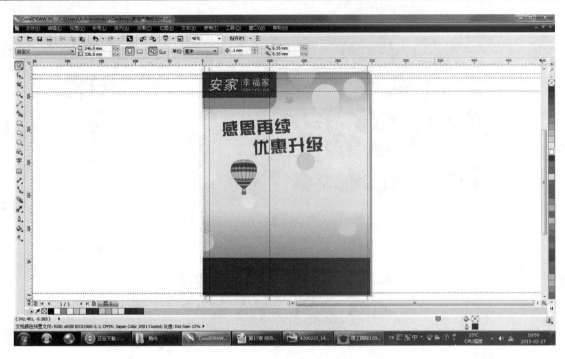

图 17 - 16

(9)制作"热气球"的横幅。选择工具栏"标题形状工具" <!-- --> 按钮,在属性栏"完美形状工具"中选择第
三个 <!-- --> 形状。从"热气球"有上端绘制出适当大小的图形即可,选中图形点击鼠标右键"转换为曲线",用
"形状工具"在图形的右端添加节点进行细节的适当调整(如图 17 - 17 所示)。选择"填充工具/渐变填
充"为横幅进行自定义填充,填充后选择菜单栏"排列/顺序/置于此对象后"将横幅放置到热气球后。选
择"文本工具"输入文字"凭此海报到访幸福家赢取感恩大礼!"。选中文字用鼠标右键拖动文字到横幅
上,松开右键在菜单中选择"使文本适合路径",文字即沿着横幅的路线呈现。可以通过属性栏"与路径的
距离"和"偏移"对文字在横幅中的位置进行调整(如图 17 - 18 所示)。

图 17 - 17

图 17－18

（10）导入图片素材。选择菜单栏"文件/导入"，文件格式选择"CDR—CorelDRAW"单击导入。在页面合适的位置导入"家电"和"家庭"图片素材，通过移动工具和缩放工具调整找各个素材在页面中的位置和大小（如图 17－19 所示）。

图 17－19

（11）选择"矩形工具"绘制规格为宽：170mm，长：36mm 的矩形。在属性栏选择"同时编辑所有角" ⬜ 按钮，将"圆角半径"设置为 15mm。选择"填充工具/渐变填充"为圆角矩形填充金属质感的颜色。填充完成后复制粘贴该图形，选中复制的对象按住 Shift＋Alt 键的同时拖动鼠标左键，将复制的图形等比例缩小，进行渐变填充（如图 17－20 所示）。

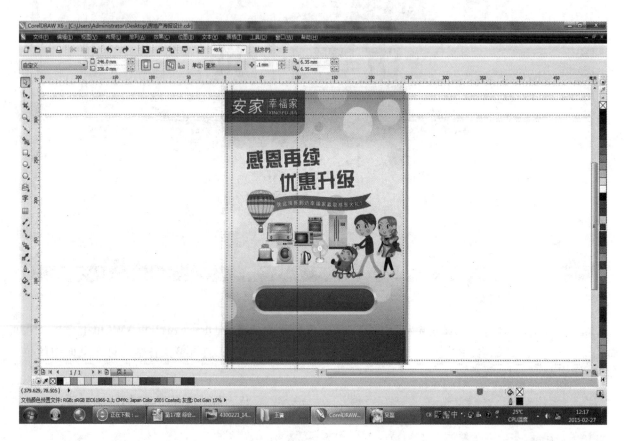

图 17－20

（12）选中"文本工具"输入"本周末幸福家电惠幸运开启"。选择"椭圆形工具"按住 Ctrl 键绘制正圆形，选中步骤（11）制作完成的金属色圆角矩形，用鼠标右键拖动到正圆形上松开鼠标在菜单中选择"复制所有属性"，即完成正圆形的颜色填充。复制粘贴正圆形，选中正圆形按住 Shift 键的同时等比例缩小，复制步骤（11）渐变红色矩形的属性。将两个圆形进行群组（如图 17－21 所示）。在圆形上输入文字"一元起拍"，将文字渐变填充，形成金属字效果。用同样的方法，制作完成另外两个图标。选中制作完成的三个图标，选择菜单栏"排列/对齐与分布"选择"水平分散排列中心"，等距排列后群组，并与步骤（11）制作完成的圆角矩形水平居中对齐（如图 17－22 所示）。

（13）选择"文本工具"在页面低端红色矩形部分输入项目地址联系方式等。输入数字后，复制粘贴数字，按快捷键 F12 为数字添加轮廓笔宽度 2.0mm，选择菜单栏"排列/将轮廓转化为对象"后进行渐变填充。将该对象选中按快捷键 Ctrl＋PageDown 至于之前的数字之下，完成了数字金属效果的轮廓线制作（如图 17－23 所示）。

（14）选择"星形工具"⭐按钮，在属性栏将"点数或边数"⭐8 设置为 8。在页面合适位置绘制一个"星形"后，将其转化为曲线对星形进行适当的调整，填充白色。将星形复制后放置到画面的适当位置即可，绘制完毕（如图 17－24 所示）。

图 17-21

图 17-22

图 17 - 23

图 17 - 24

小贴士：

1. 双击矩形工具可以绘制与页面同样大小的矩形框。
2. 设置线条的轮廓笔时建议勾选随对象缩放,保持线条的粗细比例。

**本章思考与练习**

完成一张商场促销海报设计制作(如图 17 - 25 所示)。

图 17 - 25

# 第 18 章　综合应用实例——艺术文字设计

学习要点及目标

1. 掌握艺术文字的设计制作。
2. 掌握特色效果的字体设计制作。

核心概念

1. 掌握对文字的编辑与造型设计。
2. 掌握特效字体的设计制作。

案例演示

艺术文字的设计(如图 18-1 所示)。

操作步骤如下:

(1)选择"文件/新建"或者按快捷键 Ctrl+N,在弹出的"创建新文档"对话框为文件命名为"艺术文字设计",创建 A4 大小的图形文件,页面设置为"横向",点击"确定"按钮(如图 18-2~图 18-3 所示)。

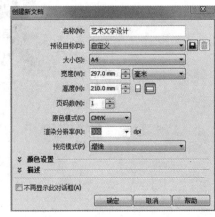

图 18-1　　　　　　　　　　　　　　　　　　　　　　　　图 18-2

(2)在菜单栏选择"文本工具"字按钮,在页面居中的位置输入文字"新年搬新家",在属性栏设置字体和字号,可以尽量选择与最后设计效果接近的字体,本案例中字号为 120pt(如图 18-4 所示)。

(3)编辑文字。选中文字单击鼠标右键在菜单中选择"转换为曲线",再次单击鼠标右键在菜单中选择"拆分曲线"。此时文字被拆分为单个对象,如果要对偏旁部首进行移动可以选中偏旁部首后再次选择"拆分曲线",部分文字出现镂空区域被覆盖的现象(如图 18-5 所示)。需要将覆盖的部分对文字进行修剪,选择覆盖的部分选择"排列/造形/修剪"文字部分,即可出现正常的镂空文字(如图18-6所示)。

图 18 - 3

图 18 - 4

图 18 - 5

图 18 - 6

　　(4)开始对文字进行造形,在"新"字上下左右拉出辅助线,保证字体修改的规范。选择"形状工具"选中文字的调节点将文字的笔划统一长度。选中需要修改的笔划,运用"形状工具"删除多余节点并进行调节(如图 18 - 7 所示)。

图 18 - 7

　　(5)为了制作的曲线更为标准,在需要修改的笔划处用"椭圆形"工具绘制两个正圆形,并依此对轮廓进行调节(如图 18 - 8 所示)。

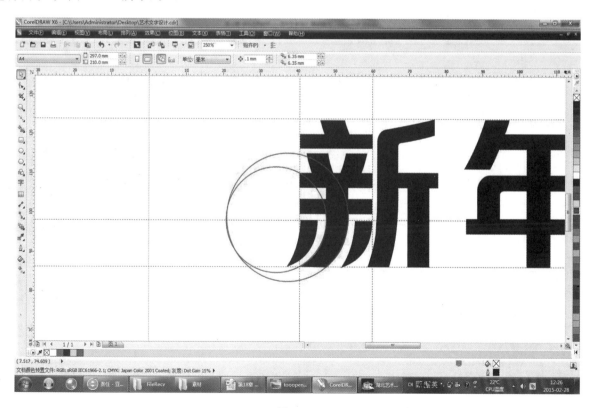

图 18 - 8

CorelDRAW X6

（6）选择"矩形工具"在正圆形 1/2 处绘制一个矩形，选择"排列/造形/修剪"对大正圆形进行修剪。同样的操作，用小正圆形修剪剩下的大正圆形（如图 18-9 所示）。修剪完成后将红色部分与"新"字焊接成一体（如图 18-10 所示）。

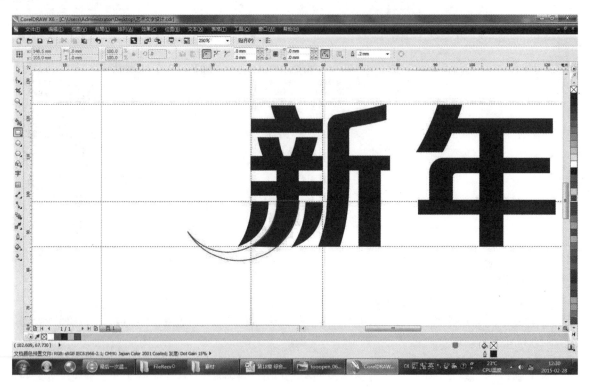

图 18-9

图 18-10

　　(7)选中"斤"字旁,选择"形状工具"通过删除多余节点并将线条先选择"到直线"再选择"到曲线"对其笔划进行编辑,保存曲线的统一性,完成对"新"字的编辑(如图 18－11 所示)。

图 18－11

　　(8)选中"年"字,对其高度进行移动调整到合适的高度。选中"新"字的节点按住 Ctrl 键将其水平拉长至"年"字处,并运用"形状工具"进行笔划的调节(如图 18－12、图 18－13 所示)。

图 18－12

图 18-13

(9)同步骤(8)的方法,调整好"搬"字(如图 18-14 所示)。

图 18-14

(10)选择制作完成的"新"字,复制粘贴到合适位置(如图 18 - 15 所示)。

图 18 - 15

(11)将"家"字放置到合适的位置,对笔划进行统一调节(如图 18 - 16 所示)。

图 18 - 16

　　(12)选中编辑好的文字,选择"排列/造形/焊接",将文字全部焊接到一个整体。选中该组文字,选择"填充工具/渐变填充"为文字填充色彩(如图18-17、图18-18所示)。

　　(13)将填充了渐变的文字复制粘贴,为复制的文字填充红色,按快捷键F12在弹出的"轮廓笔"对话框进行设置(如图18-19所示)。选择该对象,按快捷键Ctrl+PageDown,将其置于渐变文字之下(如图18-20所示)。

　　(14)选中步骤(13)中复制的对象,选择工具栏"立体化工具"按钮,从顶端拖出立体效果(如图18-21、图18-22所示)。

图 18-18

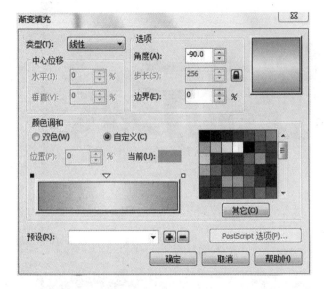

图 18-17

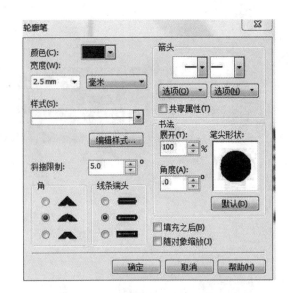

图 18-19

图 18－20

图 18－21

图 18 - 22

 小贴士：

在设置文字轮廓笔时最好选择勾选圆角或平角，以免文字轮廓出现尖凸的异常。

**本章思考与练习**

完成如图 18 - 23 所示的艺术效果文字设计制作。

图 18 - 23

# 第 19 章　综合应用实例——商业型录设计

## 学习要点及目标

1. 掌握商业版式的设计制作。
2. 掌握企业宣传手册的设计制作。
3. 掌握商业展板的设计制作。

## 核心概念

1. 掌握商业画册及产品型录的设计与制作。
2. 掌握宣传手册及折页的设计与制作。

## 案例演示

宣传折页设计（如图 19-1 所示）。

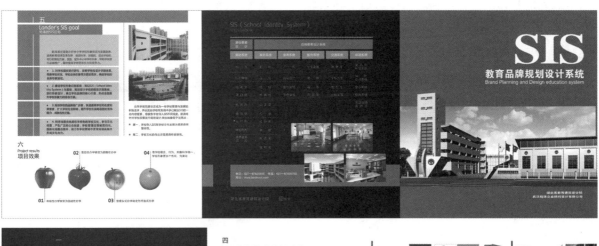

图 19-1

操作步骤如下:

(1)选择"文件/新建"或者按快捷键 Ctrl+N,在弹出的"创建新文档"对话框为文件命名为"宣传三折页",创建自定义大小图形文件(宽度:659mm,高度:226mm),页面设置为横向,页码数:2。设置完成后,点击确定按钮(如图 19-2、图 19-3所示)。

(2)为页面添加出血辅助线。双击标尺部位弹出"选项"对话框或者在菜单栏选择"工具/选项"命令也可以出现"选项"对话框。单击"辅助线"前面的"+"号按钮,在打开的选项中选择"水平"项目,在数值中输入"3",并且单击"添加"按钮,点击"确定"后即在页面中添加一条水平辅助线。依次方法在打开的选项中选择"水平"项目,在数值中输入"223"并且单击"添加"按钮,点击"确定"。在打开的选项中选择"垂直"项目,在数值中输入"3"并且单击"添加"按钮,点击"确定"。在打开的选项中选择"垂直"项目,在数值中输入"656"并且单击"添加"按钮,点击"确定"。按照此操作一共为页面添加了四条辅助线(即印刷出血界限),为避免移动辅助线可以选中辅助线后在属性栏点击"锁定辅助线" 🔒 按钮。(如图19-4、图19-5所示)。

图 19-2

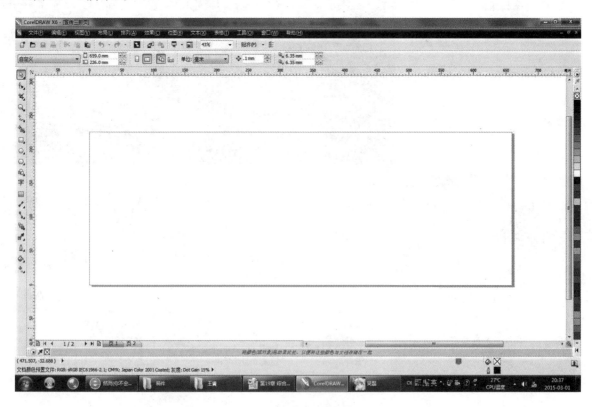

图 19-3

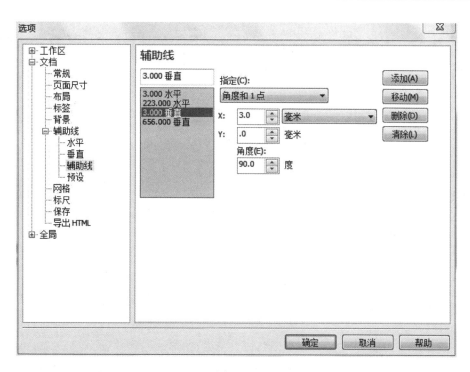

图 19 - 4

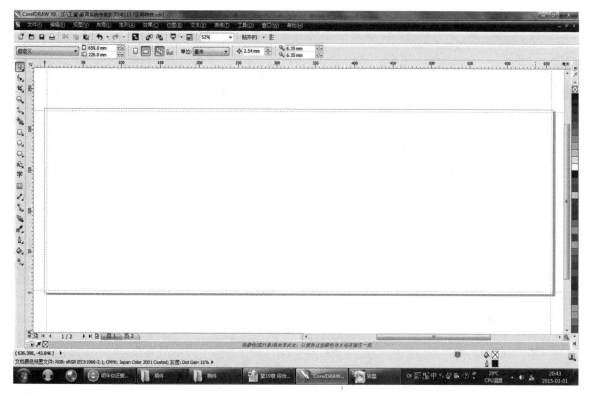

图 19 - 5

（3）为三折页添加折痕辅助线。双击标尺部位弹出"选项"对话框或者在菜单栏选择"工具/选项"命令也可以出现"选项"对话框。在打开的选项中选择"垂直"项目，在数值中输入"221"并且单击"添加"按钮，点击"确定"。在打开的选项中选择"垂直"项目，在数值中输入"439"并且单击"添加"按钮，点击"确定"（如图 19 - 6 所示）。

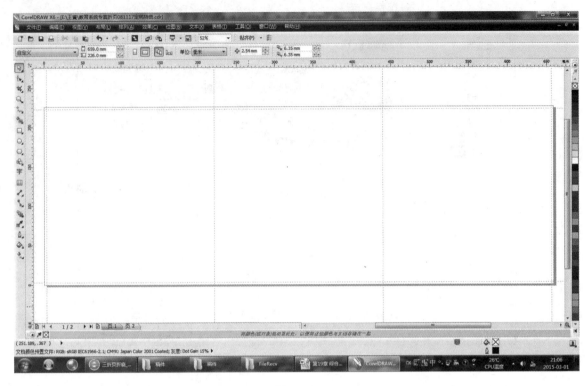

图 19-6

（4）选择"矩形工具"在页面左上端绘制一个规格为宽度 188mm、高度 13mm 的矩形，居中对齐与页面 1/3 处，填充绿色（如图 19-7 所示）。

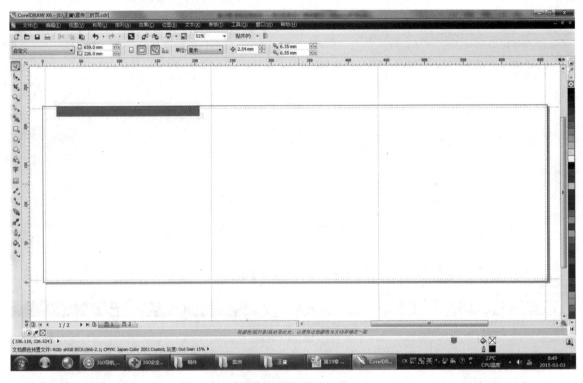

图 19-7

（5）选择"矩形工具"在矩形下端 2.5mm 处分别绘制五个矩形，规格分别为：宽度统一为 94mm，高度依次为 45mm、15mm、19mm、17mm、19mm，填充绿色。选中绘制好的五个矩形，在菜单栏选择"排列/对齐与分布"，在弹出的对话框中选择"分布/垂直分散排列间距"（如图 19 - 8 所示）。最后按住 Shift 键依次从下往上选中绘制好的五个矩形和顶端的矩形，选择"对齐/左对齐"或按左对齐快捷键 L，所有矩形左端对齐（如图 19 - 9 所示）。

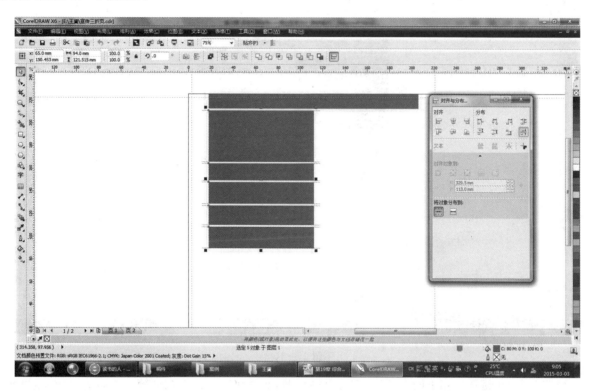

图 19 - 8

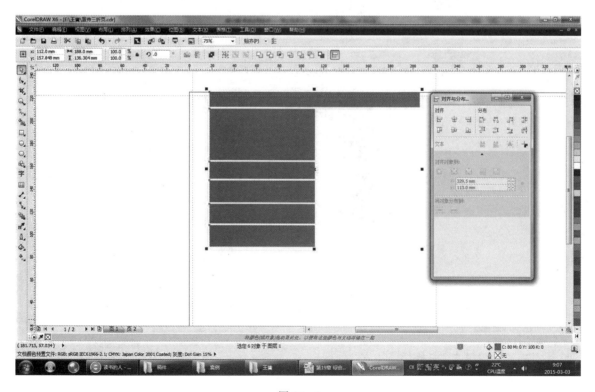

图 19 - 9

　　(6)选择"矩形工具",绘制一个规格为宽度88mm、高度34mm的矩形,填充灰色与第二个矩形底端对齐(如图19-10所示)。

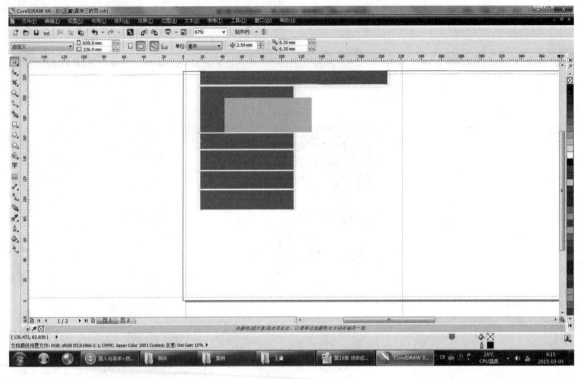

图19-10

　　(7)按住Shift键选中剩下四个矩形,进行复制粘贴,然后在属性栏将宽度统一修改为88mm,填充灰色。选中四个矩形与之前绘制的矩形左端对齐(如图19-11所示)。

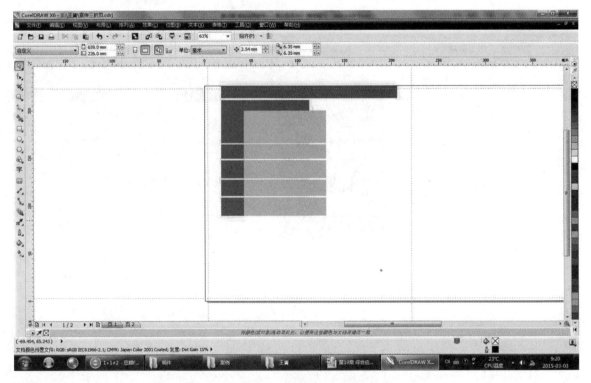

图19-11

　　(8)导入图片素材。选择"文件/导入",格式为 JPG－JPEG 位图,单击"导入",拖放到页面合适位置,并与顶端的绿色矩形右端对齐(如图 19－12 所示)。

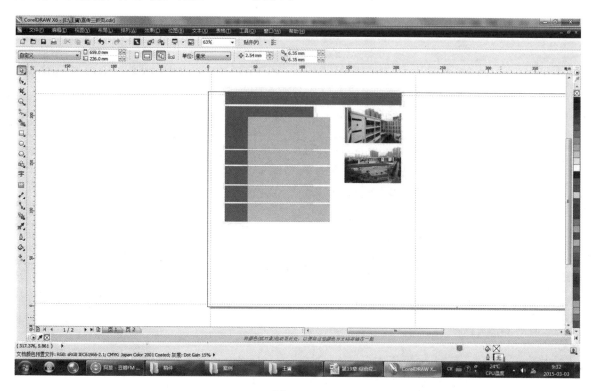

图 19－12

　　(9)在页面中适当的位置输入文案,重点部分用小图标加以标注(如图 19－13 所示)。

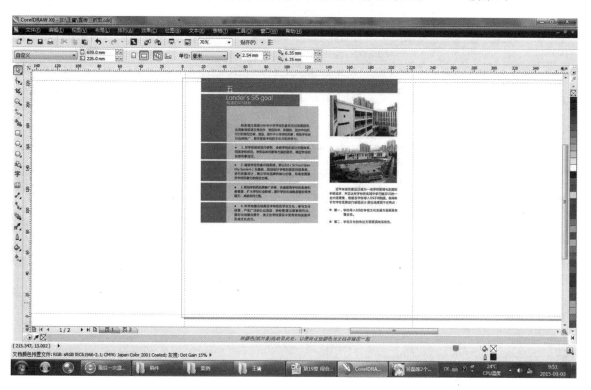

图 19－13

（10）导入透明背景的图片素材。选择"文件/导入"，格式为 PNG 位图，单击"导入"，拖放到页面合适位置，在相应位置输入说明文字（如图 19－14 所示）。

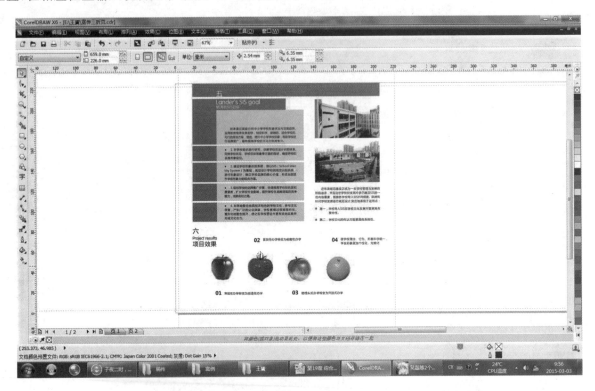

图 19－14

（11）选择"2 点线工具"，为页面添加装饰性线条（如图 19－15 所示）。

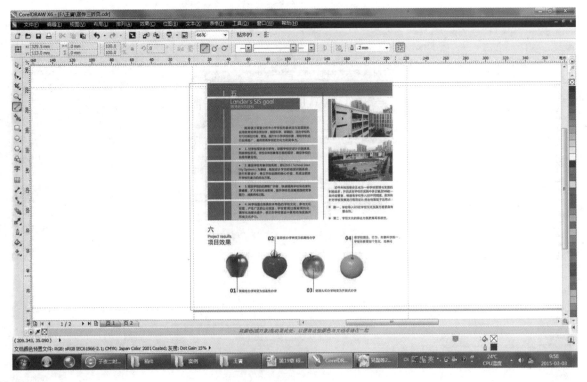

图 19－15

（12）选择"矩形工具"，绘制一个规格为宽度 218mm、高度 226mm 的矩形，填充黑色（如图 19 - 16 所示）。

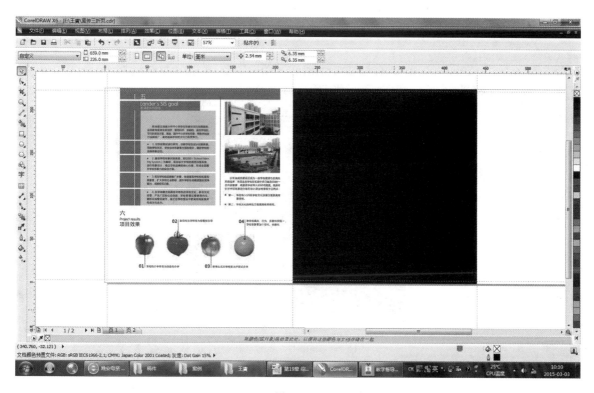

图 19 - 16

（13）选择"文本工具"输入标题，填充绿色（如图 19 - 17 所示）。

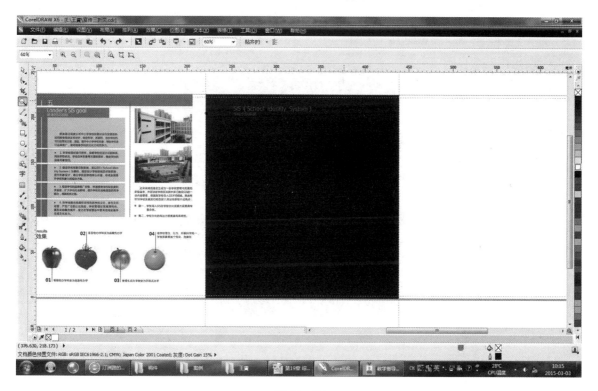

图 19 - 17

（14）选择"矩形工具"，在文字下端绘制一个规格为宽度 157mm、高度 1mm 的矩形，填充灰色（如图 19－18 所示）。

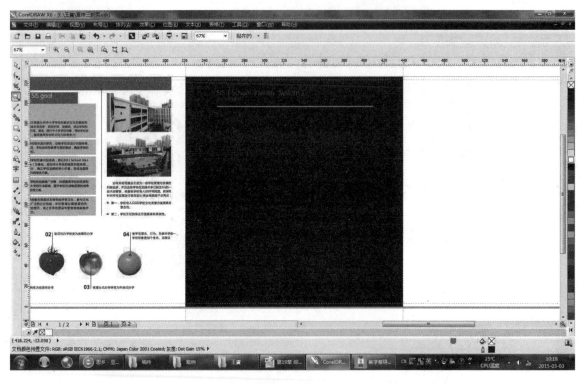

图 19－18

（15）选择"矩形工具"，在灰色矩形下端绘制两个矩形，填充绿色（如图 19－19 所示）。

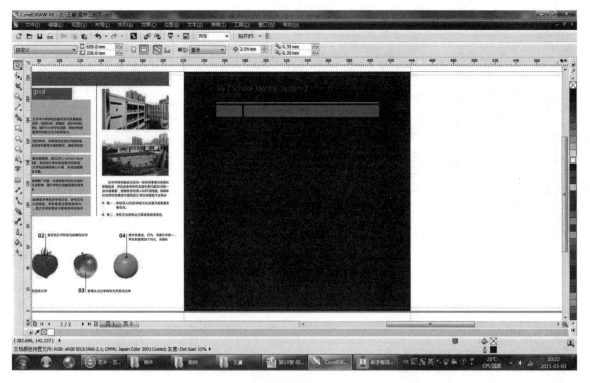

图 19－19

（16）选择"矩形工具"，在绿色矩形下端绘制一个规格为宽度 25mm、高度：9mm 的矩形，填充绿色。选中该矩形按住 Ctrl 键的同时用鼠标左键拖动到合适位置，点击鼠标右键松开左键，按下 Ctrl＋D，将矩形等距离复制。也可以复制完成后通过菜单栏"排列/对齐与分布"选择"水平分散排列间距"（如图 19－20所示）。

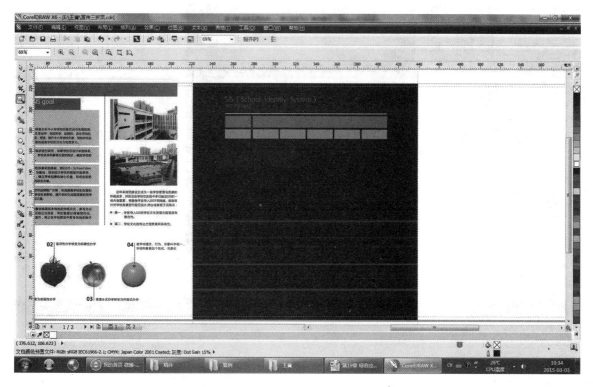

图 19－20

（17）选择"2 点线工具"，绘制 1 条长度为 157mm 的线条，按下快捷键 F12，在弹出的"轮廓线"对话框中对轮廓线进行设置（如图 19－21 所示）。绘制完成后等距离复制 4 条属性相同的线条（如图19－22所示）。

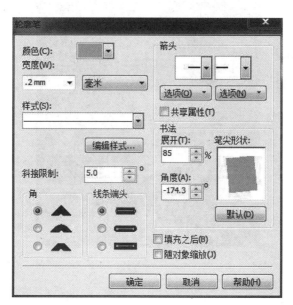

图 19－21

图 19 - 22

(18)同步骤 16 的方法绘制 5 条长度为 54mm 的线条等距离分布(如图 19 - 23 所示)。

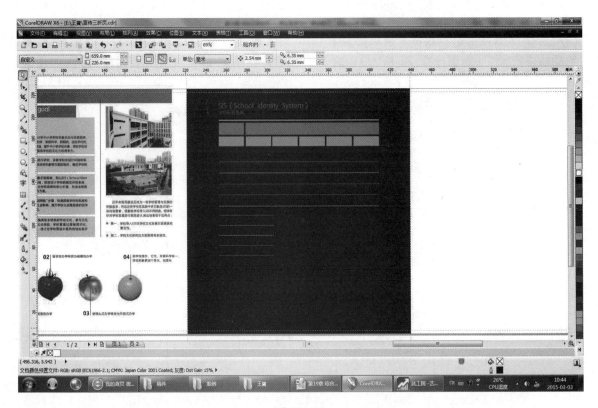

图 19 - 23

(19)选择"矩形工具",绘制高度为 24mm,宽度分别为 12mm 和 218mm 的矩形(如图 19-24 所示)。

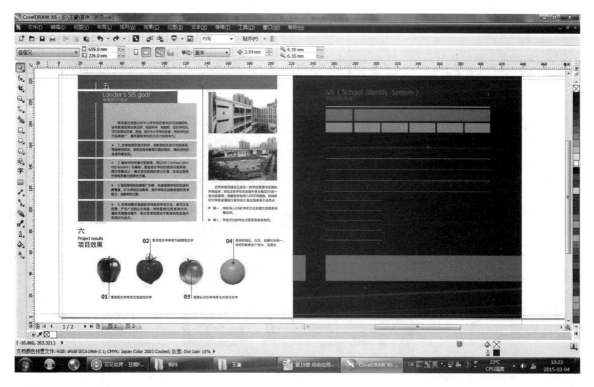

图 19-24

(20)导入图片素材。选择"文件/导入",格式为 JPG-JPEG 位图,单击"导入",拖放到页面合适位置(如图 19-25 所示)。

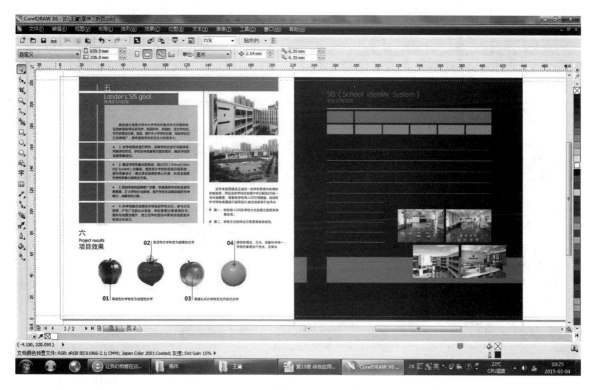

图 19-25

(21)选择"文本工具",在绿色矩形对象中输入相应的文字后,选中文字后按住 Shift 键选择绿色矩形,按垂直居中对齐快捷键 C 和水平居中对齐 E,使文字与矩形居中对齐。依次操作完成所有文字放置(如图 19-26 所示)。

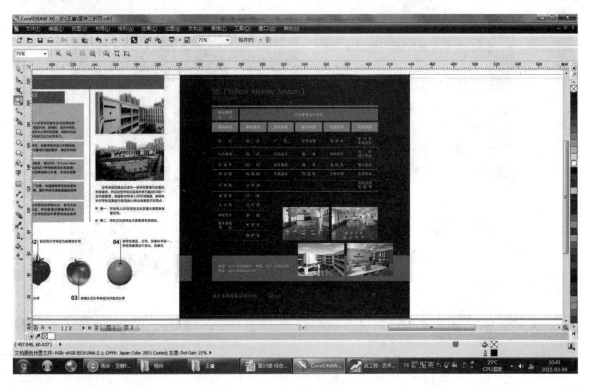

图 19-26

(22)选择"矩形工具",绘制高度为 226mm,宽度为 226mm 的矩形,填充绿色(如图 19-27 所示)。

图 19-27

（23）封面设计。导入透明背景的图片素材。选择"文件/导入"，格式为 PNG 位图，单击"导入"，拖放到页面合适位置（如图 19-28 所示）。

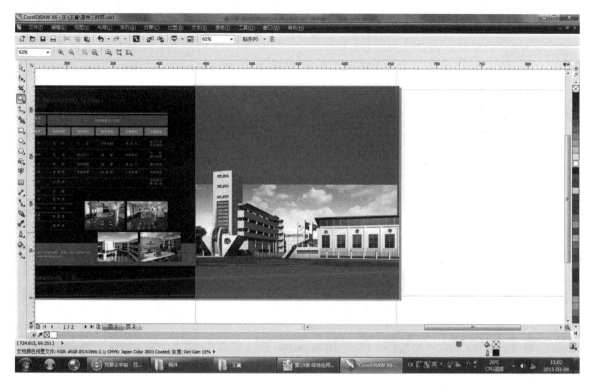

图 19-28

（24）为封面输入文字，放置到合适位置，三折页的封面、封底和部分内页完成（如图 19-29 所示）。

图 19-29

（25）在"文档导航器"单击第 2 页（如图 19 - 30 所示）。

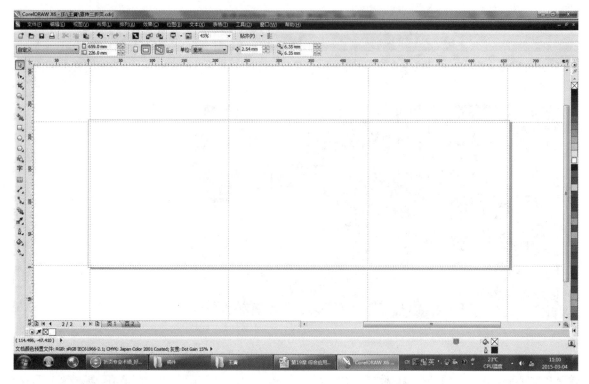

图 19 - 30

（26）选择"矩形工具"，绘制一个高度为 226mm，宽度为 221mm 的矩形，填充黑色（如图 19 - 31 所示）。

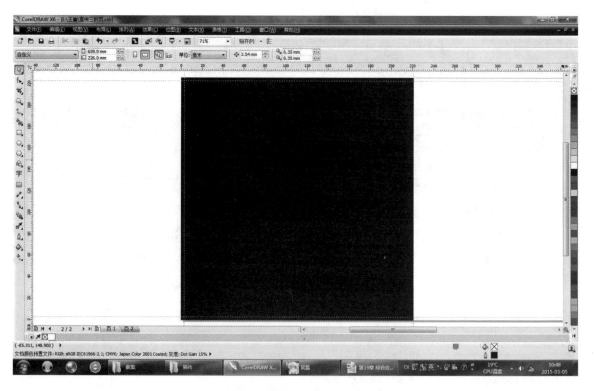

图 19 - 31

(27)选择"文本工具"在页面适当位置添加文本。选择"2 点线工具",绘制宽度为 0.2mm 的线条作为分隔(如图 19-32 所示)。

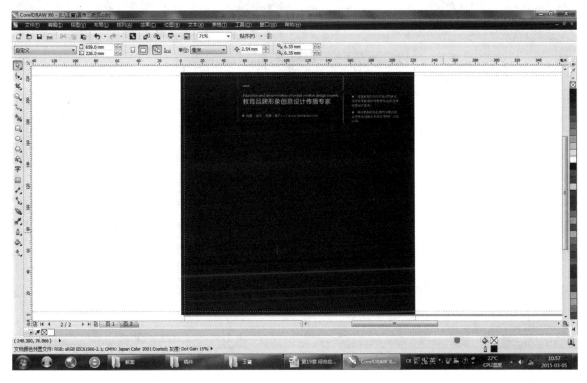

图 19-32

(28)选择"文本工具",在页面中适当地绘制三个文本框,输入段落文字(如图 19-33 所示)。

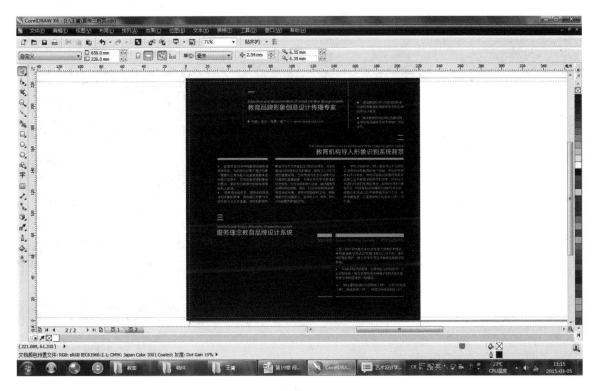

图 19-33

（29）选择"贝塞尔工具"，绘制一个三角形，填充渐变色，形成立体的三角形造型（如图 19 - 34 所示）。

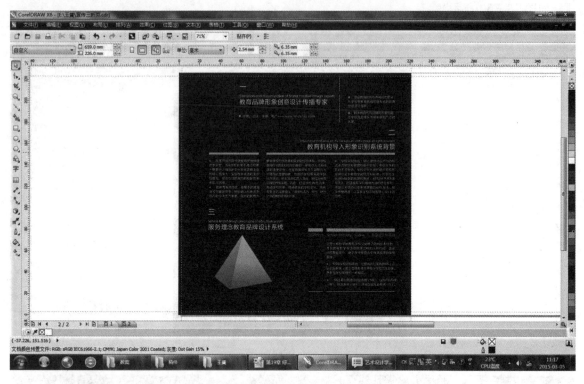

图 19 - 34

（30）选择"贝塞尔工具"，绘制两个封闭的形状（如图 19 - 35 所示）。选择"排列/造型/修剪"，用绘制好的形状修剪三角形（如图 19 - 36 所示）。

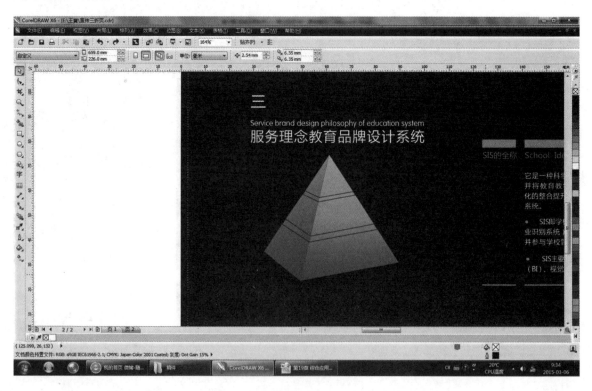

图 19 - 35

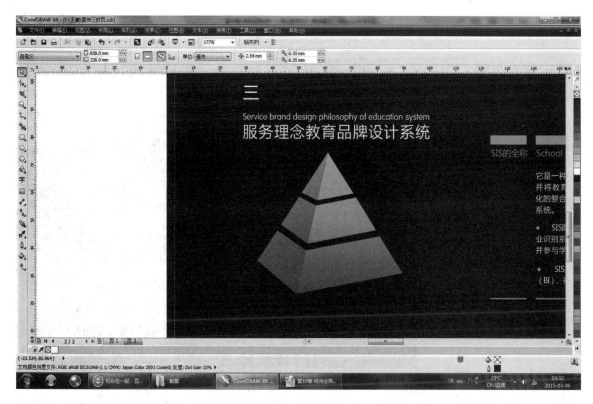

图 19 - 36

　　(31)选择"文本工具"输入文字后,选择"选择工具"将文字调整到与三角形同样的角度。在菜单栏选择"效果/添加透视",使文字形成与三角形一致的透视效果(如图 19 - 37 所示)。

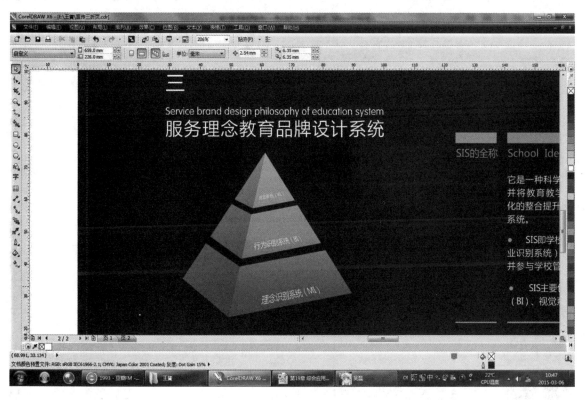

图 19 - 37

（32）选择"2点线工具"绘制一条线段,在属性栏"起始箭头"选择箭头3。选择"文本工具"在线段后输入说明文字（如图19-38所示）。

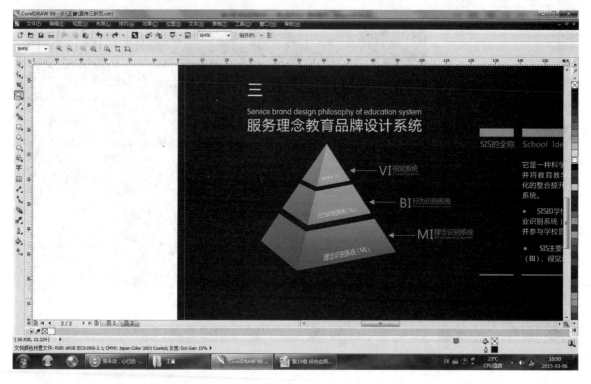

图 19 - 38

（33）选择"贝塞尔工具"按住 Shift 键绘制直角线段,再选择"2点线工具"按住 Shift 键添加直线线段,轮廓为灰色（如图19-39所示）。

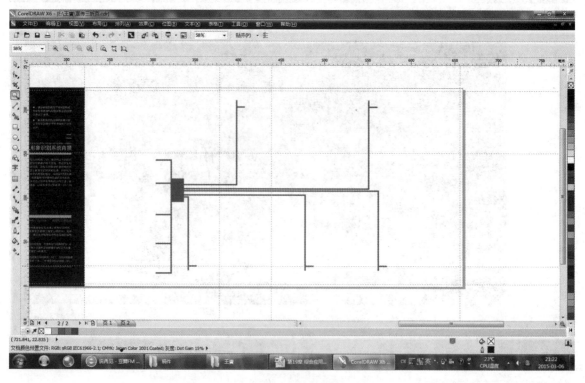

图 19 - 39

(34)为页面添加说明文字和图片,完成三折页的制作(如图 19-40 所示)。

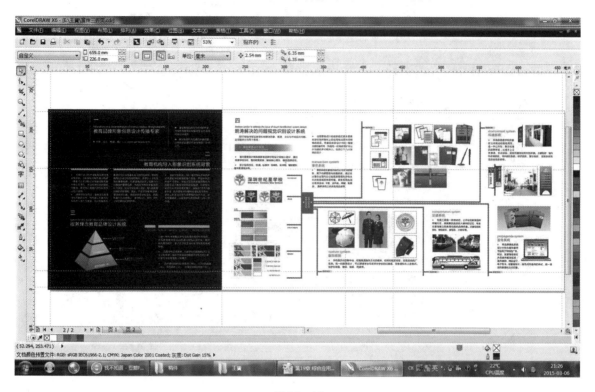

图 19-40

**本章思考与练习**

完成一张宣传三折页设计制作(如图 19-41、图 19-42 所示)。

图 19-41

图 19-42

# 第 20 章　综合应用实例——产品造型设计

**学习要点及目标**

1. 掌握产品造型设计制作。
2. 掌握产品效果图的设计制作。

**核心概念**

1. 掌握产品的结构的表现。
2. 掌握产品的质感和体积的表现。

**案例演示**

手表效果图设计(如图 20 - 1 所示)。

操作步骤如下:

(1)选择"文件/新建"或者按快捷键 Ctrl＋N,在弹出的"创建新文档"对话框为文件命名为"手表设计效果",创建文件大小"A4"。设置完成后,点击确定按钮(如图 20 - 2、图 20 - 3 所示)。

图 20 - 1

图 20 - 2

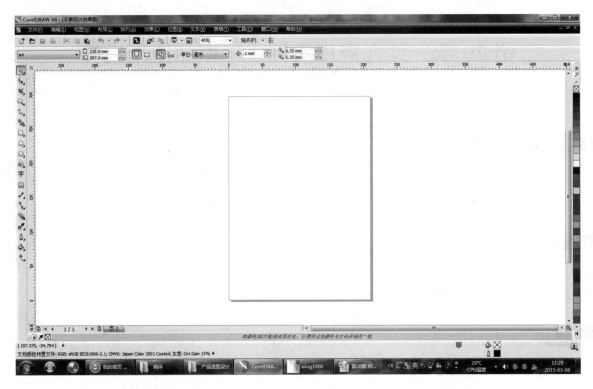

图 20 - 3

　　(2)绘制手表盘面。选择"椭圆形工具",按住 Ctrl 键的同时拖动鼠标左键绘制一个正圆形。选择 "填充工具/渐变填充",在弹出的对话框进行相应的设置(如图 20 - 4、图 20 - 5 所示)。

　　(3)选择绘制完成的正圆形,点击鼠标左键的同时按住 Shift 键进行同心圆缩小,缩小到合适大小的 时候点鼠标右键松开左键,即完成同心圆的缩小复制,填充灰色(如图 20 - 6 所示)。

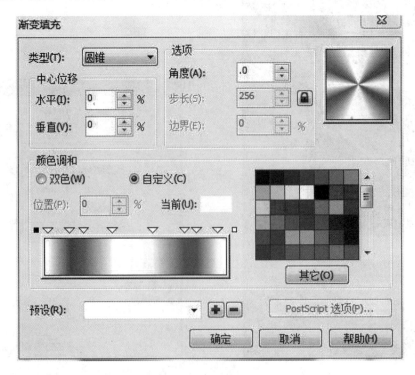

图 20 - 4

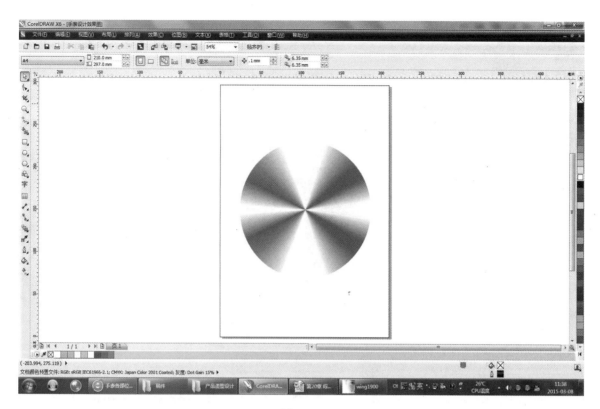

图 20 - 5

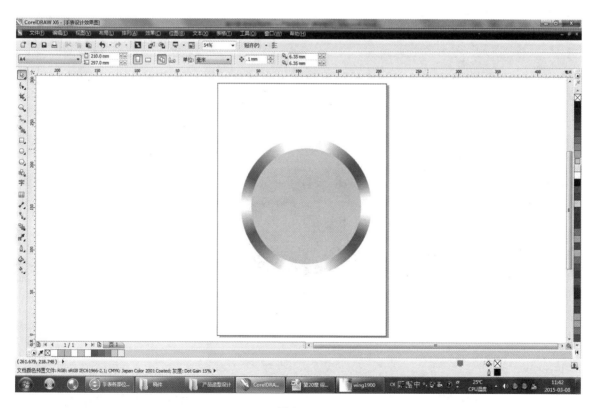

图 20 - 6

（4）同步骤 3 的方法，再次复制一个缩小的同心圆，填充黑色（如图 20－7 所示）。

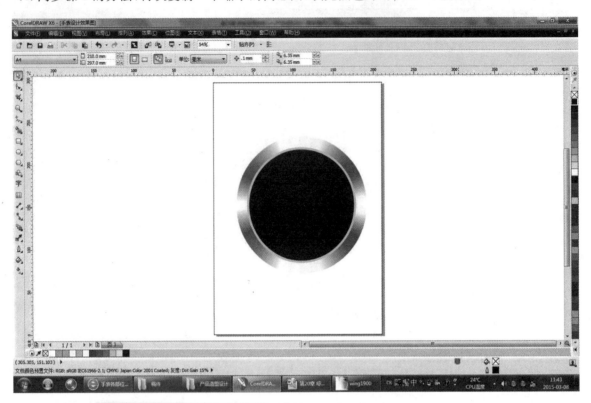

图 20－7

（5）同步骤 3 的方法，依次缩小复制两个缩小的圆形，形成表面的凸凹效果（如图 20－8 所示）。

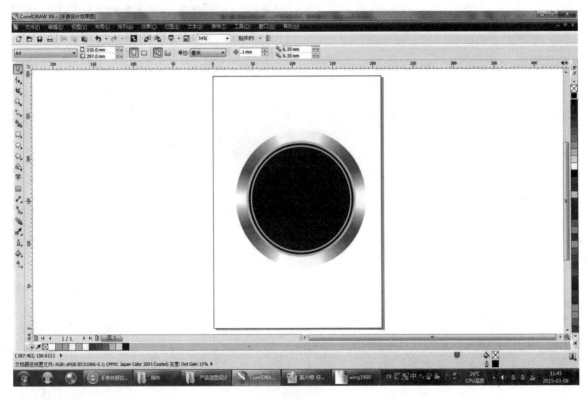

图 20－8

（6）同步骤 3 复制一个缩小的同心圆，选择"填充工具/渐变填充"，为手表盘面填充渐变色彩（如图 20 - 9、图 20 - 10 所示）。

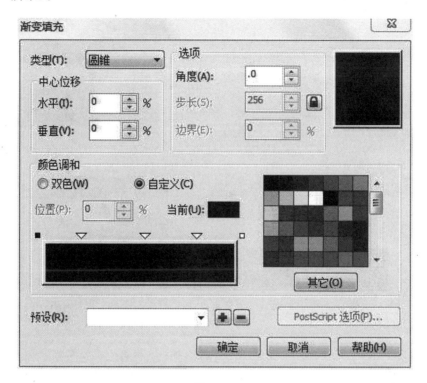

图 20 - 9

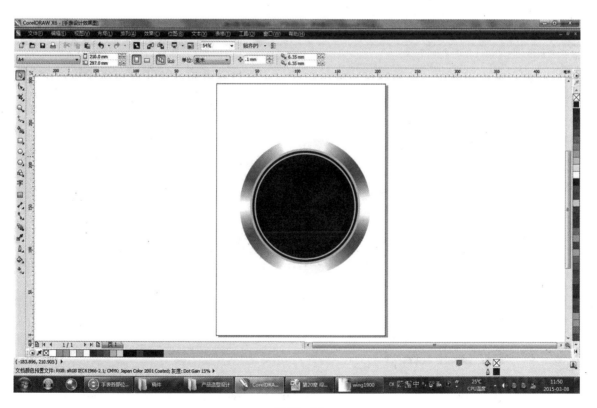

图 20 - 10

　　(7)同心圆缩放步骤 6 绘制的圆形,填充黑色后,再复制缩小复制一个,选择"填充工具/渐变填充"(如图20－11、图 20－12 所示)。

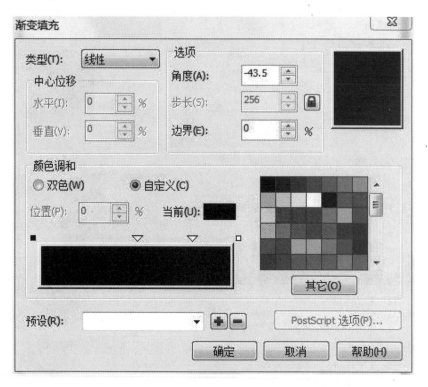

图 20－11

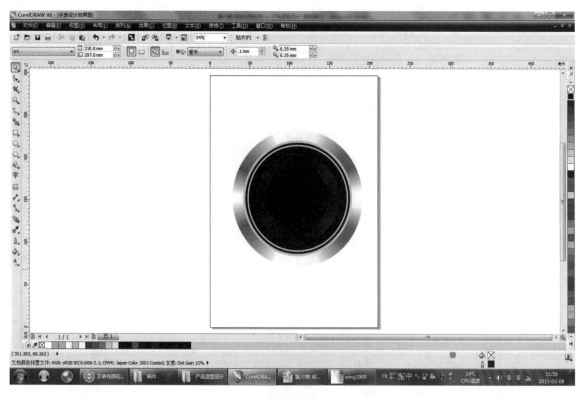

图 20－12

　　(8)运用"选择工具"从标尺栏拉出辅助线,位于手表盘面的水平和垂直居中处。选择"矩形工具"在垂直辅助线居中位置绘制一个矩形,填充白色(如图 20 - 13 所示)。

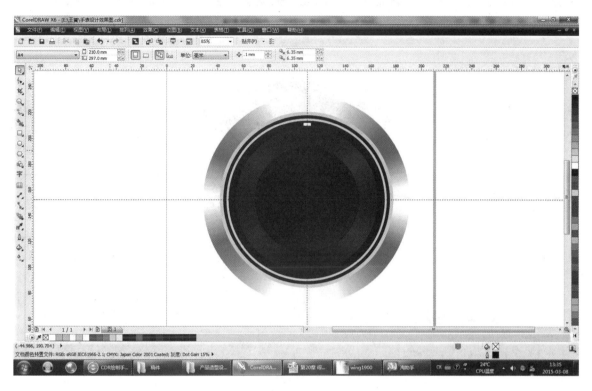

图 20 - 13

　　(9)将绘制好的白色矩形,复制一个到手表盘面底端(如图 20 - 14 所示)。选中上下两个白色矩形按快捷键 Ctrl＋G 群组,复制粘贴后在"旋转角度"输入 90(如图 20 - 15 所示)。

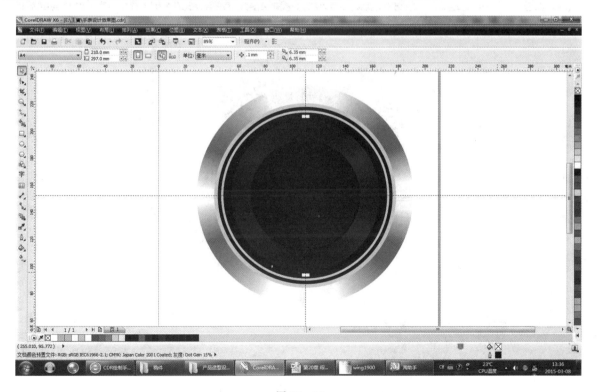

图 20 - 14

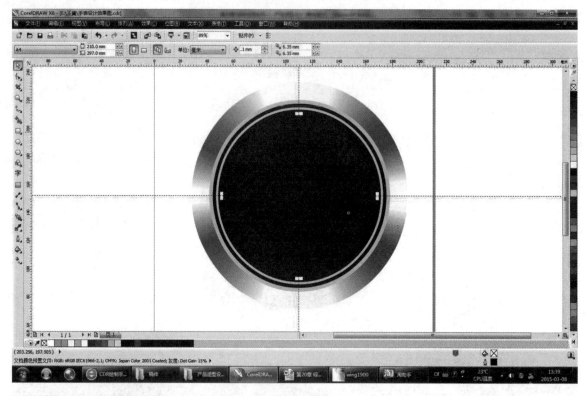

图 20 - 15

（10）旋转"文本工具"，在与四个白色矩形相对的位置输入数字，进行渐变填充（如图 20 - 16 所示）。

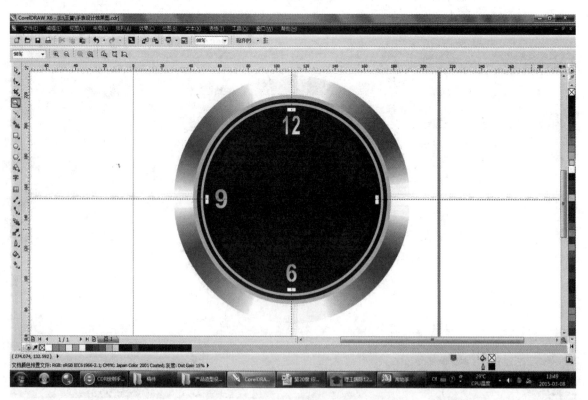

图 20 - 16

　　（11）选择"矩形工具"绘制一个矩形，进行渐变填充，在属性栏"旋转角度"输入 30（如图 20 - 17 所示）。

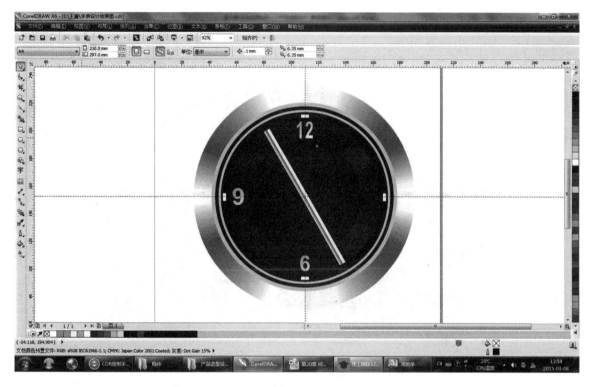

图 20 - 17

　　（12）参照步骤 11 的方法，输入相应的旋转角度。完成手表盘面的时针刻度绘制，群组后置于表盘中间的蓝色渐变正圆形之下（如图 20 - 18 所示）。

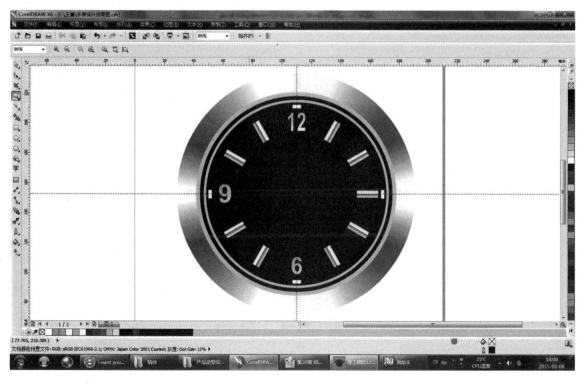

图 20 - 18

　　（13）选择"2点线工具"绘制一条宽度0.25mm的白色线段。双击绘制好的白色线段，将中心调整置手表盘面的辅助线中心点（如图20-19所示）。

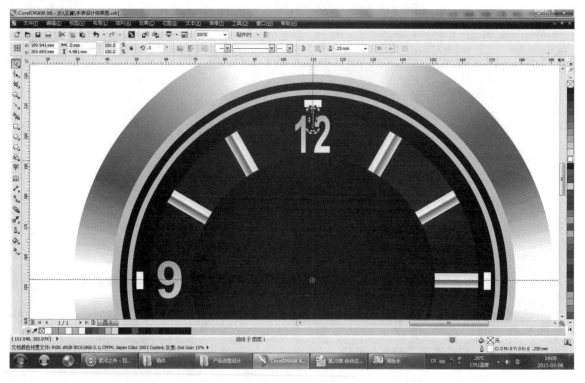

图 20-19

　　（14）将白色线段复制，在属性栏"旋转角度"依次输入6、12、18、24……完成分针刻度的绘制（如图20-20所示）。

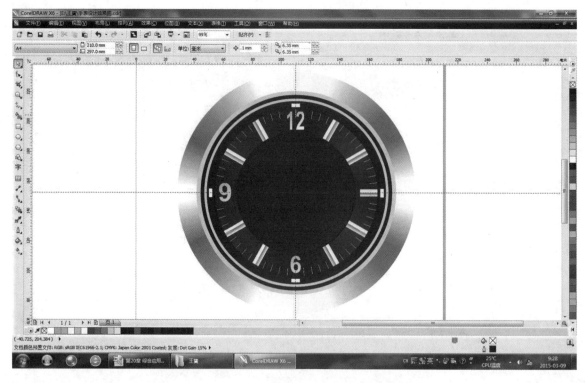

图 20-20

　　(15)选择"文本工具",在数字 12 上方表盘添加秒针数字,将中心点移动到表盘辅助线中心,在属性栏"旋转角度"分别输入 30、60、90……依次完成秒针数字的放置(如图 20 - 21 所示)。

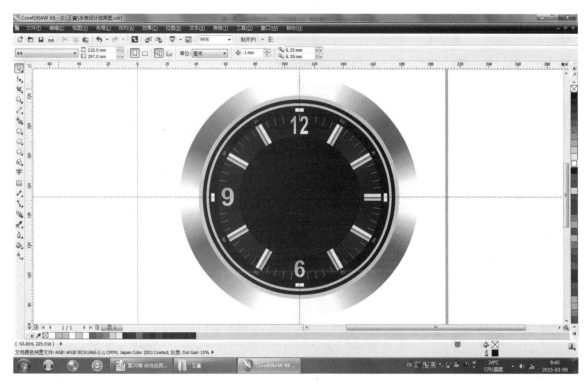

图 20 - 21

　　(16)选择"椭圆形工具",按住 Ctrl 键在表盘中心绘制一个正圆形。选择"贝塞尔曲线"绘制时针轮廓,进行渐变填充。依此方法,分别绘制完成分针和秒针(如图 20 - 22 所示)。

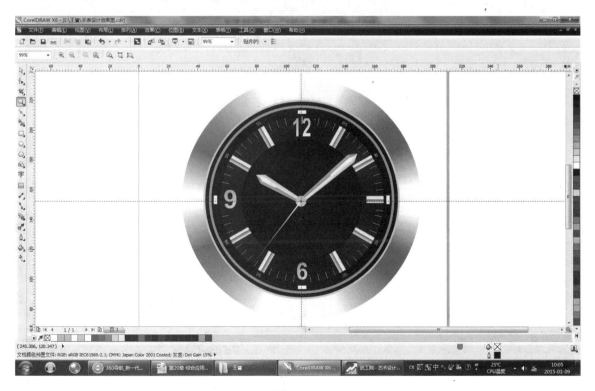

图 20 - 22

(17)选择"矩形工具"绘制两个矩形,然后选择"文本工具"分别输入日期,添加手表品牌字母等,完成手表表盘的绘制(如图20-23所示)。

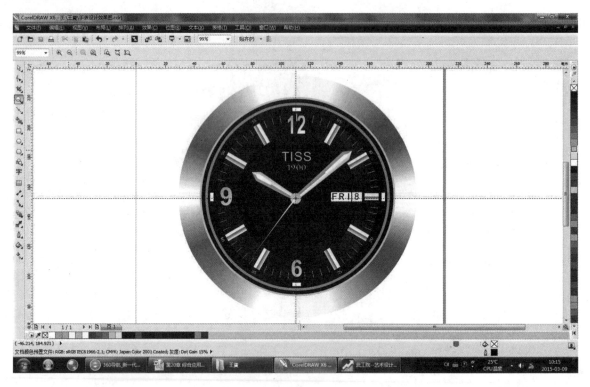

图20-23

(18)选择"矩形工具"在表盘垂直居中位置绘制一个矩形,进行渐变填充(如图20-24所示)。

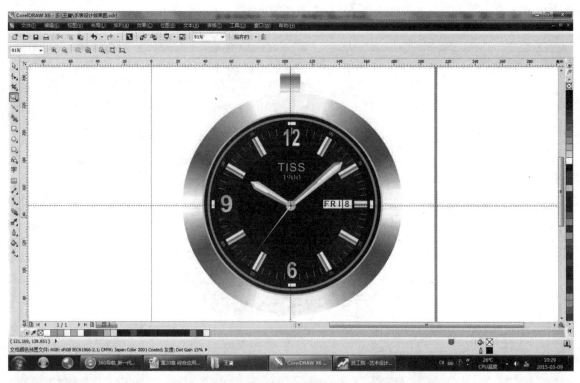

图20-24

（19）参照步骤 18 绘制完成表带（如图 20－25 所示）。

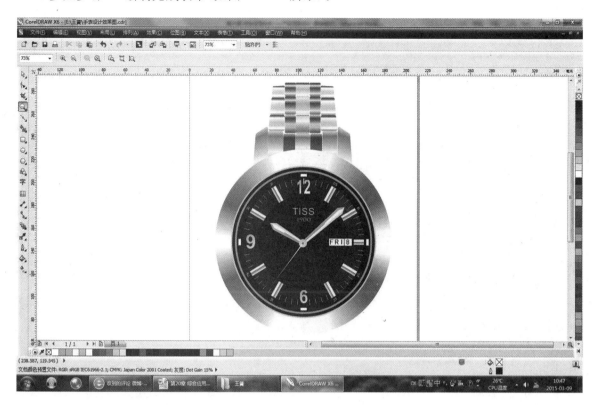

图 20－25

（20）将绘制完成的表带群组，复制粘贴后在属性栏垂直镜像（如图 20－26 所示）。

图 20－26

（21）制作手表的表把。选择"矩形工具"绘制矩形，单击鼠标右键"转换为曲线"，调整后进行渐变填充（如图 20 - 27 所示）。

图 20 - 27

（22）选择"矩形工具"绘制长条矩形，进行渐变填充，完成后移动到合适间距后按 Ctrl＋D 进行等距离复制（如图 20 - 28 所示）。

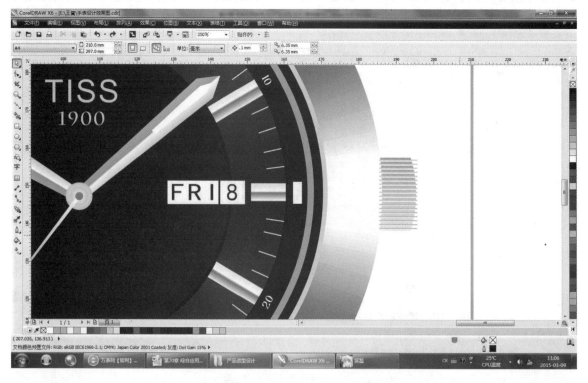

图 20 - 28

　　(23)选中复制完成的对象用鼠标右键拖动至步骤 21 绘制的表把之中,松开鼠标右键选择"图框精确裁剪内部",然后单击鼠标右键选择"编辑 powerclip",进行调整,完成有单击鼠标右键选择"结束编辑",绘制一个椭圆形渐变填充放置在该对象下,即完成表把的制作(如图 20 - 29 所示)。

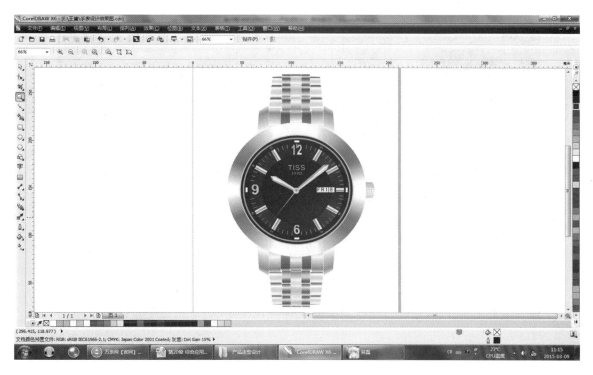

图 20 - 29

　　(24)双击"矩形工具"在页面上形成与页面大小一致的矩形框,填充"渐变填充/辐射",完成手表设计效果图的制作(如图 20 - 30 所示)。

图 20 - 30

**本章思考与练习**

完成一幅手表效果图的设计制作,如图 20 - 31 所示。

图 20 - 31

# 第 21 章　综合应用实例——品牌标志设计

**学习要点及目标**

　　1. 掌握各种效果的标志设计制作。
　　2. 掌握标志的标准制图。

**核心概念**

　　1. 掌握标志的设计制作。
　　2. 掌握标志设计的效果表现。

**案例演示**

　　标志设计(如图 21-1 所示)。
　　操作步骤如下:
　　(1)选择"文件/新建"或者按快捷键 Ctrl+N,在弹出的"创建新文档"对话框为文件命名为"标志设计",创建文件大小"A4"。设置完成后,点击确定按钮(如图 21-2、图 21-3 所示)。

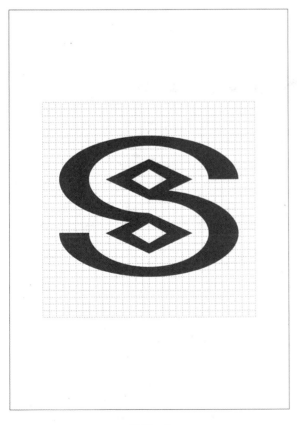

图 21-1

图 21-2

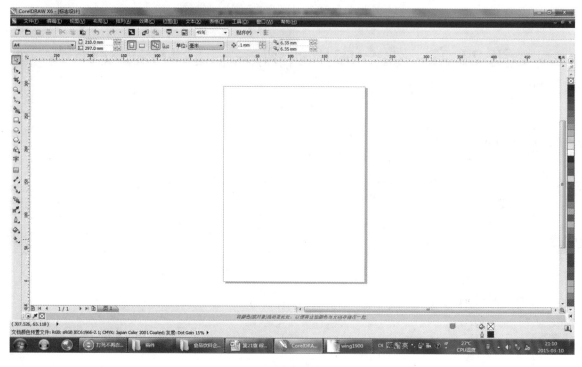

图 21 - 3

（2）选择工具栏"表格工具"⊞按钮，在属性栏"行数和列数"输入 32，边框选择全部，轮廓颜色为浅灰色，选中网格单击鼠标右键"锁定对象"将绘制好的网格锁定（如图 21-4、图 21-5 所示）。

图 21 - 4

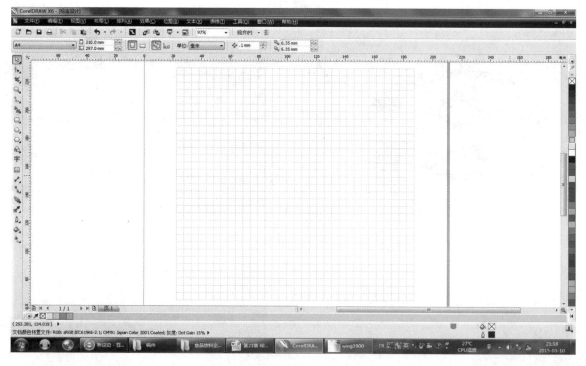

图 21 - 5

（3）选择"椭圆形工具"，在网格中绘制横向 27 格，纵向 13 格的位置大小椭圆形（如图 21-6 所示）。

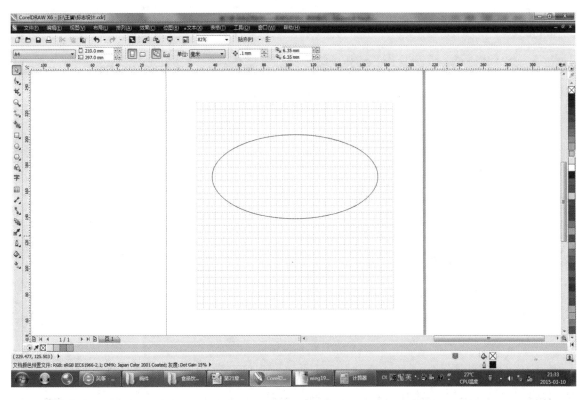

图 21-6

（4）选择"椭圆形工具"，在网格中绘制横向 18 格，纵向 10 格的位置大小椭圆形（如图 21-7 所示）。

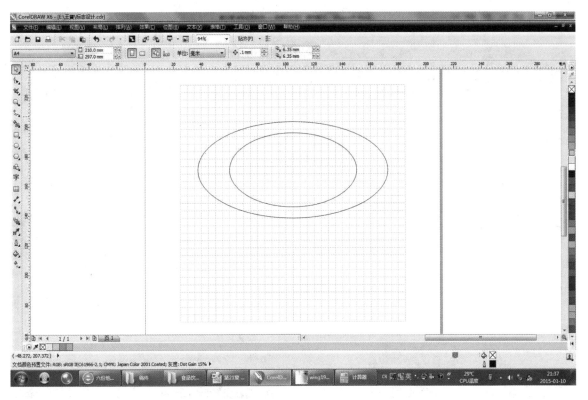

图 21-7

(5)选中小椭圆,选择"排列/造型/修剪",用小椭圆修剪大椭圆。

(6)选择"矩形工具",按住 Ctrl 键绘制一个正方形,在属性栏"旋转角度"输入 45。在网格中调整到高度 6 格,宽度 13 格(如图 21-8 所示)。

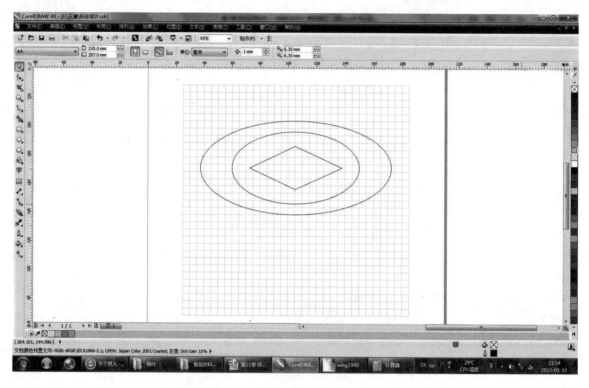

图 21-8

(7)选择绘制好的菱形进行复制,缩小到高度 3 格,宽度 5 格(如图 21-9 所示)。

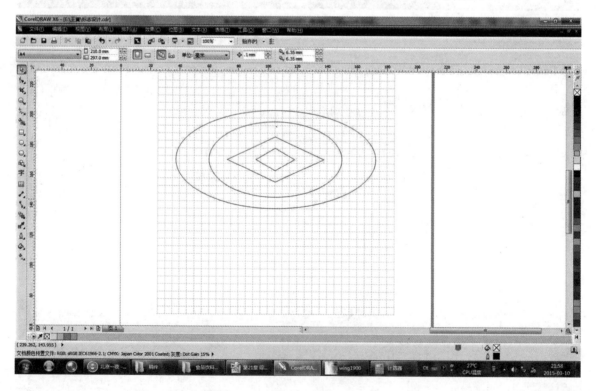

图 21-9

（8）选中小菱形，选择"排列/造型/修剪"，用小菱形修剪大菱形。

（9）将绘制好的部分，多选后进行复制，按住 Ctrl 键垂直拖动到合适的位置（如图 21 - 10 所示）。

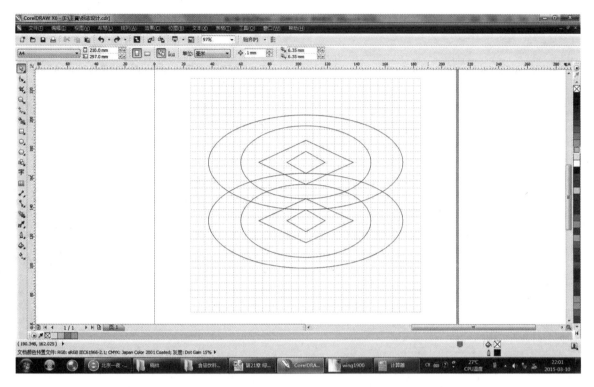

图 21 - 10

（10）选择"贝塞尔工具"绘制用来裁剪多余部分的形状（如图 21 - 11 所示）。

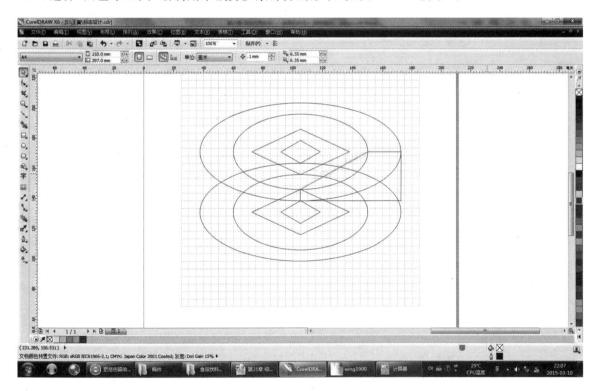

图 21 - 11

（11）选择"排列/造型/修剪"用绘制好的红色形状依此修剪标志的上半部分，和下半部分（如图 21 -
12 所示）。

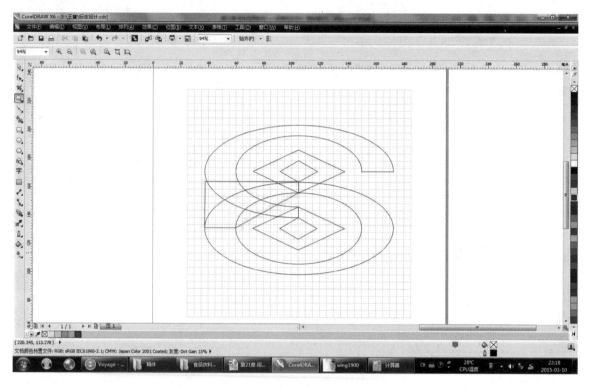

图 21 - 12

（12）完成标志的轮廓线绘制（如图 21 - 13 所示）。

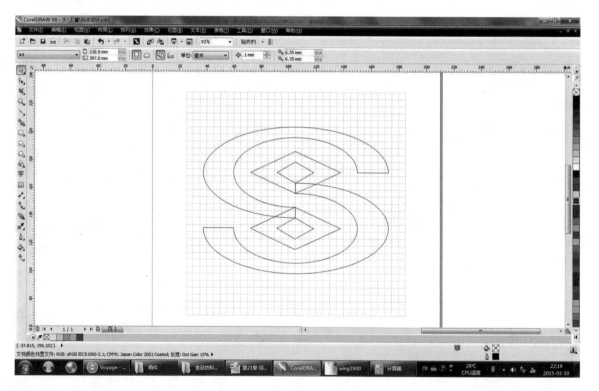

图 21 - 13

(13)选择"排列/造型/焊接"将标志同一颜色部分进行焊接(如图 21-14 所示)。

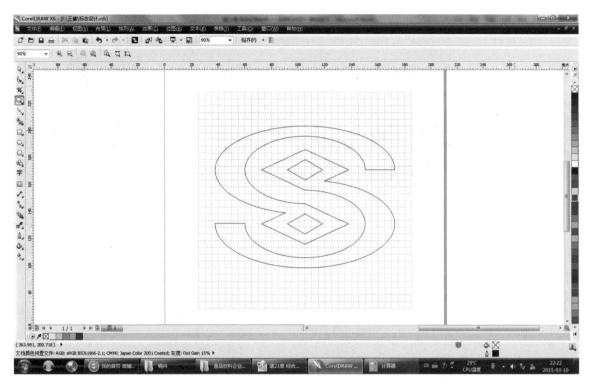

图 21-14

(14)为标志填充颜色,上半部分色彩为 C:90,Y:50。下半部分为 C:70,Y:30,K:10,完成标志的绘制(如图 21-15 所示)。

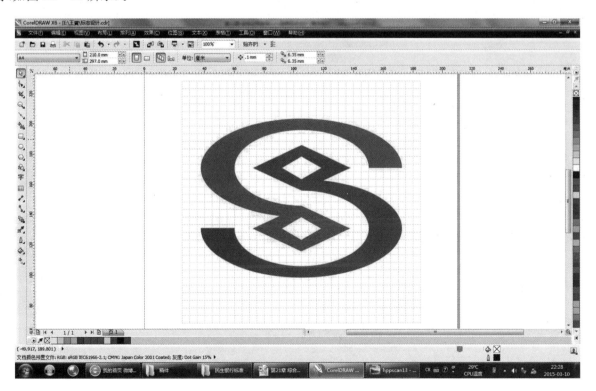

图 21-15

**本章思考与练习**

完成以下标志的设计制作(如图 21-16~图 21-18 所示)。

图 21-16

图 21-17

图 21-18

**图书在版编目(CIP)数据**

CorelDRAW X6/王贇,吴聪主编. —合肥:合肥工业大学出版社,2015.8(2018.7 重印)

ISBN 978 - 7 - 5650 - 2356 - 9

Ⅰ.①C…　Ⅱ.①王…②吴…　Ⅲ.①图形软件—教材　Ⅳ.①TP391.41

中国版本图书馆 CIP 数据核字(2015)第 177345 号

**CorelDRAW X6**

| 主编 | 王　贇　吴　聪 | | 责任编辑 | 王　磊 |
| --- | --- | --- | --- | --- |
| 出　版 | 合肥工业大学出版社 | 版　次 | 2016 年 2 月第 1 版 | |
| 地　址 | 合肥市屯溪路 193 号 | 印　次 | 2018 年 7 月第 2 次印刷 | |
| 邮　编 | 230009 | 开　本 | 889 毫米×1194 毫米　1/16 | |
| 电　话 | 总　编　室:0551 - 62903038 | 印　张 | 30.5 | |
| | 市场营销部:0551 - 62903198 | 字　数 | 688 千字 | |
| 网　址 | www.hfutpress.com.cn | 发　行 | 全国新华书店 | |
| E-mail | hfutpress@163.com | 印　刷 | 安徽联众印刷有限公司 | |

ISBN 978 - 7 - 5650 - 2356 - 9　　　　　　　　定价:58.00 元

如果有影响阅读的印装质量问题,请与出版社市场营销部联系调换